MATÉRIAUX

POUR LA

CARTE GÉOLOGIQUE DE LA SUISSE

PUBLIÉS PAR LA COMMISSION DE LA SOCIÉTÉ HELVÉTIQUE DES SCIENCES NATURELLES

AUX FRAIS DE LA CONFÉDÉRATION

DOUZIÈME LIVRAISON

ALPES DE FRIBOURG EN GÉNÉRAL ET MONSALVENS EN PARTICULIER

PAR

V. GILLIÉRON

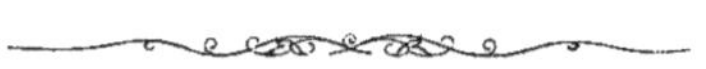

BERNE

EN COMMISSION CHEZ J. DALP

1878

IMPRIMERIE J. SCHWEIGHAUSER A BALE

APERÇU GÉOLOGIQUE

SUR LES

ALPES DE FRIBOURG

EN GÉNÉRAL

ET

DESCRIPTION SPÉCIALE DU MONSALVENS

PAR

V. GILLIÉRON

AVEC 10 PLANCHES DONT UNE CARTE GÉOLOGIQUE

BERNE

EN COMMISSION CHEZ J. DALP

1873

AVANT-PROPOS.

Il y a déjà bien des années que la Commission géologique de la société helvétique des sciences naturelles m'a chargé de faire des études géologiques sur le territoire compris dans la feuille XII de l'Atlas fédéral suisse. Les devoirs de ma vocation ne m'ont permis de consacrer aux recherches dans les Alpes que quelques semaines chaque été; aussi, quoique j'aie pris l'habitude de ne pas envisager le mauvais temps comme un obstacle, je ne suis pas parvenu à faire avancer ce travail autant que je l'aurais voulu. Il en résulte que, bien que M. Bachmann se soit chargé du lever d'une partie de cette feuille, elle n'est pas encore prête à voir le jour. Dans ces circonstances, la Commission géologique a pensé qu'il conviendrait de faire connaître les résultats obtenus jusqu'à présent, en publiant une description d'une portion du territoire étudié. J'ai fait choix du petit massif du Monsalvens, près de Bulle, dans le canton de Fribourg. C'est la région où l'on trouve le plus de fossiles, quoiqu'elle soit pourtant moins riche que les environs de Châtel St.-Denis. Elle offre en outre des documents pour la solution d'une question qui occupe actuellement une partie des géologues, savoir celle du passage des terrains jurassiques aux crétacés.

Je fais précéder cette description spéciale d'une première partie contenant un aperçu général sur les Alpes fribourgeoises. Cette vue d'ensemble pourra être de quelque intérêt, en attendant une publication plus détaillée, qui ne se ferait utilement que lorsque la carte géologique pourrait l'accompagner.

Dans la seconde partie, qui traite du Monsalvens, il a fallu entrer dans des détails qui ne sont guère que d'un intérêt local, parce que, ainsi qu'on a pu le voir par les travaux de mes collègues, les *Matériaux pour la Carte géologique de la Suisse* sont destinés à réunir autant d'observations que possible sur la géologie de notre pays. Mais j'ai cherché à séparer, dans un chapitre particulier, ce qui est trop spécial de ce qui est d'un intérêt scientifique plus général. Le résumé qui termine l'ouvrage pourrait être utile aux lecteurs qui voudront trouver tout de suite ce qui peut mériter plus particulièrement leur attention.

J'ai fait mon possible pour que l'exposé des observations ne soit influencé par aucune idée théorique, et je n'ai employé un nom de formation que lorsqu'il y avait des motifs réels pour le faire. Il est vrai que, de cette façon, j'ai été conduit à adopter une nomenclature un peu bigarrée; mais ce n'est pas ma faute si les faits ne s'accordent pas avec les systèmes, si la rareté des fossiles ne m'a pas permis de faire toujours des rapprochements précis, et si j'ai été ainsi obligé d'employer des noms qui n'ont qu'une valeur locale ou provisoire. Il devient d'ailleurs toujours plus douteux qu'on puisse jamais faire autrement; car plus on recueille de faits sans préoccupation systématique, plus on voit que l'histoire paléontologique de notre globe est infiniment plus compliquée qu'on ne l'avait cru, et qu'il n'est pas possible de se servir pour le monde entier du système de division qui convient à telle ou telle région de l'Europe.

Sauf quelques exceptions indispensables, je ne me suis servi dans la première partie que des noms de localités qui se trouvent sur la feuille XII de la carte fédérale, et dans la seconde partie de ceux qui sont sur la petite carte géologique qui accompagne ce mémoire. Dans cette dernière surtout, l'orthographe laisse beaucoup à désirer, parce que l'ingénieur n'a souvent pas bien saisi la prononciation des gens du pays. Dans les deux cartes quelques noms de pâturages se trouvent transposés, et quelques autres paraissent être inconnus aux habitants de la contrée. Il y a un inconvénient à reproduire les erreurs de ce genre; mais il y en aurait un plus grand, pour le lecteur de l'ouvrage, à changer les noms dans le texte quand on ne peut pas les modifier sur la carte.

Les géologues qui cherchent à revoir en détail sur le terrain les observations de leurs devanciers, ont souvent de la peine à retrouver des localités que ces derniers n'ont pu indiquer que d'une manière vague. Pour obtenir plus de précision sous ce rapport, je me suis parfois servi des lettres des noms qui sont écrits sur les cartes mentionnées, en ajoutant ensuite le nom entier entre parenthèse avec la lettre employée en italique; en disant, par exemple, qu'on peut faire telle ou telle observation nord de *e* (Botterens), on donne un moyen bien plus précis que tout autre pour retrouver la localité.

Dans les profils et croquis, je n'ai absolument marqué en lignes pleines que ce qui est directement donné par l'observation; cela rend le dessin fort maigre et d'une lecture plus difficile; mais cette méthode a le grand avantage de distinguer ce qu'il faut expliquer de l'explication elle-même, et de permettre aux lecteurs de voir quelles sont les différentes constructions théoriques qui pourraient s'adapter aux faits de structure qu'on leur met purement et simplement sous les yeux.

Ce travail serait bien plus imparfait, si je n'avais pas été constamment aidé par les conseils et les remarques bienveillantes des membres de la Commission géologique, auxquels je tiens à en exprimer toute ma reconnaissance. M. Studer en particulier m'a toujours encouragé par ses excellentes directions, ainsi que M. P. Merian, qui, en outre, a mis à ma disposition les matériaux de comparaison que renferme le musée de Bâle et les ressources de la bibliothèque de cette ville, que sa libéralité inépuisable maintient constamment au niveau de la science. Je dois aussi des remerciements à M. Ch. Mayer, qui, en me déterminant les fossiles que j'ai trouvés au commencement de mes recherches, m'a été d'un grand secours, à M. Zittel qui m'a donné de précieux avis sur plusieurs fossiles, et à M. Neumayr qui s'est chargé de déterminer les *Phylloceras* que j'ai recueillis.

Bâle, en mai 1873.

TABLE DES MATIÈRES.

Première partie

LES ALPES DE FRIBOURG.

CHAPITRE I.

TOPOGRAPHIE.

§ 1. Entre le Rhône et le lac Léman d'un côté, le lac de Thoune et l'Aar de l'autre, s'étend un ensemble de montagnes qui forment la lisière extérieure des Alpes du côté du plateau suisse. Les crêtes les plus élevées de ces chaînes ont tout à fait la physionomie alpine; mais elles ne font qu'approcher de la limite des neiges éternelles, sans l'atteindre nulle part.

Sur une carte détaillée et exacte, ces montagnes forment un réseau assez compliqué, et une division naturelle en chaînes et en massifs ne ressort pas tout de suite de l'examen du dessin topographique. Il n'en est pas de même quand la carte est coloriée géologiquement: des zones de couches triasiques marquent les limites de quatre chaînes, tantôt larges, tantôt très étroites. Cette division, qui est le résultat d'une étude géologique détaillée, n'est pas autre chose que celle que M. Studer a déjà établie dans le premier de ses ouvrages sur les Alpes, alors qu'on ne possédait pas encore de bonnes cartes de ces régions;[1] seulement sa chaîne du Stockhorn se trouve partagée en deux. On a ainsi à considérer, en allant de la plaine vers l'intérieur des Alpes, les chaînes de la *Berra,* du *Ganterist,* du *Stockhorn* et du *Simmenthal.*

[1] Westl. Schweizer-Alpen p. 33.

Ces montagnes sont représentées dans les feuilles XII et XVII de l'Atlas fédéral; mais mes recherches n'ont porté que sur celles qui sont comprises dans la première de ces cartes, je ne m'occuperai donc que de celles-là. Pour faciliter l'intelligence de la description géologique, je les diviserai en massifs en allant de l'est à l'ouest pour chaque chaîne.

Chaîne de la Berra.

§ 2. La chaîne de la Berra borde le plateau ondulé de la molasse. Elle commence à deux lieues à l'ouest de Thoune, en s'étendant immédiatement sur une assez grande largeur; après s'être dirigée vers l'ouest, elle tourne au sud-ouest; puis au delà de la Sarine, elle s'approche du lac Léman en courant du nord au sud. Du côté du plateau molassique la limite en est assez bien accusée par le relief.

Au point de vue géographique on distinguera dans cette chaîne: le massif du *Gurnigel* entre la Gürbe et la Singine chaude (Warme Sense); celui du *Cousinbert* entre la Singine chaude et le col de la Bodevenaz,[1] il renferme la Berra, qui est la sommité la plus élevée de la chaîne; le massif du *Monsalvens* entre le col de la Bodevenaz et la Sarine; celui du *Niremont* entre la Sarine et la Veveyse.

A l'exception du Monsalvens, la chaîne de la Berra est composée presque en entier de flysch. Cette formation comprend des marnes schisteuses et des grès à ciment calcaire, qui se mêlent en général par massifs. Par sa nature la dernière espèce de roche opposerait une certaine résistance à la désagrégation, si les bancs n'en étaient pas presque toujours divisés en blocs polyédriques et séparés par des feuillets de schistes tendres. Ils s'éboulent donc très facilement, et, déjà lors du soulèvement, il n'y a pas eu de massif de roche qui ait offert une résistance uniforme sur un long espace, et qui ait été disloqué d'une manière régulière; aussi nous n'avons que peu d'arêtes qui suivent la direction des couches. Dans le massif du Cousinbert, le relief du sol semble même dû tout entier aux effets de l'érosion postérieure au soulèvement. C'est pour ces raisons que la chaîne de la Berra contraste avec celles qui s'élèvent derrière, par ses formes arrondies et la continuité de la végétation; mais les éboulements et les ravages des torrents y sont plus fréquents qu'ailleurs.

---

[1] Ce nom n'est pas sur la carte fédérale, mais sur celle du Monsalvens (pl. 1), à l'est de Villarsvolard.

Chaîne du Ganterist.

§ 3. M. Studer a donné le nom de chaîne du Stockhorn à toutes les montagnes pittoresques qui s'élèvent derrière les croupes moins accusées du flysch. Dans leur partie orientale, elles s'alignent assez régulièrement; mais dans le canton de Fribourg la topographie en est plus compliquée, et ce n'est, comme je viens de le dire, que la carte coloriée géologiquement qui présente un tableau plus clair. On y voit tout de suite se dessiner deux chaînes variant de largeur, où les terrains crétacés forment les crêtes élevées et les couches liasiques et triasiques la base. C'est dans la plus méridionale que se trouve le Stockhorn; l'autre pourra porter le nom du *Ganterist,* qui est la sommité la plus souvent mentionnée dans les manuels de géographie.

La zone triasique qui forme la limite septentrionale de la chaîne du Ganterist, suit une ligne légèrement arquée et assez régulière; à partir de Blumenstein[1] elle passe par le nord du Ganterist, le Schwefelberg, le nord du Wannels et du Hohmättle, le lac Noir, la rive gauche du Javroz et de la Jogne. C'est depuis le lac Noir qu'elle concorde le mieux avec les dépressions qui séparent les chaînes pour l'oeil du géographe.

L'arête culminante, qui porte les sommités du *Hohmad,* du Ganterist et de l'Ochsen, s'élève de la plaine plus à l'est que la chaîne de la Berra, et se dirige d'abord vers l'ouest; la première de ces sommités pourra servir à désigner ce massif, dont la structure géologique a une assez grande régularité. Après l'Ochsen la direction devient ouest-sud-ouest, et la largeur de la chaîne diminue beaucoup aux deux petits massifs du *Wannels* et du *Hohmättle,* qu'on ne séparerait pas si le flysch de la chaîne septentrionale ne venait s'intercaler entre eux. Dans cette partie plus étroite toutes les formations sont encore représentées, mais elles sont très réduites. Au sud du lac Noir, dans le massif des *Brunnen,* la chaîne reprend subitement une grande largeur et une structure plus régulière, avec deux arêtes principales qui enferment les bassins néocomiens des Sciernes et des Fornyx. Depuis la cluse oblique de la Jogne (Jaun Bach), la structure change et se complique

---

[1] Pour la délimitation de la région orientale des chaînes, je me base en partie sur les différents ouvrages de M. Studer et sur celui de M. O. Brunner, die Gebirgsmasse des Stockhorns.

dans les massifs du *Plan* et de la *Dent de Broc*, séparés l'un de l'autre par le Motélon.

Chaîne du Stockhorn.

§ 4. La limite septentrionale de cette troisième chaîne est aussi indiquée par une zone triasique, qui forme une ligne ondulée passant par le nord du Stockhorn, Zügegg, Ryprechten, Grenchen, le nord de la Mährenfluh, la Salzmatt, le col de Nüschel, Jaun, Jm Fang, les Thoss et Poute Paluz.

La chaîne elle-même commence à l'ouest de Reutigen, encore plus près du lac de Thoune que celle du Ganterist. D'abord simple elle se divise dans les Nüschleten en deux arêtes qui appartiennent toutes deux au Jura supérieur, et renferment un bassin crétacé ; après s'être un peu écartées l'une de l'autre, elles restent parallèles entre elles et se dirigent à l'ouest 10° sud. Celle du nord porte les sommités du Stockhorn, du Schwiedenegg Grat, de la Wankfluh et du Widdersgrind, qui diffèrent peu de hauteur entre elles. Celle du sud se soutient à une hauteur peu inférieure à l'autre, jusque près des bains de Weissenburg ; mais depuis là elle s'abaisse, et n'est plus indiquée que par une ligne de rochers souvent interrompue, qui n'apparaît que comme un accident sur le flanc de la chaîne. En revanche la Scheibe s'élève, dans le bassin crétacé, à une hauteur qui n'est inférieure que de 40 m. à celle du Stockhorn.

En gardant jusqu'à la Mährenfluh sa direction primitive, la chaîne du Stockhorn se trouve empiéter sur celle du Ganterist, qui a tourné plus tôt au sud-ouest ; mais à partir de ce point elle prend la même direction. La branche méridionale, en s'élevant fort haut dans le Harnisch, cesse un instant d'être subordonnée à l'autre ; mais après la Klus elle s'abaisse, et se perd définitivement sous le flysch avant d'atteindre la vallée de la Jogne. La branche septentrionale n'est pas parallèle à la méridionale, et sa marche est irrégulière. Dans la Schwarze Fluh, la Kaiser Eck et plus loin, elle forme une ligne de rochers non interrompue, qui finit par se rapprocher du méridien, comme pour laisser plus de place à la chaîne du Ganterist. Entre ces deux branches, qui sont jurassiques, se trouve un bassin crétacé dans lequel s'élèvent une puissante digue transversale, le Widdergalm, et une courte chaîne longitudinale, le Schafberg; cette dernière montagne, qui a 2222 m., est le point culminant de la partie de la chaîne qui se trouve sur la feuille XII.

En approchant de Jaun, l'unique branche qui forme la chaîne du Stockhorn se rétrécit de plus en plus; puis sur le flanc gauche de la vallée, elle recommence à s'élargir en courant au sud-sud-est, et, de l'autre côté de la cluse où coule le torrent de Im Fang, elle forme le massif du Hochmatt, dont la partie méridionale est en dehors de la feuille XII.

La chaîne du Stockhorn peut se diviser de la manière suivante : massif des *Nüschleten* de Reutigen au torrent de Morgeten; massif de la *Scheibe* entre le torrent de Morgeten et le col du Harnisch; massif de la *Kaiser Eck* entre le col du Harnisch et la Jogne; massif du *Hochmatt* au sud de la Jogne.

Chaîne du Simmenthal.

§ 5. La chaîne du Simmenthal[1] présente de plus grandes variations orographiques que la précédente. Sans changer beaucoup de largeur, elle s'élève quelquefois à plus de 2000 m., d'autrefois elle disparaît tout à fait pour l'œil du géographe; le plus souvent simple, elle devient double sur une partie de son cours.

La limite nord de cette série irrégulière de montagnes est une grande faille continue, qui met les formations inférieures en contact avec les assises supérieures de la chaîne du Stockhorn. Cette faille commence à l'ouest de Reutigen et passe par Nacki, Klusi, Gerenstein, les bains de Weissenburg, le sud de Neuenberg, le vallon de Bonfall, la Klus, la vallée de Reidigen, Weibelsried et le pied occidental des rochers des Gastlosen.

Du côté de l'est, la chaîne du Simmenthal s'élève subitement au-dessus de la plaine, près de Wimmis. On a là deux massifs de rochers qui ont déjà été souvent étudiés, la Simmenfluh[2] et la Burgfluh. Tantôt on les a envisagés comme deux

---

[1] Ce nom est mal choisi, car il peut s'appliquer aussi aux montagnes qui forment le flanc droit de la vallée. J'aurais dû prendre celui des *Gastlosen* employé par M. Studer; je ne puis plus faire ce changement, le nom de Simmenthal se trouvant déjà sur les planches imprimées avant le texte.

[2] Ce nom ne se trouve pas sur la carte fédérale; il désigne les rochers sur lesquels est écrit le nom du village de Brodhüsi.

parties d'une seule et même masse coupée par une cluse, tantôt on les a regardés comme appartenant à deux chaînes différentes; il y a des arguments pour l'une et l'autre manière de voir, mais ce n'est pas ici le lieu de les discuter. Même sans y comprendre la Burgfluh, la chaîne du Simmenthal est large à son origine; mais elle se rétrécit peu à peu en s'avançant vers l'ouest, et ne forme plus qu'une terrasse adossée à la chaîne du Stockhorn; alors l'étude géologique seule peut la faire reconnaître comme une individualité distincte. C'est avec cette allure qu'elle passe au-dessus de Weissenburg et va jusqu'à Oberwyl, en se dirigeant presque droit à l'ouest. De là elle prend la direction ouest-sud-ouest, et ne tarde pas à aller se perdre sous les débris du flanc droit du vallon de Bonfall; le dernier lambeau visible est dans le lit même du torrent, en dessous des chalets inférieurs, et il y occupe si peu de place qu'il n'est pas facile de le trouver. Là se termine donc cette première partie, qu'on peut appeler la chaîne de la *Simmenfluh*; on n'en trouve aucune espèce de continuation plus au sud-ouest.

A l'ouest de Wüstenbach et de Waldried, avant quel a chaîne de la Simmenfluh se soit complètement abaissée, un autre massif jurassique et crétacé sort du flysch. Bientôt, malgré son peu de largeur, il se trouve divisé en deux chaînes. Celle qui est au nord-ouest a pour point culminant le *Holzershorn* (c'est la sommité qui porte 1949 m. comme cote de hauteur sur la carte fédérale); elle se continue au delà de la Klus par la Fluh Alp. L'autre porte la Mittagfluh, au sud du Holzershorn, et atteint sa plus grande hauteur au *Baederberg* au sud de la Fluh Alp. Topographiquement cette division en deux chaînes semblera tout au moins oiseuse; au point de vue géologique elle s'impose d'elle-même, car il y a entre deux une grande faille, et chacune des deux parties répète la série des formations de l'autre. Au point où la chaîne du Baederberg atteint sa plus grande élévation, celle du Holzershorn lui reste inférieure en hauteur et, à partir de la Fluh Alp, elle forme à peine quelques petits accidents orographiques sur le flanc du Baederberg. Pour le géographe elle n'existe donc plus; mais le géologue peut en suivre la faille séparative, ainsi que les terrains jurassiques et crétacés, jusque de l'autre côté de la Jogne, où elle disparaît définitivement sous le flysch du Hochmatt.

La chaîne du Baederberg reste plus élevée jusqu'à la même rivière, où elle est coupée par une cluse profonde. Le massif des Gastlosen qui s'élève de l'autre côté, n'a d'abord rien de remarquable que sa hauteur; mais il forme bientôt une muraille de rochers divisée en aiguilles élancées, muraille si étroite qu'elle est même percée à jour à sa base par un trou que l'on peut voir de loin.

Ainsi les montagnes qui bordent le flanc gauche du Simmenthal forment dans le fond trois chaînes indépendantes, qu'on devrait considérer à part au point de vue géologique; cependant il est plus commode pour la description de les diviser autant que possible d'après les accidents topographiques; nous aurons ainsi la chaîne de la *Simmenfluh* de Wimmis au vallon de Bonfall; le massif du *Holzershorn* entre le torrent de Bonfall et la Klus; celui du *Baederberg* de la Klus à la Jogne, et celui des *Gastlosen* au sud de la Jogne.

Remarque sur la direction générale des chaînes.

§ 6. Dans toutes les chaînes dont la topographie générale vient d'être esquissée, il y a une particularité qui est assez exceptionnelle, c'est leur direction semi-circulaire. Elles présentent donc sous ce rapport la plus grande analogie avec les montagnes où M. A. Favre a signalé le même phénomène, savoir la région entre l'Arve et le lac d'Annecy et le nord du Chablais. [1]

Il s'agit ici d'un fait géologique aussi bien que géographique, car, abstraction faite de quelques perturbations locales, les couches suivent régulièrement la direction des arêtes. A partir du lac de Thoune et de l'Aar, les chaînes vont d'abord à l'ouest, puis elles prennent peu à peu la direction ouest-sud-ouest ou sud-ouest, qu'elles conservent dans le territoire de la feuille XII de l'Atlas fédéral. Si nous les suivons sur la feuille XVII, nous verrons l'arc de cercle s'accentuer davantage, au moins pour deux d'entre elles: la chaîne de la Berra se continue par le Niremont et les Pleiades, qui courent au sud-sud-ouest; la chaîne du Ganterist par le Moléson, qui a la même direction, et par la Dent de Lys, dont le prolongement tourne tout à fait au sud. La chaîne du Stockhorn en revanche garde la direction sud-ouest dans la Dent de Brenlaire, la Dent de Corjeon et les Rochers de Naye.

[1] *A. Favre*, Géol. Savoie vol. 2, p. 150, pl. 8 et p. 6.

Il en est de même de celle du Simmenthal, qui se prolonge par la Dent de Ruth et les Tours de Famélon et de Mayen.

Ainsi les deux chaînes extérieures, c'est à dire les plus rapprochées de la plaine molassique décrivent un demi-cercle complet, tandis que les deux chaînes intérieures ne sont arquées que dans leur partie orientale. M. A. Favre fait ressortir le même fait dans ses chaînes semi-circulaires entre l'Arve et le lac d'Annecy.

CHAPITRE II.

SERIE DES FORMATIONS.

§ 7. Il faut que je dise d'abord que la revue générale des formations qui va suivre ne se rapporte qu'au territoire dont j'ai terminé le lever géologique à l'heure qu'il est; c'est celui qui s'étend du bord méridional de la feuille XII de l'Atlas fédéral à une ligne qui passe par Weissenburg, Morgeten, le col de Bürglen, le Seelibühl et le Schwarzwasser.

Dans cet aperçu général je ne donnerai pas de résumé des recherches qui ont précédé les miennes, parce que ce travail trouvera mieux sa place dans la description spéciale qui accompagnera plus tard la publication de la carte géologique. Il n'y a du reste que M. Studer qui ait publié des travaux géologiques sur la région dont il est question ici; j'aurai l'occasion de les rappeler dans la partie qui traitera du Monsalvens. Il y a pourtant un point que je tiens à faire ressortir quant aux chaînes du Stockhorn et du Ganterist, c'est qu'il y a bientôt quarante ans, le vénérable doyen des géologues suisses avait déjà établi la série stratigraphique de ces chaînes d'une manière parfaitement exacte;[1] en outre il avait si bien réussi dans la détermination paléontologique de l'âge de quelques couches que les recherches plus récentes n'ont rien à y changer. Le mémoire de M. C. Brunner sur la partie orientale des chaînes qui reste en dehors de mon travail, m'a été naturellement d'une grande utilité; sa découverte des terrains crétacés en particulier a fait faire un grand pas à la géologie de ces montagnes. M. E. Favre a étudié avec un

[1] Westliche Schweizer-Alpen, p. 351.

plein succès la continuation méridionale de nos chaînes. Déjà auparavant MM. Ooster et de Fischer-Ooster se sont aussi occupés à diverses reprises de ces deux territoires voisins dans plusieurs publications. J'aurai l'occasion de citer ces différents ouvrages.

§ 8. Il y a deux faits généraux, en corrélation l'un avec l'autre, qui ressortent de l'étude des Alpes de Fribourg et du Simmenthal: c'est en premier lieu la persistance des caractères pétrographiques et même paléontologiques des formations d'un bout d'une chaîne à l'autre; en second lieu la modification que subissent ces caractères quand on quitte une chaîne pour passer à celle qui en est voisine. Il résulte de cela que le géologue qui étudiera successivement les différents massifs d'une même chaîne, ne constatera que des différences locales peu marquées; sa tâche sera facile, mais un peu monotone. Celui qui au contraire voudra commencer par se familiariser avec l'ensemble, et faire des voyages de profil entre la région de la molasse et le Simmenthal, sera souvent dérouté dans ses déductions, jusqu'à ce qu'il finisse par s'apercevoir que les caractères observés dans une chaîne sont fort sujets à caution quand on passe dans une autre. Cela vient sans doute de ce que les circonstances dans lesquelles s'est effectué le dépôt d'une même série d'assises, changeaient beaucoup sur une ligne allant du nord-ouest au sud-est, tandis qu'elles restaient les mêmes dans la direction du nord-est au sud-ouest. Les chaînes doivent donc être considérées dans notre territoire comme des individualités géologiques en même temps que géographiques, et même dans cet aperçu général nous sommes obligés de les envisager l'une après l'autre.

Chaîne de la Berra.

§ 9. C'est à la chaîne de la Berra qu'appartient le Monsalvens, dont la description forme le sujet de la seconde partie de ce mémoire. Dans les autres massifs nous avons à considérer des terrains assez variés, dont la position est souvent énigmatique. La dolomie, le rhétien et le lias sont peut-être en place, peut-être seulement à l'état de blocs exotiques dans le flysch; des amas de gypse paraissent appartenir à la base du flysch, mais ils ne se présentent pas en affleurements qui ne laissent aucun doute. Le néocomien et le crétacé supérieur sont certainement

des parties constituantes de la chaîne, et le flysch en est la formation principale. Le calcaire du jura supérieur et le nummulitique y sont plutôt en
blocs exotiques.

DOLOMIE ET RHÉTIEN.

§ 10. La dolomie et des marnes bigarrées qui y sont parfois intercalées, forment
une division régulière des trois autres chaînes des Alpes de Fribourg (§.23, 36 et 42),
où elles apparaissent immédiatement sous le rhétien. Dans celle de la Berra je ne les
ai observées que sur un point, savoir dans le massif du Gurnigel en *et* (F*ett*bad) [1],
au nord de la Pfeife. Il y a là, dans une région à pente faible, un peu de dolomie
et de marnes rouges et vertes très friables, en affleurements fort petits et séparés,
où on ne voit que quelques bancs liés entre eux ; on trouve encore, épars sur le sol,
des débris des mêmes roches et des fragments de calcaires noirs rhétiens, qui renferment des Peignes et des Limes.

Ces affleurements n'occupent qu'un très petit espace, et ne modifient pas du tout
le relief du sol. Ils ne sont pas loin de rochers de flysch en place qui sont plus au
sud ; aux alentours il n'y a pas autre chose à jour que quelques blocs exotiques
et des débris de flysch, et, si l'on va du côté du nord, on ne trouve rien de plus
jusqu'à ce qu'on arrive à la molasse. On est donc dans l'embarras pour décider si
l'on a là un affleurement ordinaire d'une région triasique plus ou moins étendue,
qui serait en partie cachée par les débris de flysch, ou si ce sont des blocs exotiques
de dolomie et de rhétien qui se trouveraient réunis sur ce point. Cette dernière
interprétation soulève l'objection que ces roches n'ont guère pu être transportées à
distance de leur gisement primitif, car ce sont des marnes et de faibles bancs de
dolomie, qui n'auraient pu rester bien longtemps à l'air sans se désagréger. Ce qui
vient d'un autre côté appuyer cette supposition, c'est le fait que les fragments de
calcaire rhétien sont répandus un peu partout à la surface du sol ; ils ne se présentent pas comme provenant de bancs qui formeraient une division distincte de la
dolomie et des marnes, ce qui devrait être plus ou moins le cas, si l'on était sur un
affleurement ordinaire.

[1] Voir à l'Avant-propos une explication de cette manière de désigner une localité.

LIAS.

§ 11. La question de savoir si le lias est une des formations constituantes de la chaîne de la Berra, est tout aussi embarrassante que pour la dolomie et le rhétien.

Au centre du massif du Gurnigel, sur le versant nord, descend le Schwarzwasser; comme tous les torrents du flysch, il s'est creusé un ravin très profond. A l'est de *war* (Schwarzwasser), sur le flanc droit, on trouve du calcaire liasique, tandis qu'alentour il n'y a que du flysch en place ou en éboulement. Cette formation se présente à deux endroits, sous l'aspect de petites parois de rochers n'augmentant que peu la pente de la berge, qui est partout rapide. A l'affleurement inférieur, le calcaire est à jour à 12 m. au-dessus du bord du torrent, et il se montre sur une puissance de 20 m. et sur une longueur de 40; ces indications ne reposent que sur une estimation à vue d'oeil. Du côté du nord, une autre face du rocher est aussi à jour, et on voit là plus facilement que les couches plongent faiblement est-sud-est. La roche est un calcaire sableux avec des concrétions plus siliceuses; elle est identique au lias de la chaîne du Ganterist (§ 25); les bancs en sont peu épais. Avec d'autres espèces sur la détermination desquelles on ne peut avoir de certitude, j'y ai trouvé les fossiles suivants, qui appartiennent à la base du lias.

Belemnites acutus, Miller.	*Pecten Hehli*, d'Orb.
Ammonites Brooki, Ziet. (Sow. ?)	*Pentacrinus tuberculatus*, Miller.

La berge s'élève encore au-dessus de cette paroi, mais ne montre que des débris de flysch; au sud un couloir assez étroit la sépare d'un autre rocher plus petit, mais de même nature, qui n'a que 18 mètres de longueur; il fait l'effet d'un bloc séparé, quoiqu'il ne soit pas impossible d'admettre qu'il se relie à l'autre par dessous le sol. Au-dessus du couloir on voit quelques bancs de grès du flysch qui sont bouleversés, mais qui paraissent en place; en revanche on ne peut constater nulle part s'il y en a sous le lias ou pas.

Plus en amont, on ne rencontre d'abord sur la berge que des débris de flysch et peut-être de dépôts glaciaires; mais on arrive bientôt à une autre paroi rocheuse du même aspect que la première; elle a une longueur d'environ 33 mètres sur une hauteur de 10 mètres au milieu. La roche est aussi du calcaire liasique; les bancs en sont plus épais, et le plongement est à peu de chose près le même qu'à l'affleurement précédent. Au bord immédiat de ce nouveau rocher, du côté du sud, un filet d'eau a mis à jour un banc de grès du flysch, qui semble en place et dont la continuation passerait sous le lias; mais il n'y a rien là de bien sûr. Directement au-dessus du rocher on ne voit pas d'assises; mais à 10 mètres de distance plus au sud, on trouve du flysch en place dont le prolongement doit passer par dessus la paroi liasique. A 20 mètres plus en amont, un autre petit ruisseau descend sur la berge; le lit ne montre absolument pas de lias, mais du flysch en place au haut et au bas; à la rigueur il y a assez d'espace entre les deux affleurements pour qu'on puisse supposer que le calcaire liasique s'y prolonge; mais on ne comprendrait guère qu'étant beaucoup plus résistant que le flysch il ne soit pas à jour. Il est infiniment plus probable qu'il ne continue pas jusque là.

Sur le flanc gauche du ravin, il n'y a point non plus de trace d'un prolongement de cette formation; toute la région environnante est du flysch, qu'on voit en place non seulement en amont, mais aussi en aval du lias. En outre le ravin garde partout la même largeur, il y a même une petite plaine entre le lit actuel et les parois liasiques; ce ne serait pas le cas si le ruisseau avait dû se creuser un passage à travers un terrain aussi différent de celui qu'il parcourt plus haut et plus bas.

Toutes ces observations qui sont, je crois, les seules qu'on puisse faire ne conduisent pas à des conclusions bien évidentes. On peut se représenter ces petits massifs de lias comme des têtes d'une ancienne chaîne, et alors deux cas sont possibles: ou bien elles existaient déjà comme telles au fond de la mer du flysch, et cette formation s'est déposée entre elles; ou bien elles ont été poussées de bas en haut, et leur rigidité les a fait pénétrer dans le flysch. Mais cette hypothèse n'est pas la seule possible, parce qu'il y a dans le ruisseau même des blocs de taille ordinaire qu'on est conduit à envisager comme exotiques, et qu'il s'en trouve ailleurs un qui l'est certainement (§ 17). Il est donc fort admissible que ce soit aussi des masses enveloppées par le flysch même par dessous; seulement on hésite, à cause de leur grosseur, à les mettre dans la catégorie des blocs exotiques transportés à distance de l'endroit d'où ils ont été détachés.

NÉOCOMIEN.

§ 12. Le néocomien est la formation qui couvre le plus grand espace au Monsalvens; il apparaît un peu plus au nord dans le massif du Çousinbert (§ 88), mais non dans celui du Gurnigel. Dans la partie septentrionale du Niremont, on l'observe sur trois points : ouest de *en la (en la* Defforida), sud-est de *z* (Rapaz), sur le ruisseau nord de *C* (aux Chiernes). Le premier de ces affleurements est tout entouré de dépôts glaciaires, les deux autres sont séparés par du flysch éboulé; mais tous les trois suivent la direction de la chaîne, et y forment sans doute une seule et même zone. C'est au-dessus de Rapaz qu'on trouve le plus de fossiles; voici les espèces déterminables que j'y ai recueillies :

Belemnites pistilliformis, Bl.	*Ammonites Thetys,* d'Orb.
— *dilatatus,* Bl.	*Ancyloceras Villiersianum,* (d'Orb.) Ast.
Ammonites Rouyanus, d'Orb.	*Aptychus angulocostatus,* Peters.

Ces fossiles, ainsi que la roche qui les renferme, appartiennent à la division principale du néocomien, que je désignerai sous le nom de *néocomien bleu* (§ 78) pour la distinguer des assises inférieures.

CRÉTACÉ SUPÉRIEUR.

§ 13. Parce qu'il est vague, le terme de crétacé supérieur pourra servir à désigner un massif de couches qui semble avoir succédé immédiatement au néocomien méditerranéen, et comprendre les étages moyens et supérieurs des terrains crétacés. Cette division se montre, dans le nord du massif du Niremont, sur un plus grand espace que le néocomien; elle joue un certain rôle au Monsalvens, mais on ne la trouve pas dans le reste de la chaîne.

Le crétacé supérieur du Niremont se présente avec les mêmes caractères que celui que j'aurai occasion de décrire plus loin (§ 83). Sur le versant nord-ouest de la montagne, il forme deux zones, l'une vers le pied et l'autre plus haut. La zone inférieure commence à la Villette, près de Semsales, et s'étend au nord-est, jusqu'au delà du ruisseau dont l'embouchure est nord de *ne* (Chatelaine). La zone supérieure commence au-dessus du point où la précédente finit, savoir au nord-est de la cote de hauteur 1224; de là elle va vers le nord, puis elle prend la direction du nord-est pour aller passer au-dessus du néocomien ; mais les éboulis de flysch la cachent entièrement à partir de la rive gauche du ruisseau de Rapaz ; en revanche elle se montre de nouveau en position normale au-dessus du néocomien, sur le ruisseau qui passe à *la* (en *la* Defforida).

Un autre lambeau de crétacé supérieur se trouve sur le torrent de Semsales, tout à fait au bord méridional de la carte; il ne me paraît pouvoir se rejoindre à aucune des deux zones ci-dessus.

C'est dans cette région du Niremont que j'ai trouvé les fossiles qui donnent les renseignements les plus certains sur l'âge des couches dont il est question ici. Ce sont deux oursins déterminés par M. de Loriol: le *Micraster breviporus*, Ag. du sénonien, et une espèce nouvelle (*Cardiaster Gillieroni*, de Lor.), qui sera publiée prochainement[1]. Le genre des Cardiaster est tout à fait crétacé, et la grande majorité des espèces connues se trouvent dans l'étage sénonien. Les fragments d'*Inoceramus Brongniarti*, Sow. ne sont pas rares dans cette région; on y rencontre aussi des Inocérames de plus petite taille, qui pourraient bien appartenir à d'autres espèces crétacées.

GYPSE.

§ 14. Dans la chaîne de la Berra, le gypse ne se montre que sur quelques points: dans le massif du Niremont, à Pringy, à l'est de Gruyères; dans celui du Cousinbert, au Bürgerwald[2] et près du lac Noir; dans celui du Gurnigel, au Mager-Bad, au nord de la Pfeife. Le gypse des bains du Gurnigel est en dehors du territoire que j'ai étudié.

Etant à la limite de la zone triasique du Moléson et de la chaîne de flysch, le gypse de Pringy est par là même dans une position stratigraphique douteuse. D'un côté il n'est qu'à quelque distance de la cargneule et de la dolomie sans y toucher; d'un autre côté, on voit du flysch bouleversé, mais en place, à l'entrée d'une galerie de l'exploitation qu'on y pratique. Dans les carrières elles-mêmes, le gypse est accompagné de marnes vert bouteille et d'un calcaire marno-schisteux, rouge et

---

[1] *Desor et de Loriol*, Echinol. helvét., terr. crétacés.

[2] Ce nom n'est pas sur la carte fédérale; le gypse en question est au sud-ouest de Plasselb, à la place où se trouve la cote de hauteur 1278 m.

vert, parfaitement identique à celui qui forme le crétacé supérieur; je n'ai trouvé de restes organiques dans aucune de ces couches, et leurs relations stratigraphiques sont fort énigmatiques. Il me paraît pourtant qu'il y a plus de raisons pour admettre que ce gypse est à la base du flysch que pour le ranger dans le trias.

Le gypse exploité au Bürgerwald n'est qu'à une petite distance au nord des rochers de flysch qui sont marqués sur la carte; cependant il affleure proprement dans la région de débris qui sépare partout le flysch en place de la molasse, il n'est accompagné que de marnes vert bouteille et de grès rouge et verdâtre sans fossiles. On n'hésiterait pas à envisager ce gypse comme appartenant à la base du flysch, si l'on ne trouvait pas ailleurs des couches incontestablement rhétiennes dans la même position (p. 10).

Au Mager-Bad, le gypse visible n'a qu'une surface de 1 mètre de longueur sur 0,50 m. de largeur; il apparaît dans un pâturage, non loin d'un bloc exotique de lias dont il sera question plus loin (§ 17); les couches étant minces on y peut reconnaître un plongement moyen sud-est, malgré l'exiguité de l'affleurement; la région environnante appartient à la zone de débris de flysch qui s'étend au pied de la chaîne. Comme cette apparition du gypse n'est accompagnée d'aucune modification dans le relief du sol, il est probable que ce n'est qu'un bloc, plutôt qu'un affleurement d'une couche ou d'un massif en place dont le reste serait caché. Est-ce un bloc exotique proprement dit, ou n'en a-t-il que l'apparence, et est-il descendu de plus haut par un éboulement? C'est ce qu'il serait fort difficile de dire. Au-dessus dans la région du flysch en place, on ne voit pas trace de cette roche.

Près du lac Noir, le gypse se montre sur trois points. A l'est du lac on l'exploite en carrière; à l'ouest on en voit des fragments près de la source des bains. Ces deux localités sont dans la direction de la grande faille qui sépare le flysch des couches triasiques; comme on ne le voit pas en contact immédiat avec ces dernières, on n'a pas la preuve qu'il n'appartienne pas au flysch. Un troisième affleurement, où le massif est assez considérable pour qu'on ait pu l'exploiter, se trouve plus au nord-est, sud de *oh* (im R*oh*r). Ici le gypse paraît être tout à fait dans le flysch, qui est en place plus haut sur le flanc du Hohmättle; mais on ne peut pas affirmer pourtant sans restriction qu'il appartienne nécessairement à cette formation; tout autour on ne voit en effet que des débris d'un grand éboulement, et il n'y aurait rien d'impossible que ce gypse fût descendu du flanc de la montagne, où on en trouve en compagnie de la cargneule et du rhétien.

Il me paraît résulter de ces observations que la présence d'une couche de gypse à la base du flysch est probable, mais non hors de tout doute.

FLYSCH.

§ 15. Ainsi qu'on peut le voir dans la Carte géologique de la Suisse par MM. Studer et Escher, c'est le flysch qui forme la plus grande partie de la chaîne de la Berra. Ce n'est qu'au Monsalvens qu'il se trouve relégué au pied de la montagne.

Moins heureux que M. Kaufmann [1], je n'ai pas trouvé de restes d'animaux dans cette formation; mais partout les fucoïdes bien connus, qu'on est obligé de prendre comme fossiles caractéristiques. La variété des roches du flysch fournit le plus utile moyen de le reconnaître et de le distinguer des autres formations, quand on ne trouve pas de fucoïdes déterminables; ses grès et ses calcaires sableux n'ont d'analogues, dans les montagnes de notre district, que dans les couches de Klaus et dans le lias; ils s'en distinguent bien par la teinte plus rousse qu'ils prennent à l'air, et par la schistosité qui est habituelle à la surface des bancs.

Les observations que j'ai faites dans cette formation n'ont guère qu'une valeur locale; en fait de résultats généraux je n'ai rien à ajouter à ceux de M. Studer, et je me borne à y renvoyer [2]. J'aurai du reste l'occasion de décrire le flysch de la partie méridionale du massif du Cousinbert et celui du Monsalvens, dans le territoire de la carte de la planche 1 (§ 85).

BLOCS EXOTIQUES.

§ 16. Les blocs exotiques cristallins du flysch et du macigno sont connus depuis longtemps au Bolgen dans le Vorarlberg, au Gurnigel, dans la vallée de Habkeren, et à Vianino dans le duché de Parme, et ils ont exercé la sagacité d'éminents

---

[1] Pilatus, p. 116.

[2] Westl. Schweizer-Alpen, p. 369, 390 (Gurnigel Sandstein). Geol. der Schweiz Bd. 2, p. 120. Voir aussi *Brunner*, Stockhorn, p. 20.

géologues. M. Bachmann a fait connaître des blocs d'origine sédimentaire qu'Escher et lui ont trouvés dans le flysch du canton de Schwytz et dans le Toggenburg.[1]

J'ai décrit plus haut (p. 10) des affleurements de rhétien et de lias, qu'il est possible d'envisager comme des membres de la série des formations dans la chaîne

[1] Voici une liste d'ouvrages qui ont trait aux blocs exotiques du flysch. On pourrait y joindre ceux qui se rapportent aux Klippen des Carpathes et des Alpes viennoises dont un certain nombre sont aussi des masses isolées dans l'intérieur de formations plus modernes. La liste de ces travaux se trouve dans *Zittel*, Stramberg, p. 20 und 22 ; Aelt. Tithonb., p. 1.

1809. *F. v. Lupin*, Mineralogische Briefe. Alpina, Bd. 4, p. 90.
1813. *Uttinger*, Leonhardt's Taschenbuch, p. 353.
1820. *J. F. Weiss*, Süd-Baierns Oberfläche nach ihrer äusseren Gestalt, p. 73.
1825. *Studer*, Beiträge zu einer Monogr. der Molasse, p. 165.
1829.   „   Brief in der Zeitschrift für Mineral. von Leonh., Bd. 1, p. 144.
1830. *Boué*, Journal de géologie, vol. 1, p. 135.
1834. *Studer*, Westl. Schweizer-Alpen, p. 407.
1835. *Sedgewick et Murchison*, A Sketsch of the Structure of the Eastern Alp. Trans. of the geol. Soc., ser. 2, vol 3, p. 334.
1844. *Studer, Pareto et Pilla*. Atti della Sesta Riunione degli scienziati italiani, p. 374.
1845. *A. Escher*, Beiträge zur Kenntniss der Tyroler und Bairischen Alpen. Leonh. Jahrb., Bd. 15, p. 536.
  „   *Studer*, Ueber erratische Blöcke der Secundärzeit. Mitth. der naturf. Ges. in Bern, p. 93.
1847. *v. Morlot*, Erläuterungen zur geol. Uebersichtskarte der nordöstl. Alpen, p. 92.
1849. *Murchison*, Geol. Struct. of the Alp, etc. Quart. Journ. of the geol. Soc., vol. 5, p. 210.
1850. *Rütimeyer*, Ueber das schweiz. Nummulitenterrain. Neue Denkschr. der schweiz. naturf. Ges., Bd. 11, p. 23.
  „   *Fromherz*, Alpinische Diluvial-Bildungen im Bodensee-Becken. Leonh. Jahrbuch, Bd. 22, p. 641.
1851. *Schafhäutl*, Geogn. Unters. des südbair. Alpeng., p. 73.
1853. *Studer*, Geol. der Schweiz, Bd. 2, p. 119, 120, 180, 130.
1855. *C. Brunner*, Stockhorn, p. 23.
1861. *Gümbel*, Baier. Alpengebirg p. 621, 625, 626.
1863. *Bachmann*, Ueber petrefaktenreiche Blöcke im Flysch des Sihlthales und Toggenburgs. Vierteljahrschrift der naturf. Ges. in Zürich, 8. Jahrg, p. 1.
1865. *Studer*, Geologisches aus dem Emmenthal. Mitthell. der naturf. Ges. in Bern, 1865, p. 103 und 182.
1866. *Studer*, die exotischen rothen Granitblöcke. Ibidem, p. 293.
1867. *A. Favre*, Géol. Savoie, vol. 2, p. 10.
1868. *Studer, Bachmann, Fraas, A. Escher*. Verhandlungen der schweiz. naturf. Ges. in Einsiedeln, p. 63.
1869. A la réunion de la société suisse des sciences naturelles à Soleure, *Escher* est revenu occasionnellement sur les blocs exotiques du flysch du canton de Schwytz, et il en a mentionné de nouveaux qui sont rhétiens. Les Actes de la société ne contiennent rien à cet égard.
1870. *Boué*, Ueber erratische Blöcke-Anhäufungen im Flötz und tertiären Sandsteinen oder Conglomeraten. Sitzungsberichte der k. k. Acad. der Wissensch., Bd. 61, p. 365.
1871. *Studer und Escher*, Verhandl. der schweiz. naturf. Ges. in Frauenfeld, p. 61 u. 62.
  „   *Kaufmann*, Ueber die Granite von Habkeren. Verhandl. Reichsanst., 1871, p. 263.

de la Berra, et qui seraient alors des analogues des Klippen des grès de Vienne et des Carpathes. Mais il n'est pas improbable non plus que ce soit des masses entièrement renfermées dans le flysch, comme le sont très vraisemblablement les blocs dont il va être question. Je dis *vraisemblablement*, parce que je n'en ai pas vu dans l'intérieur de couches en place. Ils se trouvent dans une région où le flysch n'apparaît qu'en débris, et qui s'étend d'une manière continue au pied de la Pfeife jusqu'à la molasse. Ils ne sont du reste qu'à une très petite distance d'escarpements du flysch présentant la tranche de couches peu inclinées et plongeant sud-sud-est.

Blocs de lias.

§ 17. Dans le lit du Schwarzwasser, qui coule à une distance de 10 à 12 mètres des petits escarpements de lias décrits à la p. 11, on voit des blocs du même calcaire sableux ; les plus grands ont environ 8 mètres cubes. On peut être tenté de croire qu'ils se sont détachés des rochers voisins ; mais différentes circonstances portent à penser que ce sont plutôt des blocs exotiques particuliers. D'abord, l'un d'eux est un peu plus en amont que les rochers, et ne peut donc guère en provenir ; un autre est au contraire plus en aval, et il n'est guère possible de supposer que le ruisseau ait jamais eu une masse d'eau capable de le transporter de plus haut. Ensuite, dans la petite plaine qui sépare les rochers du lit de la rivière, on ne voit point de blocs proprement dits, et les fragments de lias qui se détachent par suite de l'action des agents atmosphériques sont tous de petite taille, à cause du peu d'épaisseur des bancs ; il en est de même dans les régions des chaînes du Ganterist et du Stockhorn où l'on rencontre ce calcaire liasique ; on n'en voit de fragments un peu considérables que là où il y a eu éboulement ; or un tel accident est à peine possible aux petits escarpements du Schwarzwasser, et s'il avait eu lieu lorsque le ruisseau en attaquait le pied, les masses détachées se trouveraient dans la plaine et non dans le lit actuel. On est ainsi conduit à regarder ces blocs comme exotiques ; ils sont restés dans le lit du torrent, tandis que le flysch qui les enveloppait a été emporté peu à peu, à mesure que le ruisseau creusait son ravin.

Près des chalets qui sont au sud-sud-ouest de *M* (*M*ager Bad), et à environ 100 m. à l'ouest du gypse mentionné p. 15, on rencontre un affleurement de lias qui ne peut guère être qu'un bloc exotique. Il se trouve sur une pente assez faible, et ne forme qu'une butte élevée de quelques mètres. On voit la roche sur un espace de 10 m. de longueur et 8 de largeur. Comme au Schwarzwasser, c'est du calcaire sableux en couches minces, qui plongent fortement sud-sud-ouest, ce qui ne s'accorde pas avec la direction générale de la chaîne. Sauf du côté nord, les flancs de la butte, dont les dimensions ne dépassent guère celles du calcaire visible, ne montrent que quelques morceaux de flysch qui sortent de l'herbe. Dans les environs, ni le relief du sol ni les fragments épars dans le pâturage n'indiquent une continuation de cet affleurement. Ainsi il est plus que probable que l'on est en présence d'un véritable bloc; seulement on ne peut dire si, en creusant, on trouverait en dessous les couches mêmes sur lesquelles il s'est intercalé dans le flysch lors du dépôt ou plus tard, ou s'il est peut-être descendu de plus haut par suite d'un éboulement général des assises qui le contenaient.

Ce bloc renferme :

Belemnites acutus, Miller,   *Gryphaea obliqua*, Goldf.
Pecten Hehli, d'Orb.

Ces fossiles montrent qu'il appartient au même niveau géologique que le calcaire sableux du Schwarzwasser.

Blocs de la zone de l'Amm. transversarius et du tithonique.

§ 18. Au Fettbad, un peu au-dessus du rhétien mentionné p. 10, on voit surgir d'un pâturage boisé un autre bloc exotique. Du côté du nord il s'élève à 4 m. de hauteur; du côté du sud il forme un palier d'à peu près 7 m. de largeur, tout couvert par la végétation; la face nord a environ 15 m. de longueur; mais la partie occidentale pourrait bien ne pas appartenir au reste et former un bloc séparé. La stratification est fort incertaine; il semble toutefois que le plongement est sud près de la verticale; s'il en est ainsi on ne voit qu'un mètre et demi de couches, mais une plus grande épaisseur peut être cachée sous la végétation. Ainsi ce bloc ressemble à une muraille qui soutient une petite terrasse. Au-dessus de cette dernière s'élève une pente rapide, dont le pied est couvert par les éboulis du flysch qui la couronne.

La roche de ce bloc est un calcaire compact, clair, plus ou moins concrétionné, qui ressemble beaucoup à celui du Dat dont il sera question au § 70. Les fossiles sont tithoniques, ce sont :

Belemnites cf semisulcatus, Münster

Aptychus punctatus, Voltz

Lytoceras indéterminable

Ammonites Staszycii, Zeuschner?

Aptychus Beyrichi, Opp.

Sur le palier on voit quelques petits blocs de calcaire moins grumeleux, et un fragment analogue se montre un peu plus bas dans les débris de flysch.

D'autres blocs du jura supérieur se trouvent en dessous de la pente rapide qui est indiquée sur la carte au sud-sud-ouest de *F* (*F*ettbad). Cette pente est formée par le flysch en place, plongeant faiblement sud-sud-est et couvrant le pied de ses débris. En allant de là vers le nord, on traverse un plateau de 30 à 40 mètres de largeur; quand la pente recommence elle ne montre d'abord que des débris de flysch; mais lorsqu'elle devient plus forte on en voit surgir en outre des blocs de calcaire de quelques mètres carrés de surface. Ils sont les uns un peu plus haut, les autres un peu plus bas; mais dans l'ensemble ils forment une ligne assez régulière, et on peut être tenté de les prendre comme des parties saillantes d'une assise ordinaire. Cependant la plupart ont des surfaces arrondies, et ils sont bien nettement séparés au moins par des débris de flysch. On ne voit de stratification sûre à aucun. Ils sont composés pour la plupart d'un calcaire blanchâtre, avec des taches confluentes noirâtres et rosâtres, qui appartient au tithonique. Dans l'un de ces blocs, dont la roche est un peu plus foncée qu'aux autres, j'ai trouvé :

Ammonites biplex, (Sow.)

Ammonites plicatilis, Sow.

Ces deux fossiles indiquent qu'il appartient probablement à la zone de l'Amm. transversarius. Un troisième fossile, l'*Aptychus gigantis,* Qu., qui est d'un niveau plus élevé se trouve étiqueté dans ma collection comme provenant du même bloc; mais au Monsalvens je ne l'ai jamais rencontré avec les deux Ammonites, ce qui me fait penser qu'il y a peut-être là une erreur, et qu'il provient d'un autre fragment de la même localité. Dans un second bloc j'ai trouvé l'*Aptychus punctatus,* Voltz, qui est tithonique; mais les autres sont sans fossiles. Cette présence de différentes zones du jura supérieur rend évident que cette rangée de blocs n'appartient pas à une seule et même assise qui viendrait à jour sous le flysch; chacun d'eux est un individu séparé et mérite le nom de bloc exotique, quoiqu'on n'en voie aucun qui soit directement enveloppé dans des couches en place.

Dans la zone de débris de flysch qui est au nord de cette localité, on trouve encore çà et là des fragments nombreux de calcaire du jura supérieur. Plus bas, au ruisseau sud de *Unt* (*Unter*scheid Wald), la molasse commence à se montrer sous les débris de flysch; mais il y a en même temps assez de petits blocs calcaires pour qu'on les exploite. La plupart sont tithoniques: j'ai trouvé dans l'un d'eux les *Aptychus punctatus*, Voltz et *Beyrichi*, Oppel, et dans un autre un *Lytoceras* indéterminable. En descendant le ruisseau, on continue à trouver de distance en distance des blocs que la roche ne permet pas de rapporter à autre chose qu'au jura supérieur; un autre me paraît appartenir au lias. Tout cela ne peut provenir que du flysch, car au-dessus on cherche vainement un indice de ces formations en place.

Ce sont là les seuls blocs que j'aie observés dans le massif du Gurnigel. Il me paraît probable que plus à l'est, dans la partie que je n'ai pas étudiée, le calcaire grenu que M. Studer indique entre le Seeligraben et le Schwarzwasser [1] appartient au lias, et doit être l'analogue de celui qui se trouve au bord du Schwarzwasser. Il faudra peut-être même ranger dans la catégorie des blocs exotiques le calcaire de Châtel du Gurnigel, qui est accompagné de gypse [2]. M. C. Brunner a déjà remarqué qu'il a de l'analogie avec un bloc isolé dans le flysch du canton de Schwytz [3].

Dans le massif du Cousinbert, je n'ai rencontré de blocs exotiques sur le versant nord-ouest que dans le voisinage du Monsalvens; il en sera question plus loin (§ 87). Sur l'autre versant, il y en a dans le bassin des sources du Javroz; à en juger d'après la roche, ils appartiennent au jura supérieur; je ne décrirai pas leur gisement, parce que je n'en ai pas de fossiles déterminables, et que mes notes laissant à désirer sous le rapport de la précision des détails, il vaut mieux attendre de les avoir revus.

Au § 90 on trouvera différentes hypothèses qu'on peut faire pour expliquer ces gisements énigmatiques.

---

[1] Westl. Schweizer-Alpen, p. 375 et 378.
[2] Idem, p. 377. — Geol. der Schweiz, Bd. 2, p. 50.
[3] Stockhorn, p. 15.

DÉPÔTS GLACIAIRES.

§ 19. La chaîne de la Berra n'est pas assez élevée pour avoir pu donner lieu, dans son intérieur, à des phénomènes glaciaires qui aient laissé des traces de quelque importance. Mais le grand glacier du Rhône en a suivi le pied, et y a formé des dépôts souvent puissants; il a pénétré aussi dans les vallées de la Jogne, du Javroz et de la Sense. On pourrait s'attendre à voir les matériaux glaciaires se présenter à une altitude toujours moindre en allant du sud-ouest au nord-est. Cela n'a cependant pas lieu d'une manière régulière. Aux Alpettes, à l'est de Semsales, les dépôts de ce genre se montrent jusqu'à 1350 mètres au-dessus de la mer. Au Monsalvens les débris erratiques les plus élevés que j'aie vus sont à peu près à 1200 m. (§ 96). A l'est de Corbières, le glaciaire en nappe ne recouvre le pied de la montagne que jusqu'à 1000 mètres; mais plus haut on trouve sur les ruisseaux des débris d'origine glaciaire. Dans la vallée du Javroz, ces dépôts remontent jusqu'à 1020 m. Au sud-est de la Roche, ils sont plus haut, car ils vont jusqu'à 1100 m., pour redescendre à 1000 m. au-dessus de Montévraz. Ils sont à cette dernière hauteur au sud de Plaffeyen; mais plus loin au Schwarzwasser, au sud de Rüschegg, j'ai trouvé des galets striés à 1200 m. Je ne veux cependant pas donner comme certaine cette dernière indication de hauteur du glacier : des stries peuvent se former par les éboulements lents qui se produisent dans les amas de débris de flysch imprégnés d'eau; pour être probants il faudrait donc que les galets observés sur ce point pussent être rapportés avec certitude à d'autres formations que le flysch, et ce n'est pas le cas.

Chaîne du Ganterist.

(Pl. 2, fig. 1.)

§ 20. Dans la chaîne du Ganterist, la série des formations est plus complète et la structure géologique plus régulière que dans celle de la Berra; cependant il y a bien des localités où elle réserve au géologue qui en fait la carte à grande échelle des surprises de plus d'un genre, qui viendraient le rappeler à l'ordre s'il était tenté de procéder trop rapidement, et sans avoir mis le pied un peu partout. Les fossiles y sont plus rares et plus mal conservés que dans les terrains secondaires du Monsalvens; le rhétien seul offre une certaine abondance de restes organiques.

Nous aurons à considérer successivement dans cette chaîne: le gypse, la cargneule, la dolomie, le rhétien, le lias, le toarcien, le bajocien, les couches de Klaus, le callovien, le jura supérieur, le néocomien, le crétacé supérieur, le flysch et le glaciaire.

GYPSE.

§. 21. A la limite septentrionale de la chaîne du Ganterist, c'est-à-dire à la grande faille qui la sépare du flysch de la Berra, on trouve du gypse dans différentes localités, qui sont déjà pour la plupart indiquées sur la Carte géologique de la Suisse. Le plus souvent ce gypse est gris ou blanc, rarement rose, en couches très minces, alternant parfois avec des feuillets de marnes bleues, verdâtres ou rougeâtres.

Etant situés au pied de la chaîne, ces gisements sont entourés de débris, et on ne peut voir d'une manière claire s'ils sont en liaison avec le flysch ou avec la cargneule, c'est-à-dire s'ils sont éocènes ou triasiques. Sur le versant nord du Hohmättle, on voit du gypse sur un affleurement de cargneule, mais il est en blocs qui n'ont guère l'air en place; s'ils l'étaient ils devraient être envisagés comme intercalés à la cargneule. Comme le flysch n'est pas bien loin en dessous, on ne peut rejeter entièrement l'idée que ce soit des lambeaux du gypse du flysch qui seraient restés là lors de la formation de la faille; cette localité ne peut donc servir à décider la question. De l'autre côté de la chaîne, à la limite de celle du Stockhorn, la cargneule triasique se montre souvent et toujours sans gypse, quoique au pied de la Kaiser-Eck, par exemple, elle occupe un grand espace. J'envisage donc la question de la présence d'une couche ou de lentilles de gypse sous la cargneule comme encore pendante pour la chaîne du Ganterist.

CARGNEULE.

§ 22. La cargneule se trouve presque toujours comme base de la série des formations des deux côtés de la chaîne, et en marque par conséquent les limites.

Cette roche ne présente pas de caractères particuliers dans cette région; sa teinte jaune varie très peu, et elle est plus ou moins dure et résistante à l'air. Je n'ai jamais pu y découvrir une stratification sûre; on ne peut non plus en apprécier la puissance, puisqu'on n'en voit pas la base. C'est entre le Stieren-Berg et la Kaiser-Eck, au sud-est du lac Noir, qu'elle couvre le plus grand espace.

La persistance avec laquelle cette division se montre dans notre territoire et sa liaison avec la dolomie bien stratifiée qui la surmonte, appuient fortement l'opinion des géologues qui mettent sans restriction la cargneule dans la catégorie des roches de sédiment ordinaires. Mais je crois qu'il faut se garder de l'envisager comme appartenant aux terrains triasiques partout où elle se présente. Dans la chaîne des Spielgärten, qui forme le flanc droit du Simmenthal, il y a une assise assez puissante de cette roche à la base du flysch, et d'autres gisements de cette région semblent ne pouvoir être qu'infra-kimméridiens (Voir aussi § 43).

DOLOMIE.

§ 23. La dolomie qui succède à la cargneüle est ordinairement d'un gris blanchâtre; quelquefois elle devient jaunâtre, bleuâtre ou bleu foncé; ordinairement elle est assez dure, compacte, traversée de petites veines cristallines à peine visibles à l'oeil nu. La stratification est presque toujours très régulière, et quand la végétation manque entièrement, on voit entre les bancs de la marne bleue, verte, rouge ou bigarrée. Dans quelques localités la roche est tendre, fendillée en tous sens, sans marnes, et la stratification en est alors confuse.

Je n'ai que rarement vu le passage immédiat à la cargneule qui est dessous; il paraît se faire insensiblement, par des bancs plus ou moins celluleux qu'on peut rattacher à l'une et à l'autre des deux roches. Du reste, sur plusieurs points, la cargneule et la dolomie semblent se remplacer partiellement l'une l'autre, du moins les deux divisions ne se montrent pas toujours avec la même puissance, même dans des localités peu éloignées les unes des autres.

Dans la région de Grenchen et d'Alpbiglen, au sud-ouest de l'Ochsen, il y a çà et là du gypse intercalé dans la dolomie; je n'ai pas observé cela ailleurs.

La puissance de cette division est variable ; elle peut être estimée en moyenne à 80 mètres.

RHÉTIEN.

§ 24. Dans cet étage, il y a à distinguer deux divisions bien tranchées sous le rapport pétrographique. Elles se différencient aussi paléontologiquement, mais je ne parviens à les faire concorder ni l'une ni l'autre avec les zones établies ailleurs. Il semblerait donc que les fossiles soient répartis, dans la chaîne du Ganterist, autrement que dans d'autres régions. Ayant des matériaux que je n'ai pas eu le temps de déterminer, et mes comparaisons ne portant que sur un très petit nombre d'espèces, je n'insisterai pas ici sur cette anomalie apparente ou réelle.

Rhétien inférieur.

Cette subdivision se compose d'un calcaire foncé, variant du bleu au noir, en bancs peu épais, et de marnes intercalées ; tantôt la stratification est régulière et les parties marneuses sont schisteuses, tantôt le calcaire et les marnes sont comme entremêlés et brouillés ensemble ; dans ce dernier cas les fossiles sont plus nombreux, et forment même parfois une lumachelle où ils sont brisés dans la roche. A cause de leur nature tendre ces couches sont rarement à jour, mais on en reconnaît ordinairement la présence à des fragments pétris de *Terebratula gregaria*, Suess.

Le rhétien inférieur se trouve habituellement au-dessus de la dolomie, mais il y a des points où l'on voit succéder des bancs dolomitiques aux premières assises fossilifères, en sorte qu'il y a liaison intime entre les deux ensembles de couches.

La puissance de cette division est d'environ 20 m. ; elle paraît souvent moindre.

C'est vers la base des couches qu'on trouve le plus de fossiles ; dans les assises supérieures ils sont plus rares. Une bonne partie de ceux que j'ai recueillis n'étant pas encore déterminés rigoureusement, je ne puis citer que les suivants :

Avicula contorta, Portl.	*Ostrea Haidingeriana*, Emm.
Lima exaltata, Terq.	*Ostrea sublamellosa*, Dünker.
Pecten Thiollierei, Mart., ou *Falgeri*, Mer.	*Terebratula gregaria*, Suess.
Plicatula intusstriata, (Emm.) Hauer	

4.

Dans les auteurs qui ont distingué des horizons paléontologiques dans le rhétien, on trouve ces fossiles répartis dans les trois zones de l'*Avicula contorta*, de l'*Amm. planorbis* et de l'*Amm. angulatus*. M. Renevier en cite trois dans sa zone supérieure[1]; ce sont *Lima exaltata*, *Pecten Thiollierei*, *Ostrea sublamellosa*. J'ai recueilli la première espèce au même niveau que les autres, le *Pecten Thiollierei* un peu plus haut; je ne puis pas indiquer le gisement exact de l'*Ostrea sublamellosa* qui provient de débris.

Rhétien supérieur.

Dans cette subdivision, la roche est beaucoup plus résistante à l'air que dans la précédente. A deux endroits j'ai vu à jour, sur le rhétien inférieur, un ou deux mètres de calcaire compacte roux avec beaucoup de Peignes. Les assises qui suivent sont toujours plus visibles, mais varient suivant les localités: tantôt c'est un calcaire de teintes variées, sableux, à cassure spathique, tantôt un calcaire gris, compacte, avec rognons de silex; il est tout à fait impossible de distinguer cette dernière roche de celle qui forme la plus grande partie du jura supérieur dans la même chaîne. Ainsi ces couches sont différentes des précédentes, tandis qu'on ne peut pas poser une limite entre elles et le lias qui leur succède; elles renferment pourtant encore des fossiles qui appartiennent au rhétien, et l'on peut estimer à une quinzaine de mètres la puissance de celles qui sont dans ce cas.

Voici parmi les espèces qu'on y rencontre celles que je puis citer:

Lima punctata, Stopp. (non Sow.)	*Terebratula* (Waldh.) *norica*, Suess.
Lima tuberculata Terq.	*Rhynchonella Colombi*, Ren.? Mes exemplai-
Pecten valoniensis, Defr.	res sont intermédiaires entre cette espèce
Plicatula hettangiensis, Terq.	et la *R. retusifrons*, Oppel.
Terebratula perforata, Piette.	

Ces fossiles viennent surtout de la base du calcaire sableux; c'est le *Pecten valoniensis* qui paraît monter le plus haut.

Ces deux courtes listes des deux divisions ne présentent pas d'espèces communes; je crois cependant que le *Pecten valoniensis* devra aussi être indiqué plus tard dans

[1] Infralias et zone à Avic. contorta des Alpes vaudoises. Bullet. de la soc. vaud. des sc. nat., vol. 8, 1864, p. 39.

le rhétien inférieur. La *Lima punctata* et la *Terebratula norica* ne sont pas citées d'un niveau spécial dans les auteurs que j'ai consultés. Quant aux autres fossiles, les uns sont dans la zone inférieure, les autres dans la zone supérieure de M. Renevier. M. Dumortier en indique trois dans l'horizon de l'*Amm. planorbis* du Lyonnais, et n'en a aucun dans celui de l'*Amm. angulatus*.

LIAS.

§ 25. Il est tout à fait impossible d'indiquer une limite pétrographique entre le rhétien et le lias. Quand la partie supérieure du premier de ces étages est du calcaire sableux, on voit quelquefois apparaître en montant des bancs compactes renfermant des oolithes, puis le mélange de sable se montre de nouveau. Quand le rhétien supérieur est du calcaire compacte, il finit aussi par céder la place au calcaire sableux. Les teintes de ces couches inférieures du lias sont assez claires.

Plus haut il y a plus d'uniformité dans la roche; c'est un calcaire sableux, bleu foncé ou noirâtre, conservant des teintes sombres à l'air, et renfermant des rognons de silex. Les grains de sable ne sont pas tous disséminés; ils sont aussi groupés en concrétions, en sorte que la décomposition de la roche a lieu irrégulièrement, et que les parties plus sableuses forment des reliefs à la surface. Entre presque tous les bancs il y a des intercalations schisteuses et tendres, qui sont en général d'autant plus épaisses que l'on est plus haut dans la série des couches.

La puissance de cet ensemble est plus grande sur le versant sud-est de la chaîne que sur l'autre. La moyenne approximative est de 100 m.

Il est difficile d'extraire des fossiles déterminables de ces couches dures, et ils y sont du reste rares. J'en ai d'un peu partout, sans avoir beaucoup de noms à citer avec une certitude suffisante. Je me bornerai à indiquer quelques associations d'espèces trouvées dans les mêmes bancs.

Dans les assises sans schistes de la base, on rencontre des exemplaires mal conservés de *Belemnites acutus*, Miller et peut-être de *Bel. Oosteri*, Mayer; la première espèce appartient au sinémurien. Un peu plus haut, mais toujours dans la partie dure des couches, on trouve sur le ruisseau qui descend de Janseck, à l'ouest de Jaun, un banc de demi-pied d'épaisseur qui renferme, outre une Ammonite nouvelle, les trois espèces suivantes:

Ammonites Brooki, Ziet. (Sow?) Lias α (Quenst.).

Gryphaea obliqua, Goldf. Du milieu du lias inférieur à la base du lias moyen (Oppel).

Terebratula subovoïdes, Roem. Assises inférieures du lias moyen (Deslongch.) Région supérieure du lias moyen (Oppel).

Dans ce gisement l'*Amm. Brooki* est donc à un niveau supérieur à celui où on le trouve ordinairement.

Plus haut, quand le calcaire est mêlé de schistes, il ne renferme guère que des Bélemnites et cela jusqu'aux dernières assises. Dans une petite carrière, à Charmey, j'ai rencontré dans quelques mètres de couches les espèces suivantes:

B. umbilicatus, Bl. Région moyenne du lias (Oppel).

B. paxillosus, Schloth. Lias moyen, zone de l'*Amm. margaritatus* (Oppel). Lias δ (Quenst.).

B. elongatus, Sow. Lias δ (Quenst.). Belemnite-bed (Phill.). De la base du lias moyen aux couches à *Amm. Davoei* (Oppel).

B. mixtus, Mayer. Je n'ai pas connaissance que cette espèce ait été citée d'ailleurs que des environs du Stockhorn.

Dans une autre localité, avec les mêmes fossiles, j'ai trouvé le *Belemnites Bucklandi*, Phillips, du Belemnite-bed et du lias supérieur. Les *B. umbilicatus* et *paxillosus* sont les espèces qu'on rencontre le plus fréquemment, quand on trouve quelque chose dans ces assises. Ainsi la partie supérieure du calcaire liasique représente, avec une grande puissance, une zone à Bélemnites qui n'a ailleurs qu'une petite étendue verticale.

TOARCIEN.

§ 26. Il n'y a pas de liaison pétrographique entre le toarcien et le lias auquel il succède. Il se compose d'un calcaire très marneux et schisteux, noirâtre ou d'un bleu très foncé, en feuillets irréguliers. La puissance est d'environ 20 m. La facilité avec laquelle la roche se décompose fait qu'on n'y recueille guère de bons fossiles dans les affleurements naturels. Voici ceux que j'y ai trouvés:

Ammonites serpentinus, (Rein.) Schloth. Moitié inférieure du lias supérieur (Oppel).

— *aalensis*, Zieten. Lias ζ (Quenst.).

— *communis*, Sow. Lias ϵ (Quenst.).

— *costula*, (Rein) Oppel. Marne à *A. jurensis* (Oppel).

Inoceramus Falgeri, Mer. Lias supérieur (Escher).

Posidonomya Bronni, Voltz. Lias ϵ (Quenst.).

Un seul de ces fossiles, l'*Inoceramus Falgeri,* est spécial au bassin méditerranéen ; les autres sont du toarcien de l'Europe centrale, dans lequel Quenstedt et Oppel distinguent deux divisions. Les *Ammonites aalensis* et *costula* appartiennent à leur zone supérieure ; je les ai trouvés ensemble au mont Bremenga, où la végétation ne permet pas de déterminer exactement la position des couches qui les renferment. Quant à l'*Amm. aalensis,* qui est aussi de la zone supérieure, il est avec les autres fossiles dans la chaîne du Ganterist, notamment avec la *Posidonomya Bronni.*

Sur quelques points, j'ai pu distinguer une division supérieure dont les schistes sont d'un bleu plus clair et en feuillets plus réguliers ; mais elle ne paraît pas se trouver partout. Au nord-est de Charmey, j'y ai recueilli les Ammonites suivantes qui appartiennent à la zone de l'*Amm. jurensis* ou Jura noir ζ :

Ammonites radians, (Rein) Schloth.	*Ammonites bifrons,* Brug.
— *thouarsensis,* d'Orb.	— *anguinus,* (Rein) Oppel.

Ainsi il paraît qu'on pourra distinguer les deux zones de l'Europe centrale dans le toarcien des Alpes de Fribourg, sans toutefois que la répartition des fossiles y soit exactement la même qu'ailleurs.

<h2 style="text-align:center">BAJOCIEN.</h2>

§ 27. Entre cette division et la précédente, il n'y a pas de limite précise. Dans le bas, des bancs calcaires peu épais et assez durs se mêlent à des schistes identiques à ceux du toarcien, et augmentent peu à peu en nombre ; mais entre deux assises il y a toujours une intercalation schisteuse. Ce calcaire est ordinairement à pâte fine et d'un bleu foncé, passant parfois au noirâtre ; il est souvent marqué de taches noires, confluentes avec la teinte générale de la roche, ce qui lui donne de la ressemblance avec le calcaire néocomien de la même chaîne, dont il se distingue pourtant par une dureté et une compacité moindres. Des bancs un peu sableux se montrent aussi, mais exceptionnellement.

La puissance moyenne de ces couches est approximativement de 90 m.

Je n'ai recueilli que bien peu de fossiles déterminables dans cette division. Il y a des Bélemnites, dont l'une est peut-être le *B. alpinus,* Ooster, non connu d'une autre région.

Dans la partie inférieure l'*Amm. Murchisonae*, Sow. est assez fréquent.

Aux Vathia, près de Charmey, j'ai rencontré un fragment qu'on peut rapporter à l'*Amm. Humphriesianus*, Sow. Au-dessus du débouché de la vallée du Motélon, au sud de Charmey, on trouve l'association de fossiles suivante :

> *Amm. Capitanei*, Cat. (*A. Nilsoni*, Héb.?). Lias méditerranéen moyen (Neumayr).
> *Amm. Garantianus*, d'Orb. Banc de l'*A. Parkinsoni* (Oppel).
> *Ancyloceras annulatum*, d'Orb. Jura brun entre δ et ε (Qu.).

Au nord du Hohmad, j'ai recueilli le premier de ces fossiles seul et au haut de la division.

C'est M. Neumayr qui a déterminé les deux exemplaires d'*Amm. Capitanei*, dont le gisement est ici différent de celui qu'on connaît à cette espèce. Suivant cet auteur lui-même [1], il n'est pas sûr qu'on puisse la séparer de l'*Amm. Nilsoni*, Héb., qui appartient au lias supérieur ; s'il en est ainsi le gisement dans la chaîne du Ganterist serait moins extraordinaire. Dans plusieurs localités, les surfaces des bancs sont couvertes d'une quantité de *Zoophicos*; c'est probablement le *Zooph. scoparius*, Thioll. sp. ; mais il y en a de tout à fait semblables plus haut et plus bas. M. de Saporta sépare les algues de ce type qui se trouvent dans les terrains jurassiques sous le nom de *Cancellophycus*, et en décrira plusieurs espèces de différents niveaux. Il faut attendre cette publication pour savoir jusqu'à quel point ces restes pourront servir à distinguer les horizons géologiques [2].

COUCHES DE KLAUS.

§ 28. Deux roches constituent les couches de Klaus. Celle qui prédomine est un calcaire marneux et schisteux, bleu, blanchâtre à l'air et se désagrégeant facilement ; il a souvent des taches foncées devenant rouges par la longue exposition aux influences atmosphériques ; il diffère très peu de celui des assises bajociennes. L'autre roche est un calcaire dur, en bancs épais, bleu dans l'intérieur, mais brun et quelquefois rougeâtre à l'air ; habituellement il est sableux, plus rarement compacte et à cassure esquilleuse. Les grains de sable sont uniformément répandus dans toute

---

[1] Phylloc. des Dogger und Malm, p. 330.
[2] Bull. France, vol. 27, p. 594. Voir aussi *Dumortier* et *Vélain*, vol. 29, p. 155 et 157.

la masse, c'est surtout ce qui le distingue du calcaire liasique (p. 27), qui est de même nature.

Ces deux roches sont ordinairement mêlées l'une à l'autre, chacune d'elles formant des massifs séparés qui se reproduisent plusieurs fois; quelquefois les bancs sableux et les schisteux alternent plus ou moins régulièrement.

Quelques mètres de calcaire dur marquent pétrographiquement le commencement de la division au-dessus du bajocien; sur le versant nord-ouest de la chaîne ce premier massif est particllement oolithique.

Pour l'étendue verticale, les couches de Klaus forment l'une des divisions les plus considérables de la chaîne; on ne peut pas en évaluer la puissance moyenne à moins de 150 m.

Les *Zoophicos* se montrent encore ici, mais plus rarement que dans le bajocien; il y a en même temps d'autres fucoïdes. On rencontre, à peu près au milieu de la formation, une zone où le calcaire schisteux se remplit de grains noirs, durs, de formes variées; cette roche, qui contient de petits fossiles, est très semblable à la *couche à Ptéropodes* (Ooster) du néocomien; elle est seulement un peu plus dure.

Malgré la grande puissance de cette division et un assez grand nombre de fossiles recueillis un peu partout, je n'ai que bien peu d'espèces à en citer:

Amm. viator, d'Orb. Callovien de Provence, d'Italie et de Crimée (d'Orb.).
Amm. Kudernatschi, Hauer. Couches de Klaus (v. Hauer), de Swinitza (Kudernatsch).
Amm. tripartitus, Rasp. Callovien (d'Orb.). Couches de Klaus (v. Hauer).
Posidonomya alpina, A. Gras. Callovien (A. Gras). Couches de Klaus (Oppel).
Cidaris allobrogica, Des. Espèce qui n'est pas connue d'ailleurs. [1]

L'*Ammonites tripartitus* est de beaucoup le plus commun de ces fossiles; il se rencontre du haut au bas des couches, et les fait reconnaître quand les autres caractères laissent dans l'incertitude. Les autres fossiles sont rares. Ils appartiennent exclusivement au bassin méditerranéen. C'est pour cette raison que le nom de couches de Klaus me paraît préférable aux autres, dont l'emploi supposerait plus ou moins une ressemblance de faune qui n'existe pas dans la nature. Le nom de callovien, dont se servent une partie des géologues français pour les Alpes méridionales, convient du reste moins que celui de bathonien (voir § 57).

---

[1] *Desor et de Loriol*, Echinologie helvétique, période jurassique, p. 17, pl. 2, fig. 18.

CALLOVIEN.

§ 29.   Les assises que l'on trouve au-dessus du dernier massif de calcaire sableux des couches de Klaus, sont parfaitement identiques au calcaire marno-schisteux qui domine dans cette formation; ainsi on pourrait être tenté de les y joindre si les restes organiques ne changeaient pas.   Ce n'est que dans quelques localités que ce calcaire se modifie en devenant un peu sableux au-dessus du milieu des assises; quelquefois aussi il s'y montre plus dur et parsemé de petits grains verts.

La puissance moyenne de cette division n'est que d'environ 30 m.

Les fossiles n'y sont pas fréquents et se trouvent disséminés dans toute la hauteur des couches.   Il paraît qu'il y a des Bélemnites et des Brachiopodes nouveaux. Voici les espèces qui sont déjà connues :

Belemnites hastatus, (Montf.) Bl. Commence entre le callovien et l'oxfordien et atteint sa plus grande fréquence dans la zone à Amm. biarmatus (Oppel).   Jura brun ζ (Qu.).

— *semihastatus*, Bl. (*B. calloviensis*, Oppel).   Peut-être exclusivement de la zone de l'Amm. anceps (Oppel).

— *redivivus*, Mayer.   Cette espèce, qui n'a encore été citée que des Alpes de Fribourg, se trouve aussi plus haut dans la zone de l'Amm. transversarius.

Ammonites mediterraneus, Neum. (*Zignodianus* auct.).   Des couches de Klaus au tithonique inférieur (Zittel, Neumayr).

— *plicatus*, Neumayr.   Zone de l'Amm. transversarius en Galicie (Neumayr).

— *furcula*, Neum. Probablement d'un horizon plus élevé que l'Amm. macrocephalus dans l'oolithe de Balin (Neum.).

— *patina*, Neum. Couches à Amm. macrocephalus du Brielthal et oolithe de Balin (Neum.).

— *arduennensis*, d'Orb. Callovien supérieur (Moesch, Greppin). Zone des Amm. cordatus et Lamberti (Oppel).

Cette liste justifie le nom de callovien donné à cette subdivision, quoiqu'elle contienne des fossiles qui montent plus haut.   Tandis que dans les couches de Klaus nous n'avons trouvé que des espèces méditerranéennes, celles de l'Europe centrale sont ici en plus grand nombre que les autres.   Il n'y en a que trois qui n'aient pas encore été citées en dehors des Alpes et des Carpathes, ce sont *B. redivivus, Amm. mediterraneus* et *plicatus*; il est probable que les espèces non déterminées se trouveront appartenir surtout à cette catégorie. Les *Belemnites hastatus* et *redivivus* se rencontrent plutôt vers le haut des couches.

JURA SUPÉRIEUR
(Zone de l'Amm. transversarius au tithonique inclusivement).

§ 30. Nous arrivons à un massif de couches dans l'intérieur duquel il n'y a pas de lignes de démarcation pétrographique précises, et où, sauf pour la base, les données paléontologiques sont très défectueuses.

Cette série commence par une roche formée de concrétions ou de grumeaux calcaires durs et irréguliers, mêlés d'un peu de marne schisteuse. La teinte en est bleuâtre, verdâtre ou rouge; ces couleurs sont distribuées irrégulièrement dans la masse et le rouge domine dans certaines localités, tandis qu'il manque complètement dans d'autres. A cette roche s'intercalent bientôt des bancs de calcaire compacte gris, avec rognons de silex, qui dominent de plus en plus; aussi un peu plus haut toute la masse ne se compose plus que de calcaire compacte en bancs épais, d'un gris variant du clair au sombre. Cependant jusqu'au haut on rencontre de petites assises grumeleuses qui se décomposent plus facilement; plus souvent encore il y a des bancs entièrement durs où la structure concrétionnée se trahit à la cassure. Dans beaucoup de localités le milieu et le haut de la série ne forment qu'une seule masse d'une teinte plus claire, avec une multitude de veines de spath calcaire, et on n'y distingue plus de joints de stratification.

La puissance du jura supérieur est en moyenne de 150 m.

Les calcaires grumeleux de la base de ce grand massif sont relativement riches en fossiles, mais plus haut il est très rare d'en rencontrer, quoiqu'il y ait des bancs où la roche se mélange d'un triturat de restes organiques.

Voici la liste des espèces qu'on trouve à la base:

Belemnites hastatus, (Montf.) Bl.	*Ammonites stephanoïdes*, Oppel.
— *redivivus*, Mayer.	— *arduennensis*, d'Orb.
— *argovianus*, Mayer.	— *plicatilis*, Sow.
— *monsalvensis*, n. sp.	— *biplex*, Quenst. non Sow.
Ammonites tortisulcatus, d'Orb.	— *birmensdorfensis*, Moesch.
— *Manfredi*, Oppel.	*Inoceramus Oosteri*, E. Favre.
— *mediterraneus*, Neum.	*Collyrites friburgensis* Ooster.
— *saxonicus*, Neum.	

Nous retrouverons cette faune, avec quelques espèces de plus, dans la description du Monsalvens (§ 66), et là j'en discuterai les rapports. Elle appartient surtout à la zone de l'*Amm. transversarius*, mais contient des espèces d'horizons plus récents, qui ont bien certainement vécu avec les autres. Ici il n'y a qu'un fossile qui n'ait pas été retrouvé au Monsalvens, c'est l'*Amm. stephanoïdes*, Oppel, qui est de la zone de l'*Amm. tenuilobatus*.

Je n'ai pas trouvé plus haut d'indices de la présence, dans des bancs spéciaux, d'une des faunes supérieures du jura blanc d'Allemagne, si ce n'est un exemplaire de l'*Aptychus obliquus*, Qu., au Stierenberg, près du lac Noir; mais il était associé à l'*Apt. punctatus*, Voltz du tithonique, et M. Neumayr le cite aussi au même niveau dans les *Klippen*. Les quelques fossiles déterminables que j'ai rencontrés dans le reste du jura supérieur sont tithoniques. Ce sont :

Belemnites ensifer, Oppel.	*Aptychus punctatus*, Voltz.
— cf *semisulcatus*, Münster.	— *Beyrichi*, Oppel.

NÉOCOMIEN.

§ 31. Pour être conformes à l'usage, il faut que les cartes géologiques indiquent une limite tranchée entre le terrain crétacé et le jurassique; on a cru pendant longtemps qu'on ne trouverait nulle part de difficultés pour opérer cette séparation sur le terrain. Dans les chaînes du Ganterist et du Stockhorn cette attente est bien trompée : après avoir quitté des assises où l'on ne trouve presque rien, mais que l'identité parfaite de la roche force à rattacher à l'horizon jurassique antérieur, on passe à d'autres où on rencontre quelques espèces néocomiennes. Il faut alors chercher entre deux au moins une limite pétrographique. Dans quelques endroits, aux bancs épais du tithonique succèdent des bancs minces, plus clairs, mêlés même de calcaire marno-schisteux; là on n'est pas embarrassé. Ailleurs les bancs tithoniques diminuent peu à peu d'épaisseur, ce qui fait déjà pressentir plus de difficultés; en montant dans la série on trouve pourtant des calcaires un peu moins durs, à pâte plus fine, qui se rapprochent plus du néocomien bien caractérisé que du tithonique ordinaire; on a alors au moins une limite approximative. Mais il arrive aussi parfois qu'on retrouve plus haut de nouveaux bancs qui ont bien plus

l'aspect tithonique que les précédents, et alors on ne peut dire où est la limite.
Elle est encore plus indécise lorsque, au contact des deux formations, la stratification a disparu, sans doute par suite d'une modification de la roche postérieure
au dépôt.

Le néocomien se compose de bancs peu épais d'un calcaire compact, à pâte très
fine, assez dur, de teintes variant du noirâtre au gris clair, souvent panaché de
taches noires confluant avec la couleur générale. Entre les bancs compacts s'intercalent de petites zones schisteuses, dont les feuillets ont une surface plus sombre,
quelquefois d'un noir lustré; ces parties schisteuses sont plus tendres, mais pas
assez pour qu'on puisse leur appliquer le nom de marnes. La base de la formation
se distingue assez souvent par un calcaire plus clair, presque blanc, mais ce n'est
pas le cas partout.

Le néocomien a une puissance qui est à peu près égale à celle du jura supérieur,
c'est-à-dire d'environ 150 m.

Les fossiles se trouvent à toutes les hauteurs de la formation, et il n'y a guère
d'assises où ils soient en grand nombre. Comme il n'y a pas de couches marneuses
proprement dites, ceux que l'on rencontre à la surface des affleurements ne sont
que rarement conservés dans leur entier, dès qu'ils appartiennent à des espèces qui
atteignent une certaine taille. C'est pour cela que je n'ai à citer qu'un petit
nombre d'Ammonitides, quoique j'aie beaucoup de fragments qui indiquent la présence d'autres espèces de cette famille. Avec si peu de matériaux, il ne peut
guère venir à l'idée de rechercher si, dans cette grande puissance de couches, il est
possible de distinguer des zones; du reste on peut affirmer de la plupart des espèces
suivantes qu'elles se présentent à différentes hauteurs. Il n'en est point qui soient
citées ailleurs que dans le néocomien.

Belemnites pistilliformis, Bl.	*Aptychus Didayi,* Coq.
— *bipartitus,* (Bl.) Cat.	— *angulocostatus,* Peters.
Ammonites subfimbriatus, d'Orb.	— *undatocostatus,* Peters.
— *Astierianus,* d'Orb.	— *aplanatus,* Peters.
Crioceras Duvali, Lév.	*Terebratula subtriangulata,* Gümb.
Ancyloceras villiersianum, (d'Orb.) Astier.	— *diphyoïdes,* d'Orb.

Ces fossiles appartiennent tous au néocomien méditerranéen; parmi ceux que
j'ai dû laisser indéterminés, il n'en est point qui indiquent des migrations de la

faune néocomienne de l'Europe centrale, comme on en peut constater au Monsalvens (§ 76 et 79).

CRÉTACÉ SUPÉRIEUR.

§ 32. Dans la chaîne du Ganterist cette formation ne couvre que de petits espaces; elle ne se présente le plus souvent que sous la forme d'une bande étroite, dont les couches en V sont serrées entre celles du néocomien (pl. 3, fig. 2). Par suite du redoublement des plis de cette dernière formation, il y en a deux zones assez voisines l'une de l'autre dans le massif du Plan. Le crétacé supérieur manque, en revanche, dans toutes les parties où la chaîne est réduite à un minimum de largeur, et où le néocomien lui-même n'occupe que très peu de place. C'est au bord méridional de la feuille XII de l'Atlas fédéral, en la Pereyre, au sud-est de Gruyères, qu'il acquiert la plus grande largeur, et il la conserve dans la vallée de la Sarine sur la feuille XVII.

Par la nature de ses couches et les quelques restes organiques qu'on y trouve, le crétacé supérieur est parfaitement semblable à celui de la chaîne du Stockhorn, qui sera décrit un peu plus loin (§ 39).

FLYSCH.

§ 33. Comme on vient de le voir, c'est quelquefois le néocomien et plus souvent le crétacé supérieur qui terminent la série des terrains dans l'intérieur de la chaîne du Ganterist; mais le flysch s'est encore rencontré au-dessus, dans le massif du Plan, entre le Motélon et la Jogne. Au nord de *Bova (Bovatey)*, on trouve sur la carte deux sommités qui sont néocomiennes; dans la dépression qui les sépare, le crétacé supérieur forme un V au milieu duquel on a un petit lambeau de flysch; il n'occupe qu'une largeur d'une vingtaine de mètres, et on n'y voit pas de couches régulièrement en place; mais on y trouve des marnes schisteuses et des grès en dalles, avec des fucoïdes et des empreintes charbonneuses qui ne peuvent laisser aucun doute sur la présence de la formation; en outre, à cause de la position élevée de la localité, on ne pourrait expliquer la présence de ces roches caractéristiques par un transport quelconque.

La constatation de ce lambeau de flysch dans l'intérieur de la chaîne du Ganterist a une certaine importance. Il est à égale distance des deux premières zones de flysch que M. Studer a distinguées entre le Rhône et l'Aar [1], aussi on serait embarrassé pour le rattacher à l'une plutôt qu'à l'autre. Il est donc permis de penser que, sur ce point au moins, il n'y avait pas de terres émergées pour séparer la portion de mer qui déposait le flysch de la Berra de celle où s'est formé celui du Simmenthal.

GLACIAIRE.

§ 34. La plupart des parties élevées de la chaîne du Ganterist présentent des traces certaines de phénomènes glaciaires. Les hautes régions ont des blocs dont le transport ne peut s'expliquer par un éboulement. Quand deux pentes se rencontrent de façon à laisser un couloir entre elles, il y a ordinairement à une certaine distance de leur pied une digue arquée ; c'est une ancienne moraine, en dedans de laquelle on trouve encore un petit lac ou un marais, que les éboulements postérieurs n'ont pu remplir.

Les plus considérables des anciens glaciers de ces montagnes sont ceux qui prenaient leur origine entre l'Ochsen, le Bürglen et le Ganterist. Les pentes escarpées de ces sommités les couvraient de gros blocs tithoniques et de débris néocomiens, qu'ils ont transportés jusque sur les flancs opposés du massif du Gurnigel, à 150 m. au-dessus de la hauteur actuelle de la Kalte Sense. Ils ont en même temps recouvert d'une nappe glaciaire presque continue le haut de la vallée qui s'étend entre les deux chaînes, et, selon toute apparence, leurs débris sont allés rejoindre ceux qu'amenait le grand glacier du Rhône par Plaffeyen.

Chaîne du Stockhorn.

§ 35. Par l'ensemble de sa composition, cette chaîne ressemble à celle du Ganterist ; seulement les différentes formations s'y caractérisent moins distinctement, et il est plus difficile de les délimiter d'une manière un peu précise. En outre les

---

[1] Geol. der Schweiz, Bd. 2, p. 120 u. 121. *Studer et Escher*, Carte géolog. de la Suisse.

fossiles y sont encore plus rares. Le géologue qui voudrait étudier ces régions ou leur continuation au sud-ouest et au nord-est, ferait donc bien de commencer plutôt par la chaîne du Ganterist que par celle-ci. La ressemblance mentionnée n'est cependant pas sans exception : quand le terrain jurassique vient à jour sur le versant sud-est de la chaîne du Stockhorn, il se présente plutôt avec les caractères et la faune de celle du Simmenthal.

Dans cet aperçu général je n'aurai donc pas besoin d'entrer dans de grands détails; je me bornerai à dire en quoi les formations diffèrent de celles qui leur correspondent dans la chaîne que nous venons de voir.

TRIAS.

§ 36. Ainsi que cela a été dit plus haut (p. 23), le gypse, qui forme peut-être l'assise la plus ancienne des Alpes de Fribourg, ne se montre pas dans la zone triasique qui sépare les deux chaînes du Ganterist et du Stockhorn. C'est donc la cargneule qui est la couche la plus profonde que l'on puisse voir; elle forme une zone qui indique la limite des chaînes dans les cas, assez rares du reste, où celle-ci n'est pas marquée par des vallées ou des dépressions du sol. Cette cargneule appartient surtout à la chaîne du Ganterist, car c'est de ce côté-là qu'on retrouve au-dessus la dolomie et le rhétien. Au pied de celle du Stockhorn ces deux dernières subdivisions sont souvent restées dans la profondeur; quand elles se montrent elles ne présentent rien de bien particulier à mentionner.

LIAS.

Pour la raison que je viens d'indiquer, le lias n'est pas non plus toujours à jour au pied de la chaîne du Stockhorn.

Dans les endroits où il est visible, il présente en somme les mêmes caractères pétrographiques que dans l'autre chaîne. En bas c'est un calcaire sableux, dur, sans schistes; plus haut il s'y mêle des parties schisteuses, la silice se concentre en rognons et les bancs sont moins épais. Il y a très peu d'affleurements où les schistes ne soient pas cachés par la végétation, et les fossiles sont très rares; on

ne voit que çà et là quelques Bélemnites, qu'il est fort difficile de dégager de
la roche dure, et qui appartiennent sans doute aux espèces citées dans la chaîne
du Ganterist.

TOARCIEN, BAJOCIEN ET COUCHES DE KLAUS.

§ 37. Je réunis ces trois divisions, parce qu'il ne m'est pas possible d'indiquer
des limites précises entre elles, et que les fossiles y manquent à peu près complètement. Quoique les caractères pétrographiques soient assez semblables pour qu'on
puisse établir le parallélisme avec la chaîne du Ganterist, il y a cependant des
différences à signaler. La position stratigraphique de l'ensemble entre le lias
moyen et le callovien de la chaîne du Stockhorn même, est du reste parfaitement claire.

A la base il n'y a pas de limites précises. A sa partie supérieure, le calcaire du
lias moyen se montre peu à peu moins sableux et plus tendre; les bancs diminuent
d'épaisseur et deviennent un peu schisteux; la roche ne change pas de teinte
à l'intérieur, mais à l'air elle est bleu clair. Les portions plus sableuses réunies en
rognons existent encore dans ces couches de passage; mais, quand elles cessent de
se montrer, on a une roche fort semblable à celle que j'ai décrite comme bajocienne
dans la chaîne du Ganterist; elle est seulement d'une teinte plus sombre. Ainsi
la division des schistes toarciens est pour ainsi dire fondue dans un passage insensible du calcaire liasique aux couches jurassiques proprement dites.

Il faut traverser une grande puissance de ces assises bajociennes pour arriver à
des bancs sableux, quelquefois un peu oolithiques, semblables à ceux qui, dans la
chaîne du Ganterist, nous indiquent le commencement des couches de Klaus. Mais
le seul exemplaire de l'*Amm. tripartitus*, Rasp. que j'aie rencontré dans la chaîne
paraît provenir de plus bas. Ainsi il n'y a rien de plus incertain que la limite
entre le bajocien et les couches de Klaus. Dans ces dernières on ne trouve que
des traces très rares de fossiles; le plus apparent est un gros Gastéropode. Les
caractères pétrographiques sont du reste assez semblables à ceux de l'autre chaîne,
par le mélange de bancs sableux épais et de calcaires schisteux; seulement ces
derniers ne sont pas bleus, mais gris noir.

CALLOVIEN.

Nous retrouvons au-dessus de ces grands massifs de couches le calcaire schisteux callovien, où les fossiles nous laissent un peu moins en défaut. Comparé à celui de la chaîne du Ganterist, il se montre un peu plus dur et de teinte plus sombre; les surfaces à l'air sont verdâtres; dans le haut il s'y mêle des rognons de silex. En outre les restes organiques y sont plus rares, aussi n'ai-je à citer que les suivants:

Belemnites hastatus, (Montf.) Bl.
— *semihastatus*, Bl.

Belemnites Heeri, Mayer; espèce qui n'est encore connue que de cette région.
Ammonites patina, Neumayr.

JURA SUPÉRIEUR.

§ 38. Dans la chaîne du Stockhorn, le terrain jurassique supérieur se présente sur les deux versants (pl. 3, fig. 2 et 3). Du côté du nord-ouest il forme une zone continue, et conserve passablement les caractères qu'il a dans la chaîne du Ganterist. Du côté du sud-est il n'apparaît sous le néocomien que dans les massifs de la Scheibe et de la Kaiser-Eck, et s'y montre avec des modifications assez marquées.

Versant nord-ouest. Sur ce versant le jura supérieur est composé de calcaires compacts, divisés en bancs épais, de teintes plus ou moins claires, quelquefois assez foncées. Dans la région de la Kaiser-Eck, où la chaîne est plus large et empiète en quelque sorte sur celle du Ganterist, on a à la base les mêmes couches concrétionnées que dans cette dernière; seulement elles sont plus dures; ailleurs elles semblent manquer. Dans bien des endroits on ne voit point de stratification.

J'ai à peine quelques fossiles déterminables à citer de cette division. Les calcaires concrétionnés de la base pourront en fournir si l'on y fait de longues recherches, mais ils y sont rares. Je n'en puis citer que le *Belemnites monsalvensis*, n. sp. Dans la gorge à l'est du Hochmatt, j'ai trouvé un exemplaire de l'*Ammonites polyplocus*, (Rein.) Quenst., de la zone de l'*Amm. tenuilobatus*, et plus haut un fragment de Cidaride, que M. de Loriol n'a pu rapprocher que de *Cidaris pretiosa*, Desor, du valangien. On ne peut guère tirer de conséquence de la présence de ce-

fragment, qui peut appartenir à une espèce nouvelle dont les caractères différentiels ne seraient visibles que sur des exemplaires complets; aucune autre trace de fossiles ne vient faire présumer l'existence d'une faune valangienne dans ces couches, et ailleurs les mauvais fragments que l'on trouve près de la limite du néocomien indiquent un facies à Céphalopodes. L'un d'eux est une Ammonite du genre *Haploceras*, Zittel; il est assez probable que c'est l'*Amm. elimatus*, Oppel, du tithonique.

Versant sud-est. Les terrains crétacés qui couvrent le milieu et le flanc sud-est de la chaîne, ne laissent apparaître que çà et là le terrain jurassique supérieur; ce n'est qu'au-dessus de la Klus, dans le massif de la Kaiser-Eck, qu'on le voit jusqu'à une profondeur considérable. Comme ailleurs il est composé de calcaire compacte, en bancs épais ou sans stratification; mais il s'y mêle de plus à différentes hauteurs des assises sableuses. Il est vraisemblable que la zone de l'*A. transversarius* y existe, mais je n'en ai connaissance que par des fossiles qu'on m'a dit provenir de là; ce sont les *Ammonites plicatilis*, Sow. et *tortisulcatus*, d'Orb. Je suis disposé à croire exacte cette indication de localité, parce que la roche qui les contient est un calcaire sableux qu'on ne trouve pas dans la zone de l'*A. transversarius* des autres chaînes. Les fossiles que j'ai recueillis moi-même sont peu nombreux et très mauvais; à l'exception de quelques Bélemnites, ils indiquent que ce n'est plus le facies à Céphalopodes qui se trouve là. Une huître est rapprochée de l'*Ostrea solitaria*, Sow.; il y a des *Nérinées*, des *Gastéropodes*, une *Rhynconelle* et des *Crinoïdes*. Ces fossiles appartiennent probablement à la faune kimméridienne et tithonique de la chaîne du Simmenthal, qui s'annoncerait ainsi sur le flanc sud-est de celle du Stockhorn.

NÉOCOMIEN.

§ 39. De même que dans la chaîne du Ganterist, on ne peut trouver dans celle du Stockhorn de limite tranchée entre le jura supérieur et les premières assises crétacées; le passage se fait aussi insensiblement. Le néocomien est composé de la même roche que dans l'autre chaîne; il n'y a que la puissance qui change, elle est presque réduite de moitié, et cette diminution semble aller en augmentant à

mesure que l'on s'approche de la chaîne du Simmenthal, où le néocomien
manque; mais il est un peu difficile de s'assurer de ce dernier fait à cause des
nombreux plissements auxquels la formation a été soumise dans le milieu de
la chaîne.

Voici les fossiles recueillis dans les assises néocomiennes:

Belemnites pistilliformis, Bl.	*Ammonites subfimbriatus*, d'Orb.?
— *bipartitus*, (Bl.) Cat.	*Ancyloceras Sabaudianus*, Pict. et de Lor.?
— *latus*, Bl.	*Aptychus angulocostatus*, Pet.
— *minaret*, Rasp.	— de l'*Amm. Astierianus*, d'Orb.

Comme on le voit, les couches en question ne sont pas riches. Les Bélemnites
prédominent par le nombre des espèces, bien plus encore par celui des individus;
il y en a encore d'autres que je crois nouvelles. S'il n'y a pas de modification dans
la roche, il y en a donc une assez appréciable dans la faune.

CRÉTACÉ SUPÉRIEUR.

La limite entre le néocomien et les assises que nous allons envisager, est marquée par des schistes calcaires noirs, qui se morcellent très facilement et qui, pour
cette raison, ne sont que rarement à jour. Dans ce cas il est assez difficile de
reconnaître le commencement du crétacé supérieur. Cependant il se distingue
assez bien du néocomien par un peu plus d'intercalations marno-schisteuses, par une
teinte verdâtre à l'air assez accusée, tandis que celle du néocomien est plutôt
bleuâtre, et par des taches noires, à bords plus arrêtés, et imitant parfois
les fucoïdes.

Plus haut la formation devient encore plus marneuse et plus schisteuse, quoiqu'il
y ait toujours des bancs compactes. La teinte rouge se mêle à la verdâtre et finit
souvent par prédominer; les deux couleurs sont rarement réparties suivant la
stratification; elles panachent en grand les couches.

Il n'y a pas le moindre doute que ces assises ne soient plus récentes que le
néocomien qui les enveloppe et passe dessous; mais dans la chaîne du Stockhorn
je n'ai pas trouvé de documents paléontologiques bien décisifs pour une détermination plus précise. Le fossile dont on rencontre le plus de fragments est le grand

Inocérame que M. P. Merian rapporte à l'*I. Brongniarti*, Goldf.[1] On a ensuite
diverses dents de Squalides; l'une paraît appartenir au genre *Carcharodon*, dont
les espèces connues ne se trouvent pas plus bas que la craie de Maestricht. Vers la
base il y a des Bélemnites différentes de celles du néocomien sousjacent, mais de
formes peu caractérisées. Enfin on y trouve une grosse Serpule, et des Foraminifères, visibles même à l'œil nu.

FLYSCH.

§ 40. La seconde zone de flysch que M. Studer[2] distingue dans les Alpes oc-
cidentales de la Suisse, se rattache à la chaîne du Stockhorn; elle en suit le flanc
sud-est, en s'appuyant sur le crétacé supérieur. On y trouve les mêmes variations
de roches que dans le flysch de la Berra, et les fucoïdes y sont assez fréquents.

A son entrée au bord sud de la feuille XII de la carte fédérale, cette zone est
assez étroite, parce que les terrains crétacés du Hochmatt occupent beaucoup de
place; au Sattel et entre Jaun et Weibelsried, elle est plus large. Elle s'atténue
beaucoup dans le Reidigenthal, parce que le jura et la craie du massif de la
Kaiser-Eck s'élargissent d'un côté, et que de l'autre la chaîne du Simmenthal se
divise en deux. Depuis la Klus le flysch ne se rencontre plus qu'en lambeaux au
nord d'Oberwyl; ailleurs ce sont des formations plus anciennes qui viennent border
la faille séparant les deux chaînes.

GLACIAIRE.

Comme celle du Ganterist, la chaîne du Stockhorn a eu ses phénomènes
glaciaires locaux, que je ne veux mentionner ici qu'en passant. Les lacs qui
sont sur le versant nord-ouest de la Kaiser-Eck leur doivent en particulier leur
existence.

[1] Basler Verh., Theil 5, p. 388.
[2] Geol. der Schweiz, Bd. 2, p. 121.

Chaîne du Simmenthal.

(Pl. 2.)

§ 41. Les montagnes du flanc gauche du Simmenthal sont géologiquement séparées des précédentes par une faille longitudinale, qui est en général moins considérable que celles qui se trouvent entre les autres chaînes; elle n'a le plus souvent amené au jour que des assises un peu inférieures aux schistes à charbon, que l'on rapporte au kimméridien. C'est à l'endroit où la chaîne n'existe plus pour le géographe, qui ne s'occupe que du relief du sol, que l'on trouve les couches les plus anciennes, savoir dans les ravins qui descendent de Neuenberg et du Wank à Oberwyl, surtout dans celui qui est au nord-ouest du village.

Au haut de ce dernier ravin, le calcaire jurassique supérieur de la chaîne du Stockhorn forme un rocher élevé presque sans stratification; au pied on trouve le néocomien et le crétacé supérieur fort atténués, renversés l'un et l'autre, et plongeant faiblement nord-ouest; un petit lambeau de flysch leur succède, et complète la série des formations de la chaîne. Puis, sans aucune modification de quelque importance dans le relief, on passe dans un autre système d'assises renversées, où on constate successivement la cargneule, la dolomie triasique, le rhétien et des couches liasiques ou jurassiques, le tout plongeant comme la craie et le flysch du pied du rocher. Malheureusement on passe ensuite dans une région toute de débris, qu'il faut traverser pour arriver aux couches jurassiques supérieures, en sorte que ce ravin ne fournit pas une coupe où toutes les formations soient visibles. Au-dessus du jura le néocomien manque dans toute la chaîne; mais le crétacé supérieur y existe, et est surmonté par la grande zone de flysch du Simmenthal.

TRIAS.

§ 42. Au-dessus d'Oberwyl la *cargneule* et la *dolomie* ne présentent rien de particulier, et le passage de l'une à l'autre est insensible. La dolomie contient des marnes vertes, noires, etc.; dans le haut il s'y intercale aussi un banc de calcaire identique à celui qui constitue le rhétien.

Après la dolomie on a des marnes schisteuses et des calcaires noirs ou d'un bleu très foncé, mêlés banc par banc; les assises calcaires dépassent rarement un décimètre d'épaisseur. On trouve dans ces couches des fossiles *rhétiens*, malheureusement très rares et mal conservés; je puis pourtant citer les suivants dans la partie inférieure:

Avicula cf. solitaria, Moore.	*Plicatula hettangiensis,* Terq.
Pecten valoniensis, Defr.	

Un peu plus haut j'ai recueilli un fragment qui appartient peut-être à la *Lima exaltata,* Terq. En outre un certain nombre d'autres fossiles, du reste très mauvais, peuvent se rapprocher d'espèces rhétiennes; ainsi le niveau des 18 mètres d'assises où tout cela a été recueilli n'est pas douteux.

En somme, ces trois divisions triasiques peuvent être envisagées comme reproduisant ce que nous avons vu dans les autres chaînes.

LIAS, JURA INFÉRIEUR ET MOYEN.

§ 43. Dans le ravin au nord-ouest d'Oberwyl, des couches de roches absolument identiques au rhétien dont il vient d'être question, continuent à se montrer sur une puissance d'une centaine de mètres et avec le même plongement; on n'y peut signaler d'autres variations que la prédominance plus ou moins grande des calcaires sur les schistes ou vice-versa, et çà et là l'apparition de bancs plus épais. Je n'ai trouvé dans cette série que quelques empreintes d'Ammonites indéterminables.

Il faut traverser ensuite un assez grand espace couvert de débris pour arriver aux calcaires kimméridiens et coralligènes, qui ne sont pas très visibles; quant aux couches qui contiennent ailleurs de la houille, on ne les voit pas. Mais dans d'autres localités, par exemple à la Klus au-dessus de Reidenbach, on peut examiner sous les schistes à charbons tout ou partie des assises non visibles dans ce profil. Elles se trouvent être absolument de même nature que celles qui viennent d'être décrites: ce sont les mêmes bancs calcaires, épais de un décimètre environ et séparés par des parties schisteuses. Ainsi, de la base du rhétien aux schistes à charbon, que l'on range dans le kimméridien, il n'y a aucune modification pétrographique, tandis que, dans les chaînes dont il a été question précédemment, on a des variations qui permettent d'établir des divisions; cependant la chaîne du Stockhorn faisait déjà pressentir une plus grande uniformité dans celle du Simmenthal.

Les fossiles sont d'une rareté extrême dans cette série d'assises si monotone; il y en a pourtant, mais ceux que j'ai recueillis sont fort mauvais, et il faudrait en avoir une plus grande quantité pour qu'on pût se hasarder à les interpréter. On peut attendre plus de lumière de la partie orientale de la chaîne; car c'est dans le bas de ces couches qu'on a trouvé depuis longtemps des fossiles liasiques entre Reutigen et Brodhüsi.[1] M. Bachmann m'écrit aussi qu'il a recueilli une Ammonite du même terrain, aux Günzenen, plus à l'ouest.

Ces couches en grande partie indéterminées paléontologiquement sont celles qu'on trouve le plus souvent, quand le soulèvement à mis à jour des terrains antérieurs aux schistes à charbon. Mais aux Gastlosen et au Baederberg, il semble qu'on ait à leur place des roches toutes différentes, savoir du gypse, de la cargneule et de la dolomie. Aux Gastlosen, ces roches sont en contact avec le flysch du massif du Hochmatt, et au Baederberg, où la chaîne du Simmenthal se partage en deux, elles sont aussi le long de la zone de flysch qui est dans l'intérieur de la montagne. Partout elles semblent être directement surmontées par les schistes à charbon. Le gypse et la cargneule se trouvent ensemble; cette dernière est souvent noire et peu celluleuse. La dolomie se montre seule; elle est assez semblable à celle que nous connaissons comme triasique, mais il y a de plus, surtout dans le haut, un conglomérat de roches variées.

Les observations que j'ai pu faire ne me permettent pas d'assigner à ces roches une place définitive dans la série des formations. On pourrait d'abord penser qu'elles sont triasiques; mais il serait alors étonnant qu'elles ne fussent accompagnées d'aucune trace des assises rhétiennes fossilifères. Une autre supposition possible, c'est qu'elles appartiennent au flysch le long duquel elles se montrent; les conglomérats qui accompagnent la dolomie ont bien en effet la physionomie de ceux de ce terrain. Une troisième possibilité, c'est que ces roches sont une formation locale remplaçant les autres assises infra-kimméridiennes. Ce qui peut le

---

[1] *Studer*, Geol. der Schweiz, Bd. 2, p. 37. — *Brunner*, Stockhorn, p. 9. — *von Fischer-Ooster*, Protozoe helvetica, Bd. 1, p. 6.

faire croire, c'est qu'à la Fluhalp on les voit si près des schistes à charbon qu'elles semblent devoir passer dessous. En outre, dans la chaîne des Spielgärten, qui forme le flanc droit du Simmenthal, il y a de la cargneule dont on ne peut guère expliquer la présence qu'en admettant qu'elle forme une lentille occupant la même position dans le terrain jurassique. Enfin il y a aussi en Savoie, au col de Vernaz, de la dolomie et de la cargneule sous des assises kimméridiennes qui sont la continuation de celles du Simmenthal.[1] Cette dernière hypothèse est donc celle qui me paraît avoir le plus de vraisemblance.

JURA SUPÉRIEUR.

§ 44. Nous avons déjà vu que le jura supérieur du versant sud-est de la chaîne du Stockhorn ne nous présente plus qu'à sa base le facies à Céphalopodes de celle du Ganterist (p. 41). Ce changement de faune est encore plus marqué dans la chaîne du Simmenthal, car nous n'y trouvons plus d'Ammonites ni d'Aptychus, et c'est à peine s'il y a quelques Bélemnites isolées.

Il y a à distinguer dans ce terrain en allant de bas en haut les schistes à charbon, le calcaire kimméridien et le calcaire à facies corallien. Je n'ai pas encore pu déterminer les fossiles que j'ai recueillis dans ces trois divisions; aussi je n'en puis donner de liste, et je devrai me borner à rapporter les opinions des auteurs qui se sont occupés de la chaîne du Simmenthal, ou de sa continuation au delà du Rhône.

Schistes à charbon.

Cette première division se compose de schistes marneux, noirs, tendres et irrégulièrement feuilletés ; ils contiennent quelques petits bancs de charbon, dont l'exploitation a été tentée sur beaucoup de points, mais n'a guère donné de résultats qu'à la Klus, où elle est maintenant aussi abandonnée. Ces schistes ne renferment presque exclusivement que des Acéphales, dont le test est blanc et calciné dans quelques bancs. La puissance en est d'environ 15 mètres.

[1] *De la Harpe*, Houille kimméridienne du Bas-Valais. Bull. Vaud, vol. 4, p. 805. — *A. Favre*, Géol. Savoie, vol. 2, p. 96 et 97.

Calcaire kimméridien.

Le calcaire kimméridien est compacte, de teinte très foncée, parfois noire, en bancs assez épais; il succède aux schistes assez brusquement. Il y a parfois des assises sableuses à la partie inférieure. Dans le bas il présente une faune plus variée que celle des schistes, quoique les Acéphales y dominent toujours. Plus haut, après des bancs sans fossiles, on voit cette faune se remonter avec abondance une ou deux fois lorsque le massif reste stratifié; mais souvent la division en couches disparaît déjà dans le voisinage des schistes inférieurs, et la roche semble alors sans fossiles.

Les schistes à charbon et le calcaire kimméridien sont connus depuis fort longtemps; une série de stations fossilifères permet de les suivre de Wimmis jusque dans l'intérieur de la Savoie. C'est M. Studer qui le premier a étudié les faunes qu'ils renferment [1]; il les a rapportées toutes deux au kimméridien. M. C. Brunner est arrivé au même résultat pour Wimmis [2], M. Renevier pour les Alpes vaudoises, M. A. Favre pour le Chablais. M. Merian, qui a étudié les fossiles recueillis par M. Favre et ceux d'autres localités, en attribue la plus grande partie au kimméridien de Porrentruy; mais il y trouve des espèces qui indiquent un horizon un peu inférieur, quoique peu éloigné. La question de l'âge des calcaires noirs de Wimmis a été remise sur le tapis à propos des assises coralliennes qui les surmontent; dès qu'on pensait que ces dernières étaient contemporaines du coral-rag ou du kimméridien inférieur, on était conduit à émettre des doutes sur la détermination de l'âge des calcaires noirs; c'est ce qu'ont fait en dernier lieu MM. Renevier et Coquand [3]: le premier est disposé à les considérer comme appartenant au groupe oxfordien; le second les compare aux couches de la Brague et de Biot, qui occupent exactement la même position relativement aux calcaires coralligènes de la Provence, et où il a reconnu une faune bathonienne après les avoir regardées d'abord comme virguliennes.

---

[1] Westl. Schweizer Alpen, p. 273 u. 285. — Geol. der Schweiz, Bd. 2, p. 61.

[2] *Brunner*, Stockhorn, p. 15 et 50. — *Renevier*, Bull. Vaud, vol. 3, p. 137; vol. 7, p. 163. — A. *Favre*, Géol. Savoie, vol. 2, p. 100.

[3] Bull. Vaud, vol. 10, p. 52 et 55. — Bull. France, vol. 28, p. 215 et 225.

Calcaire à facies corallien.

§ 45. On ne saurait indiquer une limite entre cette division et la précédente. Le calcaire kimméridien est plus foncé et ordinairement stratifié; quand on le traverse en montant, on en trouve quelquefois une grande série de bancs qui conservent les mêmes caractères, tandis que d'autres fois on arrive bientôt à une roche plus claire sans stratification; elle ne se distingue pas de celle où l'on recueille les fossiles de facies corallien, mais par sa position elle est plutôt kimméridienne.

La teinte du calcaire coralligène varie du blanchâtre au gris foncé; il est parfois tellement veiné de spath calcaire qu'on a de la peine à casser des fragments qui montrent bien la pâte primitive de la roche; le plus souvent il est sans stratification. On y trouve des fossiles à différentes hauteurs, mais surtout dans la partie supérieure; ils sont fort difficiles à extraire de la roche, qui se brise en fragments anguleux plutôt qu'en suivant le test des coquilles. La faune de ces couches est surtout connue par les gisements de Wimmis, qui sont dans le massif de la Simmenfluh. Cette localité n'est pas dans le territoire dont je m'occupe ici; mais, dans toute sa longueur, la chaîne du Simmenthal reproduit la série de couches qu'on y trouve, et cela dans la même superposition, avec les mêmes caractères pétrographiques et les mêmes fossiles. Je crois inutile de discuter ici la stratigraphie de cette localité, quoiqu'elle n'ait pas été comprise de la même façon par les auteurs qui s'en sont occupés[1]. Je ferai seulement remarquer aux géologues qui voudraient l'étudier à nouveau qu'il faut se garder de croire que le calcaire noir kimméridien, qui est bien visible et bien stratifié au pont et qui plonge ouest-sud-ouest, y soit dans une position tout à fait normale, et que l'on puisse envisager le corallien non stratifié comme ayant un plongement à peu près semblable; cela a conduit à attribuer à ce dernier une puissance approximative de 1200 m. qu'il est bien loin d'avoir. Dans l'ensemble de la Simmenfluh la direction générale des couches est de l'est à l'ouest, sauf du Kapf au pont de Wimmis. Pour s'en convaincre dans la localité même, il faut monter l'arête de la chaîne depuis son origine, et suivre le pied septentrional des rochers de la Simmenfluh, où l'on est à la

---

[1] *De Fischer-Ooster*, Notice dans Pétrifications remarquables des Alpes suisses, Corallien de Wimmis par W. A. Ooster, p. V. — *Renevier*, Bull. Vaud, vol. 10, p. 52.

limite du kimméridien et du corallien. On comprendra alors qu'en remontant la vallée par la route on coupe ce dernier très obliquement.

Quant à la faune du calcaire coralligène, il y a quelques divergences d'opinion chez les paléontologistes qui l'ont étudiée. Lorsque M. Brunner[1] s'est occupé de cette région, on n'en connaissait que très peu de fossiles; il ne méconnut point le caractère corallien et jurassique de ce massif, mais il trouva plus de raison d'admettre qu'il appartenait à la série crétacée. Plus tard M. Ooster y reconnut des Brachiopodes de Stramberg et d'Inwald[2]; aussi en établissant son étage tithonique, Oppel était disposé à y mettre le calcaire en question[3].

M. Merian[4] en a rapporté plusieurs espèces, surtout des Nérinées, aux calcaires à Diceras inférieurs au kimméridien. Mais à propos des couches coralliennes en général, il admet ailleurs[5] que c'est un facies qui peut se reproduire à un niveau plus élevé en conservant partiellement sa faune.

M. de Fischer-Ooster[6] regarde le calcaire clair soit comme plus ancien que le kimméridien, soit comme synchronique avec cette dernière formation qui serait un dépôt côtier.

M. Bachmann a exprimé occasionnellement l'opinion que le calcaire en question appartient aux couches de Stramberg[7].

Dans son étude complète de la faune[6], M. Ooster y trouve des espèces du corallien proprement dit de l'Europe centrale, de celui du Salève, d'Inwald, de Stramberg et quelques-unes qui appartiennent à des niveaux plus éloignés de ceux-là.

M. Zittel a mentionné à diverses reprises les calcaires de Wimmis dans ses travaux sur les faunes tithoniques. En dernier lieu[9] il est disposé à les paralléliser avec Rogoznik. Ce sont les couches de Sicile, étudiées par M. Gemmellaro, qui donneraient la solution du problème; elles contiennent en mélange les Céphalo-

---

[1] Stockhorn, p. 16.
[2] Brachiopodes, p. 15, 17, 31.
[3] Tithon. Etage, p. 538.
[4] Actes helvét., 1866, p. 65. — Basler Verh., Th. 4, Heft 3, p. 355.
[5] Basler Verh., Th. 5, Heft 2, p. 260.
[6] Actes helvét., 1866, p. 65. — Corallien de Wimmis, p. VIII. — Protozoe helvetica, vol. 1, p. 13.
[7] Berner Mitth., 1868, p. 189 et 190.
[8] Pétrifications remarquables des Alpes suisses, Corallien de Wimmis.
[9] Aelt. Tithonb., p. 177 et 188.

podes de Rogoznik et les Gastéropodes d'Inwald, le corallien de Wimmis ayant de grands rapports avec cette dernière localité, il faut aussi l'envisager comme synchronique de Rogoznik.

Comme on le voit, la question est la même que pour le Salève et les couches à *Terebratula moravica* du midi de la France, à cette différence près que ces dernières reposent le plus souvent sur la zone de l'*Amm. tenuilobatus*. Si une nouvelle étude des fossiles du calcaire noir confirme le caractère kimméridien qu'on leur a attribué jusqu'ici, ce qui me paraît extrêmement probable, ce sera un argument de plus en faveur de l'opinion que la zone de l'*A. tenuilobatus* est aussi kimméridienne. Quant aux calcaires coralligènes, il faudra absolument s'en tenir aux fossiles que l'on peut déterminer avec la rigueur convenable en pareille matière; si dans le nombre il s'en trouve qui appartiennent au corallien proprement dit, ils se trouveront dans ces couches par récurrence, car il est parfaitement sûr que le calcaire à coraux est plus récent que le calcaire noir; la chose est si claire tout le long de la chaîne du Simmenthal que je n'aurais pas songé à insister là-dessus, si l'opinion contraire n'avait pas été émise.

CRÉTACÉ SUPÉRIEUR.

§ 46. Le néocomien manque absolument dans toute la partie de la chaîne du Simmenthal dont j'ai fait le lever géologique. Au calcaire jurassique on voit partout succéder le terrain crétacé supérieur, identique à celui de la chaîne du Stockhorn qui a été brièvement décrit ci-dessus (p. 42).

Cette absence du néocomien indique qu'il y a eu interruption dans les dépôts de la mer par suite de l'émersion du terrain jurassique. Il y a quelque apparence que la contrée n'a été de nouveau immergée qu'après que les couches du crétacé supérieur avaient déjà commencé à se former plus au nord-ouest, car on ne voit pas à la base les schistes noirs que l'on trouve au-dessus du néocomien dans la chaîne du Stockhorn. En outre il faut remarquer que, sur plusieurs points où l'on peut voir la craie reposant sur le calcaire jurassique, il est évident qu'elle a été déposée dans un bassin local provenant d'une dénudation antérieure.

Quant aux fossiles ils sont tout aussi rares que dans la chaîne du Stockhorn.

FLYSCH.

Au crétacé supérieur succède immédiatement le flysch, qui remplit toute la vallée du Simmenthal. Je n'ai rencontré de nummulites ni à la base, ni dans l'intérieur de cette formation. Ce n'est que sur un point et sur une très petite étendue que j'ai vu le contact immédiat du crétacé supérieur et du flysch; le changement de roche y a lieu d'une manière brusque, mais sans qu'on aperçoive de discordance de stratification. On ne peut tirer de conséquence de cette observation isolée.

Le flysch du Simmenthal est, pris en gros, semblable à celui de la chaîne de la Berra; on y trouve les mêmes fucoïdes, et le parallélisme des deux séries de couches ne me paraît pouvoir être l'objet d'aucun doute. On remarque seulement dans le Simmenthal que les grès et calcaires sableux ne sont pas réunis en massifs aussi puissants qu'à la Berra. Une autre différence plus importante, c'est la présence de calcaires compacts en bancs minces, mêlés de silex verts et quelquefois rouges. Ces couches, qui forment des masses assez puissantes, parfois des rochers, sont très semblables au néocomien du Ganterist et du Stockhorn; l'absence des fossiles et leur intercalation régulière dans les schistes, montrent qu'elles appartiennent à la même formation que ces derniers, quoiqu'on soit tenté parfois de les prendre pour des *Klippen*.

Une petite zone de flysch surmonte aussi le crétacé supérieur dans l'intérieur de la chaîne du Simmenthal, là où une grande faille la divise en deux (p. 6), c'est-à-dire de la Jogne à Waldried.

GLACIAIRE.

Les parties élevées de la chaîne du Simmenthal contiennent, comme les autres régions, des dépôts glaciaires locaux. En outre un glacier venant de la haute chaîne des Alpes bernoises, a laissé des blocs et des dépôts jusqu'à une assez grande hauteur, sur les deux flancs de la vallée.

———————

CHAPITRE III.

STRUCTURE DES CHAÎNES.

§ 47. Dans la description topographique des montagnes qui nous occupent, j'ai déjà dû donner quelques détails sur leur structure géologique, parce que c'était nécessaire pour établir la division en différentes chaînes. Je ne me propose ici que d'ajouter des indications générales, qui pourront donner une idée de la distribution et du rôle de chaque formation dans ces régions; peut-être quelques lecteurs se donneront-ils la peine de les suivre sur la feuille XII de l'atlas fédéral, en s'aidant des profils de la pl. 3; en tout cas je m'abstiendrai d'entrer dans des détails qui ne pourraient être compris qu'avec une carte coloriée géologiquement.

Chaîne de la Berra.

Même dans la partie la plus large de la chaîne de la Berra, c'est-à-dire à la Pfeife et dans le massif du Cousinbert, on ne trouve presque pas autre chose que le flysch. Les autres formations sont très restreintes, ou n'apparaissent qu'en blocs exotiques, et il n'y a pas lieu de revenir ici sur la manière dont elles se présentent (p. 10 et 16). Si l'on fait le lever d'un profil dans le flysch de cette région, et que l'on ne veuille marquer que ce que l'on observe réellement, on n'arrive à aucun résultat bien certain relativement à la structure générale de la chaîne; les affleurements naturels avec couches visibles sont si peu étendus et si peu nombreux, les plongements sont si variables que ce qu'on voit ne permet guère de conclure quelle doit être l'allure des couches sous les amas de débris, ou dans les grands espaces qui sont couverts par la végétation. Il n'est pas douteux qu'il n'y ait, dans l'intérieur de la chaîne, des plis ou des failles, et que certains ensembles de couches ne se présentent plusieurs fois de suite; mais il serait fastidieux d'entrer ici dans le détail des simples suppositions que l'on peut faire à cet égard.

Dans la région septentrionale du Niremont, le flysch se présente encore comme formation principale, et l'on est dans le même embarras que pour le reste de la chaîne, quand il s'agit d'en déchiffrer la structure. Mais sur le versant nord-ouest, le néocomien et le crétacé supérieur se montrent dans l'intérieur du flysch, et leur position a été indiquée p. 13 et 14. Je ne crois pas que les relations de ces différentes formations puissent être expliquées uniquement par des contournements; il doit y avoir là des failles dans deux directions perpendiculaires l'une à l'autre.

Le néocomien et le crétacé supérieur qui le surmonte au-dessus de Rapaz, ont été amenés au jour par une faille qui s'est produite en suivant la direction de la chaîne; si cette faille avait été plus considérable, elle aurait aussi fait surgir le jura supérieur et le calcaire à ciment, comme cela a eu lieu à Châtel-St.-Denis (§ 64). La présence de deux zones de crétacé supérieur plus au sud-ouest et à deux hauteurs différentes, pourrait s'expliquer en admettant qu'elles appartiennent aux deux flancs d'une voute couchée, si on trouvait le néocomien au-dessus de la zone inférieure; mais c'est le flysch qui la surmonte. Il faut donc admettre que la craie est venue à jour par la continuation de la faille de Rapaz, qui ici a été trop peu considérable pour que le néocomien ait aussi surgi. La zone supérieure commençant là où l'autre finit, il me paraît très probable que ces deux lambeaux de craie ont été détachés l'un de l'autre, par une autre rupture courant du sud-est au nord-ouest, c'est-à-dire perpendiculairement à la direction de la chaîne. M. E. Favre a signalé un accident de ce genre plus au sud près de Châtel-St.-Denis [1].

La formation de la faille qui est dans la direction de la chaîne a été suivie ou accompagnée d'un refoulement, car on voit distinctement le flysch plonger immédiatement sous le crétacé supérieur, au nord-est de Semsales. Au-dessous du néocomien de Rapaz, le flysch a le même plongement; mais comme on ne le voit en place qu'à une certaine distance du néocomien, on ne peut pas affirmer qu'il pénètre dessous, c'est seulement probable.

Chaîne du Ganterist.

§ 48. Les profils de la pl. 3, fig. 2 et 3 donnent une idée générale de la structure des trois chaînes du Ganterist, du Stockhorn et du Simmenthal. Ils présentent

---

[1] Moléson, p. 174 (6).

en quelque sorte une moyenne des accidents qu'elles offrent sur leur parcours, si l'on fait abstraction des perturbations qui peuvent être envisagées comme locales.

Comme partout le plus ou moins de destructibilité des formations détermine pour une bonne part le rôle qu'elles jouent dans le relief actuel de nos montagnes. Le terrain le plus résistant est le jura supérieur; il forme les arêtes les plus élevées, ou bien il les soutient quand le néocomien s'est conservé au-dessus. Le lias et le rhétien supérieur réunis dessinent ordinairement un crêt sur les flancs, parce que les couches en dessus et en dessous sont d'une destruction plus facile. Le néocomien résiste moins que le jura à l'action des agents atmosphériques, mais plus que le crétacé supérieur; le rôle orographique de cette dernière formation dépend beaucoup de la largeur de l'espace qu'elle occupe.

Ainsi que cela a déjà été dit plus haut, la chaîne du Ganterist est limitée du côté du nord par une grande faille, qui a toujours mis en contact ses couches les plus profondes avec la zone du flysch de la Berra. La figure 2 représente les régions où cette chaîne a la structure la plus simple et la plus régulière; ce type se trouve surtout dans le massif du Hohmad, qui est le plus à l'orient: les assises rhétiennes, liasiques et jurassiques forment les flancs, tandis que les hauteurs sont crétacées. Le changement de direction que la chaîne subit à partir de l'Ochsen, y amène de grandes perturbations; il y a là des failles, des glissements et des enchevêtrements de couches de toute espèce. Au Wannels toutes les formations existent, mais il n'y a que le lias qui ait été amené au jour avec toute sa puissance; les autres ont été resserrées de manière à ce qu'elles n'occupent qu'un espace insignifiant relativement à celui qu'elles couvrent ailleurs.

Le Hohmättle et sa continuation au sud-est du lac Noir ont la structure en C de la fig. 3; les froissements ont réduit en général toutes les formations; souvent il y en a qui ont disparu complètement à certaines places, tandis que d'autres ont conservé toute leur épaisseur. A l'est du lac Noir le néocomien, quoique replié sur lui-même, occupe à peine une largeur de 50 m. dans le milieu du C, et pourtant immédiatement après, dans le massif des Brunnen, il couvre de plis nombreux un espace de $2^1/_2$ kilom. de largeur, en formant des deux côtés des sommités élevées, soutenues par des parois de rochers tithoniques. Les autres terrains sont en dessous sur les flancs du massif. Au nord-est de Charmey il y a plus de complications, parce que le lias forme deux chaînes secondaires, entre lesquelles le rhétien vient à jour.

La structure des deux massifs au delà de la Jogne diffère de celles qu'indiquent les figures; elle rappelle tout à fait le Jura central: nous y trouvons des vallons, des combes et des crêts, tous coupés par la cluse du Motélon. La Dent de Broc et sa continuation au nord-est dans le massif du Plan, dessinent un crêt tithonique et néocomien, dont les couches sont à peu près verticales; elles se recourbent pour devenir horizontales et présenter leur tranche au tiers de la hauteur du flanc nord-ouest de la montagne, sur la ligne qui est occupée par une zone de forêts marquée sur la carte. Au-dessous apparaissent les formations inférieures. Au sud de la Dent de Broc, une combe jurassique succède à l'arête néocomienne. Dans le massif du Plan, elle est divisée en deux par une voute liasique intérieure, qui porte 1469 m. comme cote de hauteur. L'arête qui s'élève à 1486 m. dans le massif de la Dent de Broc est aussi un crêt tithonique et néocomien, de même que la Dent de Bourgoz; entre deux se trouve un vallon crétacé, qui se double dans le massif du Plan par la formation d'une voute néocomienne intérieure.

Chaîne du Stockhorn.

§ 49. Tandis que la zone triasique qui marque le pied nord-ouest de la chaîne du Ganterist est presque en ligne droite (p. 3), celle qui est de l'autre côté suit une direction assez sinueuse (p. 4). Tantôt la chaîne du Stockhorn empiète sur sa voisine, tantôt elle doit lui céder de la place; aussi quand l'une est large l'autre ne l'est pas.

Au reste cette zone triasique ne peut pas être envisagée comme une combe régulière; car elle appartient habituellement tout entière à la chaîne du Ganterist, et celle du Stockhorn commence alors par des formations moins anciennes; il y a donc entre deux une faille, ce qui établit une limite plus importante que ne le serait une simple combe. Exceptionnellement cette faille passe entre le trias de la chaîne du Stockhorn et des formations moins anciennes de celle du Ganterist, c'est le cas par exemple au sud de l'Ochsen.

Si l'on aborde la chaîne du Stockhorn du côté du nord (pl. 3, fig. 2 et 3), il semble d'abord qu'elle va reproduire l'architecture de celle du Ganterist; car, en montant, on part ordinairement du trias pour traverser les terrains liasiques, jurassiques et crétacés, qui se présentent avec les mêmes accidents orographiques que dans l'autre. Ce n'est que sur le versant sud qu'il se produit une différence importante : au lieu de redescendre dans la série des formations, on voit le jura supérieur et le néocomien se ployer pour plonger au sud-est; ils s'enfoncent ainsi sous un revêtement de crétacé supérieur et de flysch qui est au pied de la chaîne.

La figure 2 représente ce qu'on peut appeler la moyenne de la structure et des accidents orographiques dans la partie est du massif de la Scheibe; la figure 3 se rapporte à la région de la Kaiser-Eck, où la chaîne acquiert son plus grand développement en largeur. Quand à partir de là on s'approche de la Jogne, tout se simplifie : la voute jurassique et crétacée du flanc méridional disparaît sous le flysch, à peu près à la limite Berne-Fribourg; en même temps l'arête principale de la chaîne se rétrécit et s'abaisse, en sorte qu'il suffit d'aller du ruisseau de Jaun à celui d'Oberbach pour traverser tout ce qui reste des formations secondaires, que les froissements ont plus ou moins réduites à un minimum d'épaisseur.

Au delà de la Jogne, la chaîne reprend peu à peu une plus grande largeur dans le Rückli. Au Hochmatt le jura supérieur et le néocomien forment bien des plis, mais il n'y a cependant qu'un seul massif; la voute méridionale représentée dans le profil ne se reforme pas.

Dans les massifs de la Scheibe et de la Kaiser-Eck, le flysch ne se montre que par lambeaux, mais au haut de la vallée de Reidigen, lorsque la voute méridionale s'enfonce, cette formation prend sa place et forme une zone assez large, qui continue de l'autre côté de la Jogne jusqu'au bord méridional de la carte et au delà. Au Sattel les calcaires marneux rouges du crétacé supérieur apparaissent un peu dans l'intérieur de ce flysch.

En somme la structure de la chaîne du Stockhorn est sujette à moins de variations que celle de la précédente.

Chaîne du Simmenthal.

§ 50. La charpente principale de la chaîne du Simmenthal est formée par le jura supérieur, qui résiste d'autant plus à la désagrégation qu'il n'est pas souvent stratifié. Le jura moyen et inférieur et le lias étant d'une parfaite identité de composition, ne jouent qu'un seul et même rôle orographique; dans les parties où le jura supérieur a été peu soulevé, ces couches inférieures forment derrière un plateau, ou une pente à regard sud adossée à la chaîne du Stockhorn; si le jura supérieur est très élevé elles forment une pente à regard nord. Étant peu puissant le crétacé supérieur ne joue qu'un rôle orographique peu considérable, il adoucit seulement la pente. Le flysch n'est guère qu'adossé au pied de la montagne.

La faille qui forme la limite nord de la chaîne est parfois aussi considérable que celle qui sépare les chaînes du Ganterist et de la Berra, car, au nord-ouest d'Oberwyl, elle met en contact le flysch et la cargneule triasique. C'est dans cette région qu'on a la structure de la figure 2, pl. 3. Plus à l'orient, à la Simmenfluh par exemple, le jura supérieur forme des masses rocheuses très élevées, mais ici il ne joue plus qu'un rôle orographique peu important. Cette continuation atténuée de la Simmenfluh va mourir dans le vallon de Bonfall.

Dans les massifs du Holzershorn et du Baederberg, il y a deux chaînes si près l'une de l'autre que, si l'on s'en tient trop à ne suivre que les sentiers, on risque fort de ne pas s'apercevoir de leur existence. En effet les croupes et les sommités rocheuses qui les composent semblent appartenir à un même massif de jura supérieur presque toujours sans stratification. Elles sont cependant séparées par une faille continue, dont la lèvre septentrionale est formée par le crétacé supérieur ou le flysch, et la méridionale par le jura moyen ou supérieur (pl. 3, fig. 3).

A la cluse de la Jogne, il y a non seulement interruption des couches, mais encore dislocation assez sensible; la chaîne des Gastlosen s'élève en effet un peu à l'ouest de la direction du Baederberg, aussi les formations ne correspondent pas tout à fait des deux côtés de la rivière. Du reste dans les Gastlosen la chaîne est simple, l'ordre et le plongement des couches est le même que dans la figure 2, avec cette différence que le jura supérieur s'élève à une grande hauteur ; il forme une paroi presque partout infranchissable, qui se continue avec le même caractère au delà de la limite méridionale de la feuille XII.

SECONDE PARTIE.

LE MONSALVENS.

CHAPITRE I.

TOPOGRAPHIE ET TRAVAUX ANTÉRIEURS.

Topographie.

(Carte, pl. 1.)

§ 51. Le Monsalvens est une petite montagne du canton de Fribourg, que ne remarque guère le voyageur, lorsqu'il traverse le pays à quelques lieues de là par le chemin de fer. C'est tout au plus si, dans le temps où une branche du flot des touristes passait par Bulle, il y en a eu quelques-uns qui aient remarqué cette ligne de rochers hardis et variés de formes, mais peu élevés, qui semblent vouloir reproduire en miniature les accidents des chaînes plus hautes que l'on voit s'élever derrière.

Dans la contrée, on s'est contenté de donner des noms aux pâturages qui s'étendent du côté de l'est et à quelques *vanils,* c'est-à-dire à quelques rochers plus ou moins remarquables. L'ensemble n'en a point, et M. Studer s'est servi, pour décrire cette région, du nom de *Mont-Alire,* que l'on trouve sur d'anciennes cartes, mais qui en réalité n'appartient qu'à un pâturage hors des limites naturelles du massif. J'emploierai pour l'ensemble le nom de *Monsalvens,* qui ne s'applique proprement qu'à la sommité méridionale; elle est très peu élevée, mais bien connue, parce qu'elle est surmontée d'une ruine.

Géographiquement le Monsalvens est borné à l'ouest par la plaine où la Sarine s'est creusé un ravin profond; au nord par le ruisseau qui passe au sud de Villarsvolard, par le col de la Bodevenaz et le ruisseau du Javrex, au sud-est par le Javroz et la Jogne. Large au nord, le massif s'amincit et finit en pointe au sud. Les formations qui le composent dépassent un peu ces limites géographiques, surtout du côté septentrional, sans se rattacher pourtant à d'autres massifs.

La région ondulée ou en plaine qui s'étend entre Bulle et Botterens, ne diffère pas par son aspect du pays de la molasse. Il semble donc que la chaîne de la Berra doive y être interrompue; mais il n'en est rien: sous de puissants dépôts glaciaires, ce n'est pas la molasse qui apparaît, ce sont les terrains du Monsalvens; la Sarine s'y est creusé un ravin étroit dans le jura et le flysch, large dans le quaternaire; ainsi quoique l'on soit dans une région basse, on n'a pas quitté les Alpes. Comme la chaîne qu'elles continuent, les petites collines de cette contrée courent généralement du nord-est au sud-ouest; mais il n'y en a qu'une qui donne un peu de relief au paysage, c'est celle de Morlon. Il ne vaudrait guère la peine de traiter à part de cette *région de la plaine*; aussi décrirai-je les terrains qui la composent en même temps que ceux de la partie montagneuse.

Quant au Monsalvens, le trait le plus saillant de sa topographie, ce sont les parois de rochers et les pentes rapides qui en forment le versant occidental; les premières dessinent une crête irrégulière courant au nord-nord-est, pour se courber au nord-est dans la partie septentrionale. Au-dessus de Botterens et de Villarsbeney, le pied de ces escarpements est couvert de leurs débris d'une manière continue, en sorte que les formations sousjacentes y sont entièrement cachées.

Sauf dans la partie septentrionale, cette arête ne coïncide proprement pas avec la direction des couches, qui au contraire lui est parfois à peu près perpendiculaire, ainsi qu'on peut le voir par les zones de jura supérieur qui s'en détachent. La plupart de ces zones se dirigent d'abord vers l'est, et, lorsqu'elles se prolongent suffisamment, elles se courbent vers le nord-est; ainsi elles ont d'abord une direction qui est spéciale au Monsalvens, mais elles deviennent parallèles à la chaîne du Ganterist lorsqu'elles en approchent.

Les pentes rapides du versant occidental présentent les plus beaux affleurements de couches, mais ils ne sont pas facilement accessibles. Pour traverser l'arête il n'y a de sentier bien pratiqué que celui qui conduit de Botterens à Châtel. On peut passer ailleurs plus ou moins facilement, ainsi à l'endroit où se trouve le nom de *Botterens;* on peut monter par la gorge qui commence en *e* (Prazdin*e*); un sentier peu pratiqué et assez difficile à trouver conduit du Rosez à la Chervasse; le col sud du Bifé est assez facile à passer, et le massif du Bifé lui-même est accessible sur différents points.

En revanche le versant oriental de la montagne présente peu de rochers; les pentes y sont plus variées et plus douces, mais les affleurements de couches y sont plus rares. C'est une région de pâturages que l'on peut parcourir sans peine.

Du côté du sud-est, le Javroz et la Jogne coulent parfois dans des gorges profondes, où il n'est pas facile de pénétrer, mais où les formations sont bien à jour, et peuvent être étudiées comme sur le versant occidental. Pour pouvoir rendre intelligibles les détails de la description géologique, il est nécessaire d'avoir des noms pour les différentes parties de ces gorges. A partir des Moulins de Broc, on remonte facilement la Jogne jusqu'au point où elle arrive du nord; à cet endroit les bancs résistants du jura supérieur forment un défilé étroit, à parois verticales, qui ne laisse absolument de place qu'au lit de la rivière, et qu'on ne peut franchir même par les basses-eaux; cette première partie pourra s'appeler la *gorge des Moulins.* Plus en amont, on peut descendre facilement vers la Jogne par un sentier au nord de *taille* (Ba*taille*), et, sur la rive gauche, par les ruisseaux à l'est de Favaoulaz; le nom de *Chesallet* peut s'appliquer à cette seconde portion de la gorge, qui se termine aussi à l'est par un défilé dans le jura supérieur. Une troisième partie, la *gorge de Châtel,* plus courte que la précédente, est de même fermée à l'orient par un troisième défilé aussi infranchissable que les deux autres; on y peut descendre sur la rive droite, surtout à l'est du mot *Chesallet.*

Au Saudy, la Jogne n'est plus étroitement encaissée; elle le devient davantage dans la gorge du *Crésuz,* sous le village de ce nom, et dans celle des *Planches,* au nord du pont sur lequel passe la route qui conduit à Charmey.

La partie septentrionale de notre petite carte comprend une région de flysch, plus basse que le nord du Monsalvens et à pentes plus douces; c'est le prolongement sud-ouest de la Berra. La portion la plus élevée de cette région forme un plateau étroit; il est bordé au nord-ouest d'une crête, qui se prolonge du côté du sud-ouest devant la partie septentrionale du massif du Monsalvens, et vient se perdre dans la plaine de la Sarine. Pour distinguer cette région des autres, on peut se servir·du nom de *massif des Paquiers*. Elle présente de l'intérêt par ses blocs exotiques.

Il est très facile de faire des recherches géologiques au Monsalvens. On peut aller en chemin de fer jusqu'à Bulle; il y a de bonnes auberges à Broc et à Charmey, et de ces localités on peut faire en une journée des courses faciles et fructueuses dans toutes les parties du massif. Pour aller voir les blocs exotiques sur le flanc des Paquiers, il vaudra mieux partir de Corbières.

§ 52. A la description des régions qui sont comprises dans la carte, je joindrai celle d'un très petit district, qui appartient au massif du Gurnigel; il se trouve au nord-est du lac Noir et à l'ouest du col qui sépare le Hohberg du Mattenberg. Les chalets de ces deux alpages sont situés sur le flysch de la chaîne de la Berra; mais entre deux on trouve des lambeaux de différentes formations, qui ont des caractères minéralogiques et paléontologiques presque identiques à celles du Monsalvens, tandis qu'elles diffèrent notablement de celles du Hohmättle, dont elles sont cependant très voisines. C'est la raison pour laquelle je parlerai dans ce travail de cette région du *Hohberg*.

Études géologiques antérieures.

§ 53. Avant les travaux si fructueux de M. Studer, le canton de Fribourg paraît n'avoir attiré que fort peu l'attention des géognostes. Cela tient en partie à ce que, au siècle passé, le chef-lieu du pays n'a pas eu, comme d'autres villes de la Suisse, une école de naturalistes.

Dans ses voyages, *de Saussure* a traversé le col de Jaman et le Simmenthal, mais non la Basse-Gruyères. Pendant son séjour à Neuchâtel, *Léop. de Buch*, en revenant de Bex en 1803, passa par la vallée de la Sarine et y recueillit des échantillons de roches. Le Monsalvens fut probablement une des montagnes qui lui inspirèrent la remarque que, dans cette région, les escarpements sont ordinairement du côté de la plaine et la pente la plus douce du côté qui regarde l'intérieur des Alpes[1]. C'est aussi sans doute dans ce voyage qu'il avait appris à connaître la chaîne du Stockhorn, qu'il mentionne dans son *Voyage de Glaris à Chiavenne*, et dans ses débats avec C. Escher sur le classement des chaînes alpines dans le système de Werner[2].

Dans son ouvrage *Ueber den Bau der Erde in dem Alpengebirge*, Ebel est bien loin de souscrire à la conclusion de de Saussure qu'il n'y a rien dans les Alpes de constant que leur variété, car sa carte géologique nous présente les formations comme étant disposées avec une admirable régularité. Il a du reste bien jugé de la nature du Monsalvens, puisqu'il le colorie comme calcaire alpin, tandis qu'il rattache ce que nous appelons maintenant flysch au nagelfluh de la plaine. Il admet qu'il y a eu autrefois un lac au débouché de la vallée de la Gruyères, comme dans toutes les vallées transversales des Alpes (vol. 1, p. 284). Du reste il paraît qu'il a peu visité le canton de Fribourg, car dans son *Anleitung die Schweiz zu bereisen*, la partie géognostique de ce pays ne remplit pas une page, et il ne donne pas de détails particuliers sur les localités auxquelles il consacre des articles spéciaux.

Après être ainsi restées longtemps moins connues que d'autres parties des Alpes, les montagnes du canton de Fribourg furent introduites par M. *Studer* dans le cercle de ses études, qui ont été d'une influence si marquée sur le développement de la science en général et de la géologie alpine en particulier. Ici je me bornerai à rappeler les parties de ses ouvrages où il est question du Monsalvens.

Beiträge zu einer Monographie der Molasse, 1825. Dans la partie topographique, M. Studer montre que le Monsalvens se distingue du reste de la chaîne par ses formes et sa composition (mont Alire, p. 3). En traitant des limites de la molasse, il décrit le flysch de la chaîne de la Berra sous le nom de *grès du Gurnigel* (p. 27 à 32), et il indique les caractères des roches qui bordent la Sarine près de Broc (p. 32).

Kuenlin, *Dictionnaire géographique, statistique et historique du canton de Fribourg*, 1832. Ce travail, très estimable sous d'autres rapports, ne renferme que peu de détails sur la minéralogie et la géologie de la contrée; les principaux sont extraits

---

[1] Catalogue d'une collection des roches de Neuchâtel, Gesammelte Schriften, Bd. 1, p. 579.
[2] Magazin für die neuesten Entdeckungen. Berlin 1809, p. 120, 176, 183.

de l'ouvrage de M. Studer que je viens de mentionner. Par confusion de nom, l'auteur rapporte à la localité d'Allières, dans la vallée de l'Hongrin, ce que M. Studer dit du mont Alire (Monsalvens).

Studer, *Geologie der westlichen Schweizer-Alpen*, 1834. Ici le Monsalvens est traité avec détail, en même temps que le reste de la chaîne de la Berra. La topographie spéciale de ce massif se trouve à la page 367. Les couches que l'on appelle maintenant flysch, d'après M. Studer lui-même, sont décrites à la page 369, sous le même nom que dans la *Monographie de la molasse*. Quant au calcaire, M. Studer en fait la description sous la dénomination de *calcaire de Châtel* (p. 374). Dans les trois subdivisions qu'il y distingue d'après la superposition et les caractères pétrographiques, on reconnaît facilement les zones inférieures du jura supérieur, le tithonique et le néocomien. La liste de fossiles de la page 376 se rapporte surtout à des exemplaires venant de la base du calcaire de Châtel. Les couches inférieures du Monsalvens et celles qui bordent la Sarine sont parallélisées avec d'autres qu'on trouve à l'est du lac de Thoune, et reçoivent le nom de *grès de Ralligen* (p. 383).

A la page 389, M. Studer cherche à placer les formations décrites dans la série géologique. Il envisage le calcaire de Châtel comme équivalant à peu près au coral-rag; si les géologues donnent maintenant un autre nom à l'horizon dont les fossiles servaient de guides à l'auteur, c'est que le sens de l'expression coral-rag a été plus précisé qu'il ne l'était alors; au fond la détermination paléontologique de la couche n'a pas changé. Le grès du Gurnigel est rapproché du flysch du Simmenthal et rangé avec hésitation dans les terrains crétacés, où l'on mettait alors aussi le nummulitique. Quant aux couches de Ralligen, M. Studer n'avait que des empreintes de Posidonomyes trouvées au bord de la Sarine, les considérations stratigraphiques le laissant dans l'incertitude, il se borne à énumérer les différentes hypothèses possibles et à les discuter.

En résumé toutes les couches du Monsalvens sont déjà reconnues et distinguées dans cet ouvrage, à l'exception de celles dont les affleurements sont restreints.

Geologie der Schweiz, Band 2, 1853, par B. Studer, et *Carte géologique de la Suisse*, par B. Studer et A. Escher de la Linth, 1853. Le Monsalvens et ses formations sont çà et là mentionnés dans le premier de ces ouvrages. M. Studer met avec doute les schistes de la Sarine dans le lias (p. 32); mais il en sépare les grès qu'il y avait réunis dans l'ouvrage précédent. Les recherches qui seront exposées plus loin montrent que, pour ce qui concerne la plaine de la Sarine et le Monsalvens, les schistes doivent être placés dans le callovien et les grès dans le flysch. Il est question du calcaire de Châtel de notre région dans le même volume, à la page 49, et du récif de la Tour de Trême à la page 156.

Dans la seconde édition de la *Carte géologique*, M. I. Bachmann a modifié le coloriage du Monsalvens d'après les résultats de mes premières recherches dans cette montagne.

Dans ses ouvrages paléontologiques sur les Alpes suisses, M. Ooster cite un certain nombre de fossiles qui ont été recueillis à Broc et à Botterens; la plupart, si ce n'est tous, viennent du jura supérieur. On les trouvera facilement au moyen de l'Index alphabétique des localités dans le *Catalogue des Céphalopodes*, le *Synopsis des Brachiopodes*, et le *Synopsis des Echinodermes*.

CHAPITRE II.

SÉRIE DES FORMATIONS.

(Pl. 3, fig. 1.)

§ 54. J'aurais voulu pouvoir présenter les résultats de mes observations en me rattachant plus rigoureusement à l'un ou à l'autre des systèmes de divisions géologiques employés pour l'Europe centrale; j'aurais voulu surtout le faire pour la carte; mais cela ne m'a pas été entièrement possible: j'ai dû me borner à me rapprocher, autant que cela était faisable, des travaux déjà publiés par la Commission géologique suisse. Il est en effet impossible, en cherchant à atteindre un but de ce genre, d'échapper à certaines difficultés qui sont dans la nature des choses: si une formation qui offre d'ordinaire une grande étendue verticale et horizontale est très réduite dans la contrée étudiée, ou si, au contraire, un horizon spécial y est beaucoup plus développé qu'ailleurs, cela amène nécessairement un changement dans l'échelle des teintes. On ne peut pas non plus éviter dans certains cas de faire prédominer les caractères pétrographiques sur les différences paléontologiques; sans cela, en traçant les limites, on serait à chaque pas dans l'embarras, à moins qu'on ne veuille faire du lever géologique une œuvre de fantaisie. C'est cette dernière considération qui a déterminé pour le Monsalvens la position de la limite entre le jura moyen et le supérieur, et qui m'a empêché de distinguer sur la carte une division inférieure dans le néocomien, un valangien alpin par exemple.

Je n'ai pas réussi non plus à ne mettre dans le tableau des formations de la planche 3 que des noms de couches déjà usités. Autant il importe de ne pas voiler sous une dénomination nouvelle la ressemblance d'une division avec une autre qui a déjà été reconnue ailleurs, autant il convient de n'établir aucune concordance artificielle, en forçant les faits et en confondant sous le même nom des choses plus ou moins disparates. Ces considérations excuseront, je l'espère, ces dénominations de couches, auxquelles je n'attribue du reste qu'une valeur tout à fait locale.

Jura inférieur.

§ 55. Je réunis sous le nom de jura inférieur deux niveaux fossilifères qui se présentent dans des roches à peu près identiques de la plaine de la Sarine. Dans l'unique localité où ils sont voisins l'un de l'autre, la végétation ne permet pas d'étudier leurs relations, en sorte qu'on ne peut savoir s'il n'y a entre deux que des assises sans fossiles, ou si des zones intermédiaires pourraient y être reconnues. Il n'est pas non plus possible d'évaluer la puissance des dépôts qui les séparent.

ZONE DE L'AMMONITES HUMPHRIESIANUS.

Cet horizon se montre dans deux affleurements fort restreints. Le premier est sur la berge de la rive droite de la Sarine, au nord-nord-ouest du village de Broc, et à l'est de *Cheseaux d'amont*. On voit là, immédiatement au bord de la rivière, des marnes et des calcaires sableux en quantités à peu près égales, montrant des taches foncées sur un bleu assez clair, qui à l'air passe au noirâtre puis au jaunâtre; les bancs de calcaire sont peu épais et les marnes plus ou moins schisteuses; presque toutes les surfaces de couches sont couvertes de grands *Zoophicos*. Quoique on voie des bancs encore réunis on ne peut rien affirmer à l'égard du plongement, parce que toute la masse est en éboulement; mais la direction est très probablement nord-sud. Il y a au plus 10 mètres de couches. Outre quelques espèces d'*Ammonites*, de *Bélemnites* et de *Térébratules* qu'on ne peut déterminer d'une manière certaine, ces assises contiennent les fossiles suivants:

Amm. Zignodianus, d'Orb. (pars, non auct.). Oolithe inférieure des Dourbes en Provence (Neumayr).

Une autre *Hétérophylle.*

Amm. Romani, Oppel. Zone de l'*A. Humphriesianus* (Oppel).
— *Humphriesianus*, Sow. Caractérise l'avant dernière zone du bajocien (Oppel).
— *Bayleanus*, Oppel. Zone de l'*A. Sauzei* (Oppel).
— *Gervilli*, Sow. Zone de l'*A. Sauzei* ou de l'*A. Humphriesianus* (Waagen).

Si ces fossiles sont envisagés comme suffisants pour indiquer un niveau spécial, les assises de Broc appartiennent à la zone de l'*A. Humphriesianus*. Pour les géologues qui croient que même les subdivisions d'étages doivent se retrouver partout, l'*A. Bayleanus* indiquerait la présence d'une zone inférieure; mais, ainsi qu'on peut le voir dans la partie paléontologique (§ 109, n°. 22) l'espèce à laquelle j'applique ce nom n'est pas identique de tout point à celle d'Oppel; elle se trouve du reste dans les mêmes bancs que les autres.

Le second affleurement du même niveau paléontologique est au nord-est de la Tour de Trême, sur le petit ruisseau à l'est du mot *Pereyre*. Les couches y sont en place, mais on les voit peu; ici on ne trouve que du calcaire sableux, que sa longue exposition à l'air a rendu presque blanc et semblable à de la molasse dure. J'y ai recueilli en moins bons exemplaires:

Amm. Humphriesianus, Sow. | *Amm. Gervilli*, Sow.

Il est impossible de déterminer les relations de ces assises bajociennes avec celles du voisinage. A l'est de la dernière des deux localités, on ne voit rien jusqu'à ce que l'on arrive au callovien; au nord et à l'ouest on voit sortir quelques bancs de calcaire sableux, qui ne pourraient être distingués des couches de Klaus du voisinage que si l'on y trouvait des fossiles caractéristiques.

Au bord de la Sarine, le petit affleurement bajocien se trouve dans une région qui présente de grandes failles. C'est le flysch qui est en place sur les deux rives, au coude de la rivière, à quelques pas au nord des couches fossilifères; à l'ouest, sur la rive gauche, le callovien est bien visible; du côté de l'est s'étend une terrasse de gravier quaternaire. En allant au sud, on voit d'abord sur la berge quelques indices de la continuation du calcaire sableux, puis on trouve plus loin le callovien et le flysch qui doivent se toucher. Il n'est guère possible de supposer que le bajocien se prolonge à l'est sous les graviers, car il est bien probable que les affleurements de flysch du nord et du sud se rejoignent par dessous ce dépôt récent.

Rôle de la zone de l'A. Humphriesianus dans les Alpes.

§ 56. La zone de l'*Amm. Humphriesianus* a été établie par Oppel; mais il a dû en même temps faire remarquer que dans certaines localités de France et d'Angleterre, il était impossible de la distinguer de celle de l'*Amm. Parkinsoni*, qui lui est supérieure [1]. Dans le Jura argovien, bâlois et bernois [2], cette séparation serait très naturelle, car entre ces deux Ammonites caractéristiques on a la plus grande partie du Hauptrogenstein; mais il en résulte que c'est dans le bathonien que l'*A. Parkinsoni* se rencontre. D'un autre côté on a des indices que l'*A. Humphriesianus* pourrait bien avoir apparu avant la période géologique à laquelle il doit particulièrement appartenir. MM. Desor et Gressly l'ont trouvé aux tunnels des Loges, dans des circonstances telles qu'on pourrait croire qu'il y est en compagnie de l'*A. Murchisonae* [3]. Il en est de même dans le massif du Moléson, d'après M. de Fischer-Ooster et M. E. Favre [4]. La citation de l'*A. Humphriesianus* avec des fossiles des couches de Klaus est encore plus fréquente (§ 60). Quoique en partie assez probables, ces mélanges demandent à être constatés d'une manière plus rigoureuse; en attendant, ce fossile et quelquefois ceux qui l'accompagnent pourront nous servir à rechercher dans quelles régions du bassin méditerranéen on a déjà trouvé un horizon plus ou moins analogue à celui de Broc.

Dans les autres chaînes des Alpes de Fribourg, je n'ai pu mentionner que des indices de faune du bajocien (p. 29). En revanche les listes données par M. Studer et M. Brunner pour la partie orientale de ces chaînes, et par M. E. Favre [5] pour le

[1] *Oppel*, Jura, p. 389.
[2] *Müller*, Basler Jura, p. 15 u. 18. — *Moesch*, Aargauer Jura, p. 90, 92. — *Greppin*, Jura bernois, p. 81.
[3] Jura neuchâtelois, p. 149.
[4] v. *Fischer-Ooster*, Mitth. Bern, 1865, p. 142. — *E. Favre*, Moléson, p. 193 (25).
[5] *Studer*, Geol. der Schweiz, Bd. 2, p. 44. — *Brunner*, Stockhorn, p. 46. — *E. Favre*, Moléson, p. 197 (29).

Moléson, contiennent beaucoup d'espèces de cet étage; seulement on ne sait pas encore bien comment elles sont réparties dans les couches. Dans le reste des Alpes suisses, nous n'avons sur la présence de l'horizon en question que quelques indications fournies par la citation de l'*A. Humphriesianus* dans les environs d'Aigle, et à la Windgelle, dans le canton d'Uri[1]. Il se pourrait qu'il existât dans les Alpes de Glaris[2], mais sans Céphalopodes; cependant M. Bachmann mentionne aussi de là un exemplaire de l'*A. Humphriesianus*, dont le gisement est inconnu.

C'est par des exemplaires des Dourbes, dans la Provence, que M. Neumayr a reconnu le véritable type de l'*Amm. Zignodianus*, d'Orb. (non auct.), qui se trouve aussi à Broc[3]. Mais les renseignements que nous possédons sur le bajocien de cette chaîne ne sont pas nombreux. Cependant M. Hébert donne une coupe de la vallée de l'Escure[4] où il indique l'oolithe inférieure avec l'*A. Humphriesianus* comme reposant sur le lias; il cite avec cette espèce des Ammonites du même niveau, et ajoute encore qu'il y a des Hétérophylles; ces dernières sont un indice d'un dépôt méditerranéen, et rapprochent ces assises de celles de Broc. Plus au sud, les faunes de l'oolithe inférieure n'appartiennent plus guère au facies à Céphalopodes[5]; d'après M. Jaubert l'*A. Humphriesianus* n'y commence qu'à une certaine hauteur au-dessus du lias; mais elle continue à se montrer plus haut avec l'*A. Parkinsoni*[6].

Dans les Alpes du Dauphiné, l'oolithe inférieure n'a pas encore été reconnue paléontologiquement[7], mais la continuation parfaitement régulière de toutes les assises jurassiques fait penser qu'elle y existe.

En Savoie, dans les chaînes intérieures, le bajocien est représenté par des Ammonites des zones inférieures, mais il ne paraît pas qu'on en ait trouvé du niveau qui nous occupe[8]. En revanche dans les chaînes extérieures, qui sont la continua-

---

[1] *Studer*, Geol. der Schweiz, Bd. 2, p. 43, 46.
[2] *Bachmann*, Glarus, p. 151. — *Moesch*, Oestl. Schweiz, p. 8.
[3] Phylloc. des Dogger und Malm, p. 339.
[4] Bull. France, vol. 19, p. 110, 112, 113.
[5] *Coquand*, Bull. France, vol. 20, p. 567. — *Toucas*, id., vol. 26, p. 804.
[6] Bull. France, vol. 21, tableau de la page 453.
[7] *Lory*, Dauphiné, p. 255.
[8] *A. Favre*, Géol. Savoie, vol. 3, p. 464—466.

tion immédiate de celle des Alpes de Fribourg, nous en avons une indication dans l'*A. Humphriesianus* recueilli dans les environs de Meillerie [1].

Au midi des Alpes centrales, M. Pareto cite la même espèce avec une autre d'un niveau inférieur, dans les calcaires de la digue qui sépare les lacs de Biandrono et de Varese [2]. Entre l'Adige et la partie septentrionale du lac de Garda, MM. Waagen et Benecke [3] ont trouvé un horizon paléontologique qu'on pourrait presque appeler identique à celui de Broc, quoique le manque de l'*A. Humphriesianus* et la présence de l'*A. Bayleanus* le fasse plutôt rapporter à la zone de l'*A. Sauzei*. Ainsi que dans la vallée de l'Escure, les Hétérophylles lui impriment le cachet méditerranéen.

Dans les Alpes de Bavière et du Tyrol, il y a probablement des assises qui équivalent à celle de la zone de l'*A. Humphriesianus*, dans les marnes tachetées de quelques régions où la formation jurassique a succédé régulièrement au lias [4]. On peut moins s'attendre à la retrouver souvent dans les Alpes d'Autriche, où il y a eu presque toujours interruption des dépôts après le lias; cependant elle existe dans le Salzkammergut et à St.-Veit près de Vienne [5].

COUCHES DE KLAUS.

§ 57. De même que la précédente, cette division des terrains jurassiques ne se trouve pas au Monsalvens proprement dit, mais dans la plaine ; elle existe aussi au Hohberg.

Environs de la Tour de Trême.

En Pereyre, au nord de la Tour de Trême, là où la rivière fait un coude pour se diriger au sud-est, on peut observer les assises suivantes, qui sont indiquées en allant de bas en haut.

[1] *A. Favre*, Géol. Savoie, vol. 2, p. 88.
[2] Bull. France, vol. 16, p. 58.
[3] *Waagen*, Zone des *A. Sowerbyi*, p. 559 (53).
[4] *Gümbel*, Baier. Alpen, p. 516. — *F. v. Hauer*, Jahrb. Reichsanst., Bd. 17, p. 11.
[5] *Mojsisovics*, Verh. Reichsanst., 1868, p. 120. — *Griesbach*, Jahrb. Reichsanst., Bd. 18, p. 126.

1) Marnes bleues, tachées de noir, sableuses, schisteuses et friables,
   avec trois bancs plus résistants qui contiennent des *Zoophicos*   2 mètres
2) Calcaire sableux, bleu, panaché de vert et de brun, devenant
   roux à l'air, et se décomposant en grumeaux. Des grains de quarz
   atteignent la grosseur d'un pois; il y a aussi de petits galets
   d'autres roches cristallines, mais ils sont très rares. Dans le milieu surtout cette assise est très fossilifère   1,60 m.
3) Calcaire sableux, d'un bleu grisâtre, de composition plus homogène que le précédent; il paraît être sans fossiles   2,50 m.

                                                        Total 6,10 m.

Ces couches plongent au sud-ouest, et se courbent pour passer au plongement sud. A de petites distances au nord et à l'est, on voit surgir quelques bancs de roches tout à fait semblables; mais avec des directions et des plongements qu'on voit mal, ou qui paraissent différents. On y trouve aussi quelques fossiles, mais ils sont indéterminables, ou se rapportent aux mêmes espèces que ceux du n° 2 ci-dessus, dont voici la liste:

Belemnites aripistillum, Llwyd. Stonesfield slate (Phillips et d'autres auteurs anglais).
—   *bessinus*, d'Orb. Stonesfield slate (auteurs anglais). Fuller's earth de Nor-
     mandie avec *A. Humphriesianus* et *Parkinsoni* (E. Deslongchamps). De la
     zone de l'*A. Humphriesianus* au haut du bathonien (Oppel).
—   *Escheri*, Mayer. Assise du Glärnisch contenant des fossiles du bajocien supé-
     rieur, du bathonien et du callovien inférieur (Mayer).
—   *Gillieroni*, Mayer. Couches à *A. athleta* de Clucy et à *A. Lamberti* de Privas (Mayer).
Ammonites disputabilis, Zittel. Couches de Swinitza (Zittel). Couches de Klaus? (Zittel).
—   *adeloïdes*, Kudern.? Couches de Swinitza (Kudernatsch) et de Klaus
     (F. v. Hauer).
—   *tripartitus*, Rasp. Couches de Klaus (F. v. Hauer).
—   *rectelobatus*, Hauer. Couches de Swinitza et de Klaus (F. v. Hauer).
—   *procerus*, Seeb. Couches à *Ostrea Knorri* (Seebach). Couches de Swinitza
     (U. Schloenbach et Neumayr).
—   *banaticus*, Zittel. Couches de Swinitza (Zittel).
Posidonomya alpina, A. Gras. Couches de Klaus (Oppel).
Rhynchonella tremensis, Mayer. Espèce inédite, non connue d'ailleurs.
—   *subtrigona*, nov. sp.
Terebratula curviconcha, Oppel. Couches de Klaus (Oppel).
—   *(Waldh.?) circulata*, n. sp.
Collyrites Gillieroni, Des. N'est encore connu que de cette localité.

J'ai encore recueilli dans le même banc d'autres fossiles qu'il est impossible de déterminer avec sûreté. Dans la collection de M. le docteur Castellaz à Bulle, j'ai vu un exemplaire de l'*A. Parkinsoni*, dont la roche se rapporte bien à celle de Pereyre, mais il n'est pas accompagné d'une étiquette. Une dent de *Lamna* est peut-être celle des couches de Klaus qu'Oppel appelle *Sphenodus cf. longidens*. De même une Térébratule très fréquente est voisine de la *T. perovalis*, Sow., et c'est probablement celle à laquelle Oppel donne le nom de *T. cf. perovalis* dans les mêmes couches. Enfin je mentionnerai encore un *Nautile*, des *Pleurotomaires* et un *Mytilus*.

Dans ces fossiles d'une même assise, il ne se trouve pas d'Ammonites qui ne soient en même temps dans les couches de Klaus des Alpes d'Autriche, et de Swinitza dans le Banat. D'autres fossiles viennent appuyer cette assimilation; la *Terebr. circulata*, par exemple, est probablement celle qui a été anciennement citée dans ces couches sous le nom de *Terebr. Simonyi*, Suess.

En outre, dans cette liste la majorité des fossiles sont alpins; les deux premières Bélemnites et l'*Amm. procerus* se trouvent cependant à la base du bathonien de l'Europe centrale, et le *B. bessinus* même plus bas; c'est donc avec cet étage que nos couches de Klaus ont le plus d'analogie; mais le *B. Gillieroni* indiquerait un niveau plus élevé. On pourra, si l'on veut, leur donner le nom de *bathonien méditerranéen*. Quant à une parallélisation avec une *zone* spéciale de l'Europe centrale, je crois qu'on n'y peut guère songer, puisque les quelques fossiles qui pourraient nous servir n'ont pas tous la même signification à cet égard. D'ailleurs toutes les fois qu'on veut faire un rapprochement de ce genre au moyen d'espèces mélangées à une faune méditerranéenne, il s'élève une difficulté à laquelle on n'accorde peut-être pas assez d'attention. On peut se demander, en effet, si les fossiles en question ont apparu en premier lieu avec les autres espèces méditerranéennes qu'ils accompagnent, si c'est par conséquent dans les Alpes que l'on trouve les individus les plus anciens; ou bien si, ayant commencé à vivre dans l'Europe centrale, ils ont émigré plus tard dans les régions méditerranéennes et y sont plus modernes; ou bien encore si leur première patrie était une mer dont les dépôts n'ont pas encore pu être l'objet de nos investigations, et si, en rayonnant de là, ils sont arrivés à peu près en même temps dans l'Europe centrale et les régions alpines. Ce n'est que dans ce dernier cas qu'ils auraient absolument la même signification chronologique. Ce sont là des questions difficiles à résoudre dans l'état actuel de nos connaissances; elles se posent différemment pour les mollusques nageurs et ceux qui restent fixés au fond des eaux; la solution dépend de la répartition des mers à cette époque, de la durée relative qu'on peut attribuer à chaque espèce, etc. Mais ces difficultés ne sont pas une raison pour faire écarter une objection de ce genre par une fin de non recevoir.

Il est probable que les couches de Klaus de la Tour de Trême ont une plus grande puissance que celle qui est indiquée dans la coupe ci-dessus; mais on ne peut faire sur ce point aucune observation sûre, à cause de la continuité de la végétation. Il y a seulement dans les environs d'autres affleurements que l'on peut y rattacher avec plus ou moins de certitude. Ainsi le pont sur lequel on passe la Trême en allant de Bulle à la Tour, est bâti sur des couches d'un calcaire sableux avec un banc grumeleux, où j'ai trouvé une *Terebratula cf. perovalis.* Un peu plus en amont, sur la rive droite de la rivière, on voit des marnes et des calcaires identiques à ceux de Pereyre; le plongement est sud et faible; s'il n'y a ni faille ni contournement la continuation de ces assises doit passer près de celles de Pereyre.

Au sud-est de la Tour de Trême, en Biolleyres, dans l'intérieur du callovien, on voit surgir des calcaires et des schistes avec *Zoophicos,* très semblables à ceux de Pereyre; ils sont seulement moins sableux. Du côté de la rivière ils paraissent former une voûte irrégulière, mais ils ne sont un peu visibles que sur la berge; aussi la limite marquée sur la carte n'est-elle qu'approximative, et menée en partie d'après le relief du sol. J'ai trouvé dans cette localité un exemplaire de *B. bessinus,* d'Orb., qui n'est pas tout à fait identique aux autres, parce qu'il est un peu plus effilé, et une Ammonite à quille qui appartient probablement au groupe des *Falciferi,* mais qui du reste est indéterminable. Comme je n'ai pas rencontré d'Ammonites semblables dans les couches de Klaus, la classification de cet affleurement est assez incertaine.

Hohberg.

§ 58. Au Hohberg, hors de la carte de la planche 1 (voir p. 63) nous retrouvons les couches de Klaus; mais sans qu'on puisse non plus étudier leurs relations avec des formations inférieures ou supérieures. A la partie de droite du profil, pl. 6, fig. 1, elles se montrent sur une pente rapide; ce sont des marnes calcaires, schisteuses, assez foncées, tachées quelquefois de noir, avec des bancs de calcaires sableux très subordonnés; elles ne se distinguent de celles du flysch voisin, qu'en ce qu'elles ne sont pas divisées en feuillets aussi réguliers; les calcaires deviennent d'un roux vif à l'air, comme ceux du même niveau dans la chaîne du Ganterist. J'ai de cette localité *Belemnites bessinus*, d'Orb. et une *Encrine*.

Plus au nord, dans le même profil, de petits ruisseaux mettent à jour des marnes schisteuses plus foncées, avec des paillettes de mica bien distinctes; elles sont inférieures aux couches précédentes, si toutefois il n'y a pas de faille entre deux, ce qu'il serait fort difficile de déterminer, la région étant couverte de débris de flysch. Elles contiennent l'*Amm. viator*, d'Orb.

Les couches de Klaus indiquées encore plus au nord dans la même figure 1, n'ont pas fourni de fossiles déterminables; mais on les voit à jour plus haut, à l'est du passage du profil. Là ce sont aussi des marnes schisteuses avec des calcaires sableux; ces couches sont en tout semblables à celles de Pereyre, sauf que les grains de sable y sont moins grossiers; les paillettes de mica y sont très apparentes. Outre des *Encrines*, des *Rhynchoteuthis* et des *Zoophicos*, on trouve là les fossiles suivants:

Belemnites bessinus, d'Orb.	*Ammonites adeloïdes*, Kud. ?
— *aripistillum*, Llwyd.	— cf. *Garantianus*, d'Orb.
— *Escheri*, Mayer.	

Dans les différents affleurements dont il vient d'être question, on ne voit nulle part plus de 20 mètres de couches se succédant régulièrement; mais il est probable que la puissance est au-dessus de ce chiffre. On ne trouve pas d'assises qui fasse présumer qu'il y ait une formation intermédiaire entre les couches de Klaus et les schistes calloviens que l'on rencontre dans les environs. Les fossiles qui viennent d'être cités sont aussi dans la liste de Pereyre, sauf l'*Amm. viator*, d'Orb., qui existe en revanche dans les couches de Klaus de la chaîne du Ganterist. Au rapprochement que nous fournit ce fossile, on peut joindre la ressemblance pétrographique des assises du premier affleurement avec celles de cette chaîne; mais sous d'autres rapports les couches de Klaus de cette région rappellent bien plus les environs de Bulle, dont elles sont éloignées, que la chaîne du Ganterist, dont elles ne sont pourtant séparées que par une étroite zone de flysch.

Rôle des couches de Klaus dans les Alpes.

§ 59. Le nom de couches de Klaus, qui n'a encore été que très peu employé dans les ouvrages géologiques écrits en français, a été donné par M. F. de Hauer [1] à une formation fossilifère qui se trouve près de Hallstatt, dans la Haute-Autriche. Comme elle repose directement sur le lias, et qu'elle n'est pas surmontée par d'autres étages jurassiques, l'étude stratigraphique ne pouvait fournir de renseignements sur son âge. Il en est à peu près de même d'une autre localité où l'on trouve cet horizon, savoir Swinitza, dans le Banat, sur le Danube, en amont de la Porte-de-fer. Aussi la parallélisation de cette formation a-t-elle varié, suivant qu'on y a reconnu ou cru reconnaître des fossiles de tel ou tel niveau. M. Kudernatsch, qui a publié en 1852 les Ammonites de Swinitza [2], les rapportait presque toutes à des espèces de l'Europe centrale, mais sans se dissimuler qu'il ne pouvait guère constater d'identité complète; ayant ainsi trouvé dans son assise des fossiles de niveaux différents, il prit un terme moyen pour la paralléliser, et la rapporta aux couches à *Amm. macrocephalus* (Jura brun ε). MM. F. de Hauer, U. Schloenbach et Zittel, en étudiant les fossiles de Swinitza et de Klaus furent amenés successivement à rectifier plusieurs assimilations de M. Kudernatsch, et à reconnaître qu'on était en présence d'une faune d'un caractère alpin bien prononcé, dont la parallélisation devenait par là même plus difficile, la plupart des espèces étant nouvelles.

Oppel étudia aussi sur le terrain les couches de Klaus, et il y distingua un horizon particulier qu'il appela *roches à Posidonomyes*, à cause de l'abondance de la

[1] Jahrb. der Reichsanst., Bd. 4, p. 764.
[2] Abhandlungen der k. k. geol. Reichsanst., Bd. 1, Abth. 2.

Posidonomya alpina, A. Gras [1]; mais il ne paraît pas que cette distinction d'une assise spéciale puisse être maintenue. Il reconnut pour les Brachiopodes ce que M. F. de Hauer avait reconnu pour les Ammonites, savoir qu'il y avait beaucoup d'espèces nouvelles; il parallélisa les couches de Klaus avec la partie supérieure de l'oolithe inférieure, sans y trouver d'abord de motif d'y reconnaître le bathonien (l. c. p. 190 et 193). Ce n'est qu'après avoir donné quelques détails sur l'oolithe du Glärnisch qu'il admit, à la fin de son travail, que l'ensemble de ces couches alpines peut représenter la zone de l'*A. aspidoïdes* (bathonien) (l. c. p. 203).

Plus récemment M. Zittel et M. Neumayr [2] se sont successivement occupés des couches de Klaus et de celles du Brielthal, qui contiennent une faune voisine. Ils sont d'accord pour mettre ces dernières dans le callovien, mais tandis que M. Zittel envisage les premières comme comprenant la zone de l'*A. Parkinsoni*, le bathonien et le callovien, M. Neumayr ne pense pas que ce dernier étage y soit représenté. M. Dietze vient de décrire de nouveau le gisement de Swinitza [3], l'oolithe ferrugineuse fossilifère n'a guère qu'un pied, et elle repose sur un calcaire rouge à Crinoïdes qu'on peut y rattacher. Il ajoute que d'après les nouvelles déterminations de M. Neumayr, Swinitza doit être envisagé comme l'équivalent de la zone de l'*Amm. fuscus* (bathonien).

Ce sont là les différentes opinions qui ont été émises à l'égard des localités classiques pour les couches de Klaus; mais cette formation a été reconnue et étudiée dans d'autres régions encore. Pour les Alpes de Bavière, M. Gümbel n'a pas eu à en citer d'équivalent certain [4]. Mais dans une Klippe des Alpes, près de Vienne, M. Griesbach [5] en a trouvé un gisement contenant l'*A. Parkinsoni*, et d'autres fossiles qui indiquent, sur la surface d'un seul banc, un mélange de différentes zones de l'Europe centrale.

Oppel avait reconnu la présence de ses *roches à Posidonomyes* dans le Tyrol méridional [6]. M. Benecke les a suivies sur un plus grand espace, et en a réuni un

---

[1] Posidonomyen-Gesteine, p. 188.
[2] *Zittel*, Paläont. Notizen, p. 607. — *Neumayr*, Jahrb. Reichsanst. Bd. 20, p. 154.
[3] Jahrb. Reichsanst., Bd. 22, p. 71.
[4] Baier. Alpen, p. 491.
[5] Jahrb Reichsanst., Bd. 19, p. 221.
[6] Posidonomyen-Gesteine, p. 193.

plus grand nombre d'espèces[1]. Il a aussi constaté leur complète analogie pétrographique et paléontologique avec les couches de Klaus de la zone septentrionale des Alpes, et, en s'appuyant sur l'oolithe du Glärnisch, il arrive à la même conclusion qu'Oppel, savoir que ces assises équivalent à la partie supérieure du bajocien et au bathonien, et il propose le nom de *dogger supérieur alpin* pour les désigner. Près de là dans les Sette Communi elles sont réduites à un minimum de puissance[2].

Plus à l'orient, dans la même zone des Alpes, la présence de cet horizon n'est constatée que d'une manière assez imparfaite à cause du manque de fossiles; il paraît qu'en tout cas il n'existe qu'en lambeaux reposant sur le lias ou le trias, et qu'il est encore mal distingué du tithonique[3].

Enfin M. Neumayr a décrit dernièrement des calcaires rouges à Crinoïdes des Klippen des Carpathes, qui contiennent d'assez nombreux fossiles de l'horizon qui nous occupe[4].

§ 60. En Suisse la présence des couches de Klaus a déjà été reconnue, dans la partie bernoise de nos chaînes, par M. C. Brunner et M. Zittel, et au Moléson par M. E. Favre. Mais ici et dans d'autres régions encore, les fossiles de cet horizon se trouveraient avec des espèces qui sont ordinairement plus bas que la zone de l'*A. Parkinsoni*, ainsi avec l'*A. Humphriesianus*. M. Pictet[5] affirme la réunion sur le même fragment des *Amm. tripartitus* et *Humphriesianus*. M. Brunner[6], qui a étudié les gisements sur place ne doute pas que le mélange ne soit réel, et il admet que le bajocien, le bathonien et le callovien de d'Orbigny sont réunis dans les Alpes et jusqu'en Crimée. M. Zittel[7] est arrivé à la même opinion pour la région du Stockhorn. M. E. Favre a aussi trouvé ensemble des fossiles du bajocien et des couches de Klaus[8]. Enfin MM. Moesch et Ischer ont recueilli dans les mêmes bancs les *Amm. Humphriesianus*, *Bayleanus* et *tripartitus*, et d'après M. Dumortier on trouve la même association dans un grand nombre de localités qui sont

[1] Trias und Jura, p. 22, 25, 27, 114.
[2] *Neumayr*, Verh. Reichsanst. 1871, p. 168.
[3] *Lipold*, Jahrb. Reichsanst., Bd. 7, p. 335. — *Stur*, Geologie der Steiermark, p. 481.
[4] Pennin. Klippenzug, p. 491.
[5] Arch. des sciences, vol. 15, p. 183.
[6] Stockhorn, p. 11.
[7] Paläont. Notizen, p. 601.
[8] Moléson, p. 30 (198). Voir aussi *von Fischer-Ooster*, Berner Mitth., 1865, p. 141 und folg.

dans le voisinage ou dans l'intérieur des Alpes françaises[1]. Cependant dans la chaîne du Ganterist, où j'ai été amené à mettre une grande série d'assises dans les couches de Klaus (p. 30), je n'ai pas rencontré ces mélanges, mais cela peut fort bien être mis sur le compte de l'exiguité de mes récoltes. J'ajouterai toutefois qu'à la Tour de Trême et à Broc, d'où j'ai une plus grande quantité de fossiles, je n'en ai pas non plus rencontré d'indices. En outre il faut remarquer que M. Neumayr a trouvé, dans les couches de Klaus des Klippen, une Ammonite nouvelle très voisine de l'*Humphriesianus*[2]; aussi il présume que les citations de cette dernière espèce dans ce niveau pourrait bien se rapporter à ce type nouvellement reconnu.

L'oolithe ferrugineuse de la Suisse orientale et centrale[3] doit être à peu près du même âge que les couches de Klaus, sur la classification desquelles sa faune a exercé une certaine influence. A la liste des fossiles du Glärnisch donnée précédemment par M. Bachmann, est venue s'ajouter dernièrement celle de M. Moesch; toutes deux sont assez étendues. Elles ne concordent pas du tout pour les Brachiopodes, et ni dans l'une ni dans l'autre on ne trouve une des espèces qu'Oppel a établies sur des exemplaires de Klaus; il y aurait donc différence complète pour cette catégorie de fossiles. Quant aux Ammonites, les espèces communes entre Klaus et Swinitza d'un côté et le Glärnisch de l'autre, sont de celles qui se retrouvent aussi dans l'Europe centrale; celles qui sont spéciales aux premières localités manquent dans la troisième, à l'exception de l'*A. Ymir (bullatus?* Moesch). Il y a donc une certaine analogie; mais elle est trop faible pour qu'on puisse d'emblée paralléliser les deux couches d'une manière absolue, et transporter à l'une les conclusions qu'on peut tirer de l'autre. L'assise du Glärnisch n'a du reste guère les caractères d'une formation méditerranéenne; elle me paraît avoir de plus grands rapports avec l'oolithe de Balin, près de Cracovie.

Pour la Savoie, on trouve à peine dans la liste de M. A. Favre relative aux chaînes intérieures quelques indices que la faune de Klaus puisse y exister; dans

---

[1] *Moesch*, Oestl. Schweiz, p. 8. — *Dumortier*, Bull. France, vol. 29, p. 148.

[2] Pennin. Klippenzug, p. 491.

[3] *Studer*, Geol. der Schweiz, Bd. 2, p. 46. — *Oppel*, Posidonomyen-Gesteine, p. 197. — *Bachmann*, Glarus, p. 153 u. 166. — *Benecke*, Trias und Jura, p. 119. — *Moesch*, Oestl. Schweiz, p. 9.

les chaînes extérieures, dont les formations géologiques sont si semblables à celles des Alpes de Fribourg, M. Favre cite l'*Amm. tripartitus* [1].

C'est dans les Alpes françaises qu'on a découvert en premier lieu plusieurs fossiles des couches de Klaus. Nous les trouvons mentionnés, mais avec d'autres de niveaux supérieurs, soit par M. A. Gras, soit par M. Lory [2], dans la grande série d'assises que ce dernier réunit sous le nom d'oxfordien. Ce sont *Amm. viator*, *A. Hommairei*, *A. tatricus (disputabilis*, Zittel?), *A. tripartitus* et *Posidonomya alpina*. Il reste à constater si, dans le Dauphiné, ces fossiles sont dans une partie séparée des schistes à posidonies et des calcaires sous-oxfordiens de M. Lory, ou s'ils sont mélangés avec les Ammonites calloviennes proprement dites qui, à ce qu'il paraît, sont aussi accompagnées de Posidonomyes.

Dans les travaux géologiques qui traitent de la Provence, nous trouvons encore les mêmes Ammonites de Klaus citées par M. Sc. Gras dans l'oxfordien du département de Vaucluse [3]. On peut revendiquer ensuite comme appartenant au même horizon l'assise à Posidonomyes et à *A. Hommairei*, que M. Vélain joint à l'oxfordien, et qui est en dessous de la zone à *A. macrocephalus;* elle pourra être réunie au bathonien avec *A. tripartitus*, que le même auteur mentionne d'une localité voisine [4]. M. Hébert indique comme représentants de la partie inférieure de la grande oolithe dans les Basses-Alpes, les *A. arbustigerus*, *tripartitus* et *tatricus* [5]; il est probable que cette dernière espèce est l'*Amm. disputabilis*, Zittel, et que M. Hébert comprenait sous le premier nom les exemplaires auxquels il applique maintenant celui de *procerus* [6].

Dans le voisinage de la Méditerranée les faunes prennent beaucoup plus le caractère de celles de l'Europe centrale; mais nous y voyons persister les *Amm. arbustigerus* et *tripartitus* à la base de la grande oolithe [7]. On peut donc se promettre des résultats intéressants d'études stratigraphiques et paléontologiques dé-

---

[1] Géol. Savoie, vol. 3, p. 466; vol. 2, p. 83, 137.
[2] *A. Gras*, Fossiles de l'Isère, p. 8. — *Lory*, Dauphiné, p. 253.
[3] Descr. géol. du départ. de Vaucluse, p. 74.
[4] Bull. France, vol. 29, p. 132 et 158.
[5] Terr. jurass. de la Provence, p. 116.
[6] Bull. France, vol. 29, p. 158.
[7] *Hébert*, Terr. jurass. de la Provence, p. 119. — *Coquand*, Bull. France, vol. 20, p. 467.

taillées, qui seraient faites dans cette région pour s'enquérir des rapports des faunes méditerranéennes avec celles de l'Europe centrale.

Pour achever cette comparaison, il me reste encore à mentionner quelques différences. La première est que dans les Alpes orientales, les Carpathes et le Tyrol méridional, les couches de Klaus sont accompagnées de calcaires à Crinoïdes, qui manquent complètement dans la chaîne du Ganterist et à la Tour de Trême. La seconde c'est que dans les mêmes régions cette formation est peu puissante; on pourrait en dire autant de la Tour de Trême, si l'on ne voulait tenir compte que de l'assise fossilifère; mais il y a d'autres bancs qui doivent probablement s'y rattacher. Dans la chaîne du Ganterist la puissance des couches que j'ai été conduit à rapporter à cet horizon est très grande.

En résumé les caractères pétrographiques dans le canton de Fribourg, se rapprochent bien plus de ceux des Alpes méridionales que de ceux des Alpes orientales. En outre, dans ces dernières les couches de Klaus paraissent n'exister qu'en lambeaux, marquant un retour de la mer après une émersion plus ou moins longue. Dans le canton de Fribourg, et probablement dans les Alpes françaises, elles jouent au contraire un rôle important dans la constitution des montagnes, et y occupent une place déterminée; c'est donc là qu'on pourra le mieux étudier leurs rapports avec les autres membres de la série alpine.

Jura moyen.

§ 61. Je réunis sous ce titre deux subdivisions, les *schistes à nodules* et le *calcaire à ciment*. La faune de la première, qui est l'inférieure, est callovienne avec quelques espèces oxfordiennes; l'autre doit donc commencer le jura blanc et l'oxfordien, et c'est entre les deux, plutôt qu'au-dessus, qu'il aurait fallu faire passer une limite tranchée pour me conformer à l'usage établi. Mais, indépendamment du fait que les schistes à nodules ont des espèces oxfordiennes, il serait impossible d'opérer une telle séparation dans la pratique: il y a analogie pétrographique si grande entre ces deux subdivisions, leur rôle orographique et leur manière de se comporter quant à la production de la végétation sont tellement semblables, elles sont si souvent bouleversées et le passage de l'une à l'autre est si rarement visible,

qu'on serait dans l'impossibilité de tracer sur la carte, avec quelque chance
d'exactitude, une limite d'étage entre elles.

SCHISTES A NODULES.

§ 62. *Caractères pétrographiques.* Ces schistes sont calcaréo-argileux, foncés
ou noirâtres, rudes au toucher, très irrégulièrement stratifiés; on y voit briller
beaucoup de paillettes de mica; ils renferment des nodules ou concrétions ordinairement lenticulaires ou sphéroïdales, mais prenant aussi des formes irrégulières
et bizarres; on les trouve isolées, rarement disposées par zones dans le sens de la
stratification. Des bancs peu épais, qui ont la consistance d'un calcaire un peu
argileux et qui résistent davantage à la désagrégation, se montrent très espacés
dans les schistes, et toujours un par un. La quantité de matières ferrugineuses est
assez considérable dans ces couches, surtout dans les nodules; aussi en se décomposant la roche produit une terre d'un roux très accusé.

Puissance. Presque partout où ils se présentent, ces schistes sont très con-
tournés, le plongement y varie à chaque pas, et il y a beaucoup d'interruptions
dans les affleurements; il est donc difficile d'en évaluer la puissance. Cependant
au-dessus du débouché de la Trême, j'en ai vu 50 m. qui paraissent se succéder régulièrement, en sorte qu'on peut assigner à ces couches une puissance
d'au moins 60 m.

Limites. Je n'ai vu nulle part une limite inférieure des schistes à nodules :
au Monsalvens on ne voit pas de formations en dessous de celle-là; dans la plaine
les schistes sont bien près de l'affleurement rapporté aux couches de Klaus p. 74;
mais la végétation empêche partout de voir s'il y a, ou s'il n'y a pas une succession
régulière des assises.

Le passage au calcaire à ciment est visible sur la rive droite de la Jogne, dans
la gorge des Moulins; là il paraît tout à fait insensible: la teinte noire des schistes
à nodules passe, il est vrai, assez subitement à celle des schistes à ciment, qui est
plus claire; mais on voit au contact une certaine épaisseur de feuillets noirs, qui
deviennent assez clairs à quelques pieds de distance, en sorte qu'ils ont à une
place la teinte de la division inférieure, et à l'autre celle de la supérieure.

Fossiles et classification des couches. La liste suivante contient les fossiles que j'ai rencontrés dans les schistes à nodules. Ils y sont très souvent pyriteux.

Belemnites hastatus, (Montf.) Bl. Commence entre le callovien et l'oxfordien, et atteint sa plus grande fréquence dans la zone de l'*A. biarmatus* (Oppel).
—   *semihastatus*, Bl. Peut-être exclusivement de la zone de l'*Amm. anceps* (Oppel).
Ammonites tortisulcatus, d'Orb. Des couches de Klaus au tithonique inférieur (Zittel, Neumayr).
—   *mediterraneus*, Neum. Des couches de Klaus au tithonique inférieur (Zittel, Neumayr).
—   *Kunthi*, Neum. Couches à *Amm. macrocephalus* du Brielthal (Neumayr).
—   *subobtusus*, Kud. Couches de Swinitza (Kudernatsch) et de Klaus (F. v. Hauer).
—   *cordatus*, Sow. Zone des *Amm. cordatus* et *Lamberti* (Oppel). Calc. à scyphies et terrain à chailles (Greppin, musée de Bâle). Oxfordien (d'Orb.).
—   *lunula*, (Rein.) Zieten. Zone de l'*Amm. anceps* (Oppel).
—   *punctatus*, Stahl. Zone de l'*Amm. anceps* (Oppel).
—   *oculatus*, Phill. Espèce encore mal définie. Les exemplaires trouvés au Monsalvens sont identiques à ceux des marnes calloviennes à fossiles pyriteux du Jura.
—   *audax*, Oppel. Probablement de la zone de l'*Amm. athleta* (Oppel).
—   *Goliathus*, d'Orb. Zone des *Amm. cordatus* et *Lamberti* (Oppel). Calcaire à scyphies et terrain à chailles (Greppin). Oxfordien (d'Orb.).
—   *sulciferus*, Oppel. Zone de l'*Amm. athleta* (Oppel).
—   *arduennensis*, d'Orb. Zone des *Amm. cordatus* et *Lamberti* (Oppel). Oxfordien (d'Orb.).

Dans cette liste il y a deux fossiles qui ont eu une très longue durée, ce sont les *Amm. tortisulcatus* et *mediterraneus*. Au Monsalvens et dans la chaîne du Ganterist, ils n'ont pas encore été rencontrés plus bas, c'est-à-dire dans les couches de Klaus, mais nous les retrouverons plus haut que les schistes à nodules.

Les *Amm. mediterraneus, subobtusus* et *Kunthi* sont des espèces qui n'ont encore été signalées que dans le bassin méditerranéen ; la seconde appartient aux couches de Klaus, et n'a pas encore été citée, que je sache, au niveau où je l'ai trouvée au Monsalvens ; la troisième est d'un gisement des Alpes orientales qu'on rapporte à la zone de l'*Amm. macrocephalus* ; c'est la seule espèce de cet horizon qui ait été rencontrée au Monsalvens, et elle n'y occupe pas une couche à part. Au reste, quand même on ne l'aurait pas trouvée, on ne pourrait pas affirmer que la zone de l'*Amm. macrocephalus* manque dans notre région, puisqu'on ne sait s'il y a des assises ou pas, entre les couches de Klaus et les schistes à nodules.

Les autres fossiles appartiennent à la division des terrains de l'Europe centrale qui est connue sous les noms d'oxford-clay, marnes oxfordiennes, Ornatenthone, etc., et que d'Orbigny a placée en grande partie dans le callovien. Dans son *Jura*, Oppel a distingué dans cet ensemble les zones de l'*Amm. anceps*, de l'*Amm. athleta* et de l'*Amm. biarmatus*, et il a placé la limite du callovien et de l'oxfordien entre les deux dernières. Plus tard il a pensé[1] qu'on pourrait diviser la zone de l'*Amm. biarmatus* en deux: celle de l'*Amm. Lamberti* et celle de l'*Amm. cordatus*; mais il en laisse pourtant les fossiles réunis dans son énumération. Dans la liste ci-dessus il y a des représentants des trois horizons, et on pourrait penser par conséquent que, quelle que soit l'uniformité pétrographique de ces couches, il y aurait lieu de chercher à y établir des distinctions de niveaux paléontologiques, d'autant plus qu'elles ont une certaine puissance. Ce travail serait fort difficile à faire, parce qu'il n'y a guère de localité où l'on ait des coupes étendues avec une succession de couches certaines, et dans la plupart des affleurements on ne trouve pas de fossiles. Toutes les probabilités sont du reste contre la division en zones. En effet, je n'ai pas rencontré dans le haut des espèces spéciales au niveau supérieur, et dans les endroits où les fossiles n'ont pas été trouvés isolés, mais associés (§ 99), l'*Amm. sulciferus* de la zone de l'*Amm. athleta* accompagne les espèces de l'horizon des *Amm. cordatus* et *Lamberti* d'un côté, et de l'autre elle se trouve avec l'*Amm. lunula* de la zone de l'*Amm. anceps*. Du reste les derniers travaux des géologues qui ont étudié le Jura suisse[2], sur lequel Oppel basait en partie ses subdivisions, montrent que même dans les régions où le facies paléontologique ne change pas, on aurait bien de la peine à distinguer les horizons dont nous nous occupons ici. M. Moèsch en particulier a reconnu que les Ammonites des zones de l'*Amm. anceps* et de l'*Amm. athleta* sont réparties dans son territoire tout autrement que ne l'admettait Oppel.

Les trois zones paraissant donc confondues dans les schistes à nodules, il en

---

[1] Zone des *Amm. transversarius*, p. 214.

[2] *Müller*, Basler Jura. — *Moesch*, Aargauer Jura, p. 110. — *Jaccard*, Jura vaudois et neuchâtelois. — *Greppin*, Jura bernois.

résulte que nous n'avons pas entre le callovien et l'oxfordien une limite qui s'accorde avec celle de d'Orbigny et d'Oppel ; si quelquefois je désigne cette division sous le nom de callovien, c'est seulement pour être mieux compris, et parce que c'est dans cet étage que les auteurs citent la majorité des espèces qui ont été trouvées au Monsalvens.

CALCAIRE A CIMENT.

§ 63. Les couches que nous allons envisager sont la continuation de celles qu'on exploite à Châtel St.-Denis pour la fabrication d'une chaux hydraulique, et pour lesquelles on a déjà employé le nom de calcaire à ciment, depuis que les collecteurs ont répandu les fossiles de cette localité dans les musées.

Caractères pétrographiques. Calcaires et marnes à pâte très fine, d'un gris très foncé, prenant parfois à l'air une teinte jaune citron ou orangée. Les calcaires sont tendres, à cassure largement conchoïde, en bancs qui atteignent rarement un demi-mètre ; ils sont ordinairement intercalés un par un dans les marnes, et le passage entre les deux roches n'est pas brusque ; en effet la marne, qui est schisteuse, cesse de l'être tout en restant tendre, puis passe insensiblement à la roche qui mérite plutôt le nom de calcaire. Ordinairement ce sont les marnes qui dominent, surtout dans le bas ; dans le haut ce sont plutôt les calcaires ; ils deviennent par place assez durs pour qu'il soit possible de les employer comme pierre à bâtir.

Puissance. L'épaisseur du calcaire à ciment n'a pas pu être observée dans un profil complet, propre à donner des résultats exacts, mais elle peut être estimée en moyenne à 40 mètres.

Limites. Ainsi que cela a déjà été dit à la p. 82, le passage des schistes à nodules au calcaire à ciment n'est pas brusque, dans la seule localité où j'aie pu l'observer. La transition à la subdivision supérieure, que l'on voit beaucoup plus fréquemment, est encore plus insensible ; car on est réduit à prendre pour limite l'apparition de faibles zones de concrétions calcaires dans l'intérieur des schistes.

Fossiles et classification. De même que dans la précédente les fossiles sont rares dans cette division, et je n'en puis indiquer que quelques-uns :

Belemnites hastatus (Montf.), Blainv.
      —   cf. *Didayanus*, d'Orb.
Ammonites tortisulcatus, d'Orb.

Ammonites plicatilis, Sow.
Rhynchonella monsalvensis, n. sp.

Ce sont là les fossiles qu'on trouve le plus fréquemment; mais il y a encore des espèces nouvelles plus rares, que je dois négliger pour le moment, parce que je n'en ai pas encore d'exemplaires suffisamment bons pour les bien définir. Le fait que ces fossiles sont nouveaux montre déjà que ces couches ont un caractère plus méditerranéen que les précédentes, car s'ils se trouvaient dans l'Europe centrale, ils auraient probablement été décrits. Il y a en particulier un *Phyllocrinus*, genre dont les espèces sont encore peu nombreuses, et n'ont été trouvées que dans le bassin méditerranéen. Avec ces documents il serait difficile d'assigner une place précise au calcaire à ciment dans la série des formations de l'Europe centrale; stratigraphiquement il est en dessous de la zone de l'*Amm. transversarius*, et par conséquent il peut en représenter la partie inférieure, ou bien appartenir à l'horizon des *Amm. cordatus* et *Lamberti*, dont quelques fossiles se trouvent déjà dans les schistes à nodules.

COMPARAISON AVEC LE JURA MOYEN D'AUTRES RÉGIONS MÉDITERRANÉENNES.

§ 64. La faune des schistes à nodules du Monsalvens a surtout sa patrie dans l'Europe centrale, c'est probablement de là qu'elle a émigré dans les Alpes. Dans les autres chaînes du canton de Fribourg, je n'en ai guère retrouvé que des espèces qui ont une assez grande extension verticale (p. 32); si on en fait abstraction les deux faunules paraissent assez différentes. D'un autre côté, il n'est pourtant pas douteux que la plupart des Ammonites du Monsalvens ne se rencontrent au nord du Stockhorn[1] et au Moléson[2]; seulement on ne sait pas encore quelle position stratigraphique elles occupent, si elles y sont mélangées avec d'autres fossiles ou pas. C'est là un point que les recherches ultérieures devront éclaircir. Elles nous apprendront aussi s'il y a des régions où l'on ne retrouve pas les *Amm. cordatus, lunula, punctatus, oculatus, audax, sulciferus*, etc.; s'il en était ainsi il faudrait

[1] *Brunner*, Stockhorn, p. 45.
[2] *E. Favre*, Moléson, p. 197, 199 (29, 31). — *v. Fischer-Ooster*, Berner Mitth., p. 143.

envisager leur présence au nord du Stockhorn et au Moléson comme provenant d'une migration qui ne se serait pas étendue à toute la chaîne. En tout cas, si cette faune se trouve dans les régions dont j'ai fait le lever géologique, c'est dans une roche qui diffère des schistes à nodules du Monsalvens et du Hohberg.

En revanche si nous pénétrons dans l'intérieur des Alpes suisses et savoisiennes, nous y trouvons et la roche et la faune des schistes à nodules, dans le massif du Buet[1], au Grand-Muveran[2] et sur plusieurs points de la zone du *calcaire de hautes montagnes*[3]; cependant dans les listes de ces localités, les espèces de l'horizon des *Amm. Lamberti* et *cordatus* jouent un plus grand rôle que dans celle du Monsalvens. La présence de fossiles calloviens dans l'oolithe ferrugineuse du Glärnisch, vient d'être affirmée de nouveau par M. Moesch, tandis que M. Bachmann[4] pensait que cet étage manquait complètement dans cette région.

Dans la continuation sud-ouest de la chaîne de la Berra, les couches du jura moyen et même celles du jura supérieur ne viennent pas à jour sous le néocomien, dans la partie du Niremont qui est sur la feuille XII de l'Atlas fédéral. Mais, ainsi que je l'ai déjà rappelé, on exploite le calcaire à ciment à Châtel St.-Denis, et les fossiles en sont répandus dans les collections depuis longtemps. Il y est directement surmonté par le jura supérieur, et on a été tenté à diverses reprises de l'envisager comme un revêtement néocomien d'une voûte de cette formation. Je puis assurer que l'étude détaillée des deux assises fera abandonner cette opinion, car ce n'est pas sous le tithonique qu'il plonge, mais sous des bancs du calcaire concrétionné de la zone de l'*Amm. transversarius*. D'ailleurs les fossiles du musée de Bâle qui viennent de la carrière à ciment de Châtel St.-Denis, appartiennent aux espèces oxfordiennes que j'ai citées et à d'autres probablement nouvelles.

En revanche rien n'indique que cette division soit à jour aux Voirons; mais il paraît qu'elle se montre dans leur continuation au château de Faucigny, sous les calcaires compactes de la zone de l'*Amm. transversarius*[5]. Nous pouvons aussi

[1] *A. Favre*, Géol. Savoie, vol. 2, p. 311, 340, 346.
[2] *J. et P. Delaharpe*, Bull. Vaud, vol. 6, p. 233. — *A. Favre*, Géol. Savoie, vol. 2, p. 348.
[3] *Studer*, Geol. der Schweiz, Bd. 2, p. 55 und 57. — *Bachmann*, Glarus, p. 168.
[4] *Moesch*, Oestl. Schweiz, p. 10 u. 12. — *Bachmann*, Glarus, p. 157.
[5] *A. Favre*, Géol. Savoie, vol. 1, p. 439.

reconnaître le jura moyen du Monsalvens à Chambéry, dans les couches feuilletées et grisâtres qui y sont sous l'argovien [1].

L'analogie avec le Dauphiné me paraît encore plus certaine : on retrouve les deux divisions du Monsalvens dans les *calcaires marneux moyens, à chaux hydraulique*, et dans les *marnes à géodes* de M. Lory ; j'aurais pu même me servir de ce dernier nom pour le Monsalvens, si les nodules y étaient géodiques. M. A. Gras mentionne une assise à Ammonites ferrugineuses, dont il cite des espèces qui se trouvent au Monsalvens dans le même état de fossilisation [2]. Plus au sud les terrains que nous poursuivons continuent à se montrer : il semble résulter de la combinaison des renseignements que nous possédons [3] sur cette partie des Alpes que la puissance en est souvent moins grande que dans le Dauphiné, que ce sont plutôt les fossiles oxfordiens qui prédominent que ceux du callovien supérieur, mais que la zone de l'*Amm. macrocephalus* devient de plus en plus distincte à mesure que l'on s'approche de la Méditerranée.

Dans les Alpes de la Bavière et du Tyrol, il n'y a que bien peu d'indices de la présence de faunes de l'oxfordien inférieur [4] ; les calcaires de Vils nous présentent un grand nombre de Brachiopodes méditerranéens accompagnés seulement de deux espèces du callovien de l'Europe centrale [5]. Par contre, au Brielthal, dans le Salzkammergut, il y a une association de Céphalopodes calloviens qui ont plus d'analogie avec ceux de l'Europe centrale, quoique le caractère méditerranéen y soit assez prononcé [6].

On n'a pas encore signalé la présence de l'étage callovien sur le versant italien des Alpes [7], et il paraît qu'il manque de même dans les *Klippen* méridionales des Carpathes, où l'on retrouve pourtant des zones supérieures et inférieures [8]. Toutefois près d'Unghvar, dans la partie nord-est de la Hongrie, on a découvert des

---

[1] *Pillet*, Bull. France, vol. 23, p. 52.

[2] *Lory*, Dauphiné, p. 250 et 251. — *A. Gras*, Fossiles de l'Isère, p. 9 et 10.

[3] *Sc. Gras*, Descr. géol. du départ. de Vaucluse, p. 74. — *Hébert*, Terr. jurass. de la Provence, p. 118 à 120. — *Coquand*, Bull. France, vol. 26, p. 102. — *Vélain*, Bull. France, vol. 29, p. 129.

[4] *Gümbel*, Bayr. Alpen, p. 511.

[5] *Oppel*, Jahreshefte des Vereins für Naturkunde in Würtemberg, 1861, p. 137.

[6] *Zittel*, Palaeont. Notizen, p. 601. — *Neumayr*, Jahrb. Reichsanst., Bd. 20, p. 152.

[7] *Benecke*, Trias und Jura, p. 202.

[8] *Neumayr*, pennin. Klippenzug, p. 504.

Brachiopodes qui ont beaucoup de rapports avec ceux de Vils [1]. Dans la *Klippe* de Czetechowitz en Moravie, M. Neumayr a étudié une faune qui montre que la zone de l'*Amm. cordatus* occupe un niveau particulier dans cet îlot jurassique, sans qu'on la retrouve dans d'autres [2].

Il résulte de ces comparaisons que, dans les régions orientales du bassin méditerranéen que l'on peut envisager comme explorées, l'étage callovien et la base de l'oxfordien ne se trouvent que sur des points isolés, tandis' qu'ils peuvent être envisagés comme une partie constituante importante des Alpes de la Suisse et de la France. Nous sommes déjà arrivés à peu près au même résultat pour ce qui concerne les couches de Klaus.

Jura supérieur.

§ 65. C'est surtout le jura supérieur que M. Studer avait en vue lorsqu'il a introduit dans la science la dénomination de *calcaire de Châtel*. Cette formation présente un ensemble de couches résistantes, très semblables les unes aux autres, qui forment comme la charpente de la montagne, mais dont la puissance paraît bien peu considérable, si on la compare à celles des terrains du même âge dans le Jura.

A la base nous avons des couches fossilifères composées en partie de *calcaire concrétionné*, dont la faune a une analogie très marquée avec celle de la zone de l'*Amm. transversarius* dans l'Europe centrale. Au-dessus on rencontre successivement des *calcaires schisteux* et des *calcaires en grumeaux* plus pauvres en fossiles, où les Aptychus jouent seuls un certain rôle, et où on n'entrevoit que quelques rapports avec la zone de l'*Amm. tenuilobatus*. Enfin la dernière moitié des assises du jura supérieur appartient à l'*étage tithonique*.

CALCAIRE CONCRÉTIONNÉ.

§ 66. *Caractères pétrographiques*. Cette division est formée de bancs assez peu épais de calcaire compacte, d'un gris plus ou moins clair, à surfaces bosselées. Il

[1] F. v. Hauer, Jahrb. Reichsanst., Bd. 10, p. 413. — Guido Stache, ibidem, Bd. 21, p. 393.
[2] Jahrb. Reichsanst., Bd. 20, p. 552; Bd. 21, p. 358.

s'y intercale des assises entièrement composées de concrétions de la même roche, fort irrégulières et mamelonnées; elles sont mêlées à de la marne dure, de teinte assez foncée; dans le bas elles sont peu nombreuses et petites et la marne est prédominante; en montant de quelques mètres dans la série on les voit augmenter de grosseur, et former les bancs presque à elles seules; le massif devient ainsi plus résistant à la désagrégation. Plus haut il continue encore à devenir plus rocheux, parce que les bancs de calcaire pur finissent par prédominer sur ceux qui sont composés de concrétions. Quelquefois ces assises dures trahissent aussi une structure grumeleuse par une longue exposition à l'air.

Puissance et limites. On peut porter à 18 mètres la puissance de cet ensemble de couches. Malgré les différences pétrographiques très marquées qu'il y a entre cette division et celle qui est en dessous, le passage de l'une à l'autre est tout à fait insensible, parce que la supérieure est plus marneuse à sa base et l'inférieure plus calcaire dans le haut. On ne peut prendre comme ligne de démarcation que l'apparition des premières concrétions. Je n'ai pas vu bien à découvert le passage à la subdivision suivante, qui du reste ne diffère guère de celle-ci.

Fossiles et classification. Voici la liste des fossiles qui se trouvent dans le calcaire concrétionné:

Belemnites hastatus, (Montf.) Bl. Commence dans les couches supérieures du callovien et finit dans la zone de l'*Amm. transversarius* (Oppel).
—   *cf. semisulcatus.* Jura blanc et tithonique (auteurs divers).
—   *argovianus*, Mayer. Commune dans les deux premières assises oxford. (Mayer). Zone de l'*Amm. transversarius* et aussi plus haut (Oppel).
—   *Dumortieri*, Oppel. Région supérieure de la zone de l'*Amm. transversarius* (Oppel).
—   *monsalvensis*, nov. sp.
—   *spissus*, nov. sp.
—   *Mulleri*, nov. sp.
Ammonites tortisulcatus, d'Orb. Des couches de Klaus au tithonique inférieur (Zittel, Neumayr).
—   *saxonicus*, Neum. Couches à *Amm. acanthicus* de Transylvanie et du Salzkammergut (Neumayr).
—   *Manfredi*, Oppel. Zone de l'*Amm. transversarius*, Oppel.
—   *stenorhyncus*, Oppel.   id.
—   *Oegir*, Oppel.   id.
—   *contortus*, Neum. Zone de l'*Amm. transversarius* de la Klippe de Stankowka (Neumaÿr).

Ammonites plicatilis, Sow. Zone de l'*Amm. transversarius;* se montre plus bas et plus
    haut (Oppel).
—   *biplex*, Quenst. (non Sow.). Jura blanc moyen (Quenst.).
—   *colubrinus*, Rein. sp. Zone de l'*Amm. tenuilobatus* et calcaire à *Terebratula
    diphya* (Zittel).
—   *birmensdorfensis*, Moesch. Couches de Birmensdorf ou zone de l'*Amm. trans-
    versarius* (Moesch).
Aptychus reticulatus, nov. sp.
Rhynchonella fastigata, nov. sp.
Collyrites Voltzi, (Ag.) Des. N'est connu que de ces couches.
—   *friburgensis*, Ooster. N'est connu que de ces couches et du tithonique inférieur
    de Rogoznik (Cotteau).

Il y a dans cette liste une proportion assez grande d'espèces nouvelles, dont le
nombre serait probablement augmenté s'il était possible de tirer parti de fossiles
mal conservés qui ont été négligés. Pour la comparaison avec des horizons spéciaux, il faut éliminer les espèces qui ont une grande extension verticale. Celles
qui nous restent alors n'ont pas toutes la même signification; mais c'est dans les
listes de la zone de l'*Amm. transversarius* que nous en retrouvons le plus grand
nombre, savoir :

Belemnites Dumortieri, Oppel.	*Ammonites stenorhyncus*, Oppel.
Ammonites Manfredi, Oppel.	— *contortus*, Neum.
— *Oegir*, Oppel.	— *birmensdorfensis*, Moesch.

Le *Belemnites argovianus* appartient aussi à la zone de l'*Amm. transversarius*
et monte plus haut, tandis que le *Belemnites hastatus* y arrive de plus bas. Le
calcaire concrétionné peut donc être envisagé comme un représentant de la zone
à *Amm. transversarius* du centre de l'Europe. Mais cette parallélisation ne doit
pas être prise dans un sens trop rigoureux, car nous y trouvons des fossiles dont
le niveau habituel est plus haut. Il y en a d'abord qui sont plutôt de la zone de
l'*Amm. tenuilobatus*, c'est le cas de l'*Amm. biplex* et de l'*Amm. saxonicus;* ce dernier
n'est connu que du bassin méditerranéen. Il y en a ensuite qui nous amènent
jusqu'au tithonique; mais ce ne sont pas des formes qui soient délimitées d'une
manière bien rigoureuse : l'*Amm. colubrinus* est à la fois de la zone de l'*Amm.
tenuilobatus* et du tithonique inférieur; le *Collyrites friburgensis* n'a encore été
signalé ailleurs qu'à ce dernier niveau; parmi les espèces négligées, il y a un
Lytoceras qui est extrêmement semblable à l'*Amm. Liebigi*, Oppel. On pourrait

être tenté de penser, d'après cela, qu'il y a dans le calcaire concrétionné deux zones superposées, que des recherches plus détaillées pourraient faire distinguer : ce n'est pas le cas, car les fossiles d'un niveau supérieur qui viennent d'être mentionnés se trouvent déjà à la base de la division ; le meilleur exemplaire de l'*Amm. saxonicus* vient même de la limite inférieure.

Relativement aux rapports du calcaire concrétionné avec le calcaire à ciment, il faut remarquer que le *Belemnites hastatus* et l'*Amm. plicatilis* se trouvent déjà dans ce dernier, et probablement aussi l'*Amm. Manfredi*.

Plus de la moitié des espèces déjà connues appartiennent à l'Europe centrale ; mais la proportion est un peu changée si nous envisageons comme méditerranéens les fossiles nouveaux, ce qu'il est assez permis de faire ; la faune de la zone de l'*Amm. transversarius* est en effet l'une des plus connues, et il y a ainsi peu de probabilité qu'on les trouve plus tard dans l'Europe centrale. Il est au contraire vraisemblable que la continuation des recherches augmentera le nombre des fossiles méditerranéens.

CALCAIRE SCHISTEUX.

§ 67. *Caractères pétrographiques.* Ces nouvelles couches ressemblent beaucoup aux précédentes ; seulement la structure concrétionnée y disparaît presque complètement, et les bancs calcaires sont entièrement compactes et séparés par des parties schisteuses ; la teinte des calcaires est la même, mais les schistes sont un peu plus foncés ; ils montrent quelques *Fucoïdes* et particulièrement des *Zoophicos*. Cette division est moins souvent visible que les autres, parce que la végétation la couvre plus facilement, et que, dans les parois de rochers que forme le jura supérieur, elle se trouve dans le milieu, c'est-à-dire dans la partie la moins accessible.

Puissance et limites. La puissance maximum de ces assises est de 15 mètres. Leur ressemblance avec celles qui sont au-dessous et au-dessus fait qu'on ne peut pas parler de couches de passage, et que l'on peut être dans l'incertitude sur la position des limites.

Fossiles et classification. Ces couches sont plus pauvres en fossiles que celles sur lesquelles elles reposent. Quelques Ammonites tout à fait aplaties n'ont pu être déterminées ; aussi n'ai-je à citer que les espèces suivantes :

Belemnites hastatus (Montf.), Bl. Commence à paraître dans les couches supérieures du callovien et finit dans la zone de l'*Amm. transversarius* (Oppel).

— *monsalvensis*, nov. sp.

Aptychus gigantis, Quenst. Jura blanc moyen (Quenstedt). Couches de Baden d'après des exemplaires du musée de Bâle. Banc à *Aptychus* de la Porte-de-France (Pictet).

— *crassicauda*, Quenst. Jura blanc β et γ (Quenstedt). Couches de Wangen et de Baden (Moesch).

— *laticostatus*, Gümb. Schistes à *Aptychus* des Alpes de la Bavière (Gümbel).

— *sparsilamellosus*, Gümb.   id.

Les deux premiers de ces fossiles se sont déjà rencontrés dans les divisions précédentes ; le *Belemnites hastatus* se montre ici à un niveau supérieur à celui qu'on lui connaît ailleurs; je crois cependant que les exemplaires provenant de ces couches appartiennent à l'espèce, même quand on la circonscrit rigoureusement. Le gisement des *Aptychus laticostatus* et *sparsilamellosus* n'est connu que par des couches des Alpes de Bavière qui n'ont pas pu être déterminées au moyen d'autres fossiles, et où il y a probablement plusieurs zones à distinguer, car quelques autres espèces du même genre que M. Gümbel y mentionne appartiennent au tithonique. Les *Aptychus gigantis* et *crassicauda* indiquent un horizon mieux déterminé, du moins dans le Jura souabe et argovien, c'est celui des couches de Baden ou de la zone de l'*Amm. tenuilobatus*. Mais il faut remarquer qu'à la Porte-de-France l'*Apt. gigantis* paraît être aussi en compagnie du *punctatus*, qui est tithonique.

CALCAIRE EN GRUMEAUX.

§ 68. *Caractères pétrographiques.* Calcaire compacte, dur, d'un gris plus ou moins clair, plus ou moins divisé en gros grumeaux, stratifié en bancs assez épais, qu'une longue exposition à l'air partage en assises plus minces, mêlé de nombreux rognons de silex, isolés, ou formant des zones irrégulières dans le sens de la stratification. Ici il n'y a plus d'intercalations tendres ou schisteuses; seulement les grumeaux sont ordinairement enveloppés d'une mince couche de matière plus noire et plus tendre; malgré cela la décomposition de la roche se fait aussi lentement que si elle était compacte. Dans les blocs tombés des escarpements, il est à peu près impossible de distinguer le calcaire en grumeaux des bancs durs du calcaire concrétionné.

Puissance et limites. La puissance de ce massif n'est que d'environ 8 m. La cessation des couches schisteuses indique le point où il commence; les premiers bancs de la division suivante cessent assez brusquement d'être grumeleux et prennent une teinte plus foncée; mais cette différence n'est pas de celles qui frappent au premier coup d'œil.

Fossiles et classification. De même que la précédente cette division n'est pas riche en fossiles. Les *Aptychus* seuls y sont un peu nombreux. Voici ce que j'y ai trouvé :

Belemnites argovianus, Mayer. Dans les deux premières assises oxford. (Mayer). Zone de l'*Amm. transversarius* et plus haut (Oppel).
— *Mulleri*, nov. sp.
Ammonites tortisulcatus, d'Orb. Des couches de Klaus au tithonique inférieur (Zittel).
— *ulmensis*, Oppel. Zone du *Pteroceras Oceani* et de l'*Ostrea virgula* d'Ulm; schistes de Solenhofen (Oppel). Zone de l'*Amm. acanthicus* en Transylvanie (Neumayr).
— *Witteanus*, Oppel. Jura blanc moyen (Quenst.).
Aptychus obliquus, Quenst. Jura blanc γ? (Quenst.).
— *gigantis*, Quenst. Jura blanc moyen (Quenst.). Banc à *Aptychus* de la Porte-de-France (Pictet). Couches de Baden d'après des exemplaires du musée de Bâle.
— cf. *punctatus*, Voltz.

Nous avons de nouveau ici l'*Aptychus gigantis* de la zone de l'*Amm. tenuilobatus;* l'*Amm. Witteanus* et l'*Apt. obliquus* sont des fossiles dont l'horizon est moins déterminé, mais peut-être le même. Le fossile le plus important est l'*Amm. ulmensis*, qui se trouve dans des régions diverses et en particulier dans une zone méditerranéenne qui est immédiatement sous le tithonique, et qu'on envisage comme synchronique de celle de l'*Amm. tenuilobatus.*

En compagnie du *Belemnites argovianus*, qui monte de la zone à *Amm. transversarius* jusqu'ici, nous avons probablement des précurseurs de la faune tithonique: il est en effet vraisemblable que l'*Aptychus* que j'appelle pour le moment cf. *punctatus* pourra avoir droit à ce nom (§ 111, n° 4); en outre c'est de cette subdivision que provient selon toute apparence un exemplaire de la *Terebratula janitor* (§ 113, n° 8).

S'il est difficile d'assigner une place au calcaire à grumeaux dans un système général de divisions géologiques, il partage cet inconvénient avec son équivalent le

plus certain, qui est le banc à gros *Aptychus* de la Porte-de-France [1]. L'*Apt. latus*
de M. Pictet est certainement celui que je cite ici sous le nom de *gigantis;* son
Apt. lamellosus est le *punctatus.*

TITHONIQUE INFÉRIEUR.

§ 69. *Caractères pétrographiques.* Calcaire habituellement noirâtre, montrant
parfois des taches plus noires ou roses, compacte, ordinairement divisé en bancs
dont l'épaisseur varie de quelques centimètres à deux décimètres. Quelquefois la
surface des assises est tendre sur une très faible épaisseur; mais les intercalations
schisteuses proprement dites sont très rares. Dans quelques localités on trouve des
bancs plus épais; assez souvent aussi on en voit de minces qui se soudent dans leur
continuation, et forment des massifs de plusieurs mètres d'épaisseur, dans l'intérieur
desquels il n'y a plus trace de stratification. Exceptionnellement les couches supérieures deviennent d'un gris clair ou presque blanches, et il y a alors des bancs
grumeleux qui se décomposent plus facilement; d'autres fois c'est le calcaire
noir qui touche directement au néocomien; je n'ai pas pu m'assurer si ces assises
de teinte claire sont noires dans leur continuation, ou si elles forment une subdivision supérieure que l'érosion aurait enlevée sur un grand nombre de points,
avant le dépôt du néocomien.

Puissance et limites. Le calcaire tithonique a une épaisseur d'environ 45 mètres,
qui égale ou surpasse même celle des autres subdivisions du jura supérieur réunies.
La limite inférieure est peu tranchée; la limite supérieure l'est au contraire au
point que l'on doit admettre qu'il y a eu interruption dans le dépôt des couches
entre le tithonique et le néocomien (§ 74 et 75).

Fossiles et classification. Le tithonique du Monsalvens est extrêmement pauvre
en fossiles; il n'y a que l'*Aptychus Beyrichi* qui y soit un peu fréquent. D'après
M. Zittel les six espèces suivantes, qui sont les seules que j'aie à citer, se trouvent à la fois dans les *couches de Rogoznik*, qu'il envisage comme formant une
division inférieure de l'étage, et dans celles de *Stramberg*, qu'il regarde comme
supérieures:

[1] *Pictet*, Porte-de-France, p. 288, 293, 309.

Belemnites ensifer, Oppel. | *Ammonites Richteri*, Oppel.
— *cf. semisulcatus*, Münster. | *Aptychus punctatus*, Voltz.
Ammonites elimatus, Oppel. | — *Beyrichi*, Oppel.

Ainsi à elle seule cette faune si pauvre ne peut pas nous indiquer si nous sommes en présence de l'étage tout entier, ou seulement de l'une de ses parties. Mais le calcaire tithonique se lie étroitement par ses caractères pétrographiques à la division jurassique sur laquelle il repose; il n'y a rien qui indique une interruption dans les dépôts de la mer; par conséquent nous devons avoir au Monsalvens au moins le bas de la subdivision inférieure. Il est d'un autre côté tout aussi sûr qu'il y a eu exondation et érosion du tithonique avant le dépôt du néocomien, et que tout ou partie de la division supérieure doit nous manquer. Ainsi nous pouvons employer pour le Monsalvens la dénomination de *tithonique inférieur*, sans vouloir dire par là que nous ayons une moitié inférieure de l'étage tout entière, ni que nous n'ayons rien de la partie supérieure.

TITHONIQUE DE SEMSALES.

§ 70. Le tithonique étant une des formations les plus importantes parmi celles qui sont à l'étude à l'heure qu'il est, j'ai toujours été fort désappointé d'y rencontrer si peu de fossiles au Monsalvens. Aussi j'ai éprouvé une vive satisfaction en trouvant une faune plus riche au Dat, un peu en dehors du territoire que j'ai étudié, mais pourtant dans la même chaîne. M. J. Cardinaux, qui m'accompagnait pour me faire voir la *couche à Ptéropodes* du néocomien, a exploité depuis la localité, et en a répandu les fossiles dans les collections; M. de Fischer-Ooster en a déjà publié une liste[1]. L'association des espèces dans cette station me paraît assez remarquable pour que je profite de l'occasion d'en parler ici, quoique cela m'amène à sortir un peu de la région dont je m'occupe maintenant.

Le Dat est un rocher au sud-sud-est de Semsales; il est sur le second ruisseau que l'on trouve en menant, à partir de *Mo* (*Montesbans*), sur la feuille XVII de l'Atlas fédéral, une ligne qui va droit au sud. M. E. Favre en a publié un profil[2]. On y voit au-dessus d'assises tithoniques très foncées comme au Monsalvens, des

[1] Berner Mitth. 1871, p. 328.
[2] Moléson, pl. 2, fig. 1.

bancs de calcaires compactes, de teinte très claire, tachés de noir et quelquefois de rose, qui se terminent par une couche grumeleuse et un peu marneuse d'environ 1 m. C'est dans cette assise supérieure que se trouvent les fossiles; en dessous il n'y a que quelques Bélemnites isolées. Escher m'ayant confié, pour les déterminer, les exemplaires qu'il avait acquis de J. Cardinaux, je suis en mesure d'en donner une liste plus complète que si je devais me borner à ceux que j'ai recueillis dans une course rapide [1]. S indique les espèces de Stramberg; R celles qui sont dans les couches de Rogoznik; Rd celles des couches à *Terebratula diphya* du Tyrol méridional, que M. Zittel met au même niveau que Rogoznik, tandis que M. Neumayr pense qu'elles comprennent tout le tithonique.

Belemnites tithonius, Opp.	S.		
— conophorus, Opp.	S.	Rd.	
— Zeuschneri, Opp.		Rd.	R.
— cf. semisulcatus, Münster.	S.	Rd.	R.
— Pilleti, Pictet.	Brèche d'Aizy et de Lémenc.		
Ammonites silesiacus, Opp.	S.	Rd.	R.
— ptychoïcus, Quenst.	S.	Rd.	R.
— mediterraneus, Neum. (*Zignodianus* auct.)		Rd.	R.
— colubrinus, Rein. sp.		Rd.	R.
— carpathicus, Zitt.	Koniakau.		
— Richteri, Opp.	S.		R.
— eudichotomus, Zitt. ou *transitorius*, Opp.	S.	Rd.	
— Lorioli, Zitt.	S.		
Aptychus punctatus, Voltz.	S.	Rd.	R.
— Beyrichi, Opp.	S.	Rd.	R.
Terebratula janitor, Pictet.	S.		
Waldheimia pinguicula, Zitt.			R.
Rhynchonella Zeuschneri, Zitt.			R.
— spoliata, Suess.	S.		
Metaporhinus convexus, (Cat.) Cott.		Rd.	R.

Cette liste n'a pas d'espèces qui ne se trouvent que dans les couches du Tyrol méridional, mais elle en a 2 spéciales à Rogoznik et 4 spéciales à Stramberg; ainsi ces dernières l'emportent quelque peu, et cela par deux *Céphalopodes;* on pourrait dire trois en comptant l'*Amm. carpathicus* de Koniakau. En revanche le Dat se rapproche un peu plus du Tyrol méridional et de Rogoznik réunis (4 espèces), que

---

[1] Comme ces fossiles ne viennent pas du Monsalvens, ils ne sont pas mentionnés dans la partie paléontologique.

13

de Stramberg et du Tyrol méridional pris ensemble (3 espèces). Ainsi on serait fort embarrassé si l'on voulait absolument classer cette assise d'un mètre dans l'un ou l'autre des niveaux admis par M. Zittel. Il y a encore d'autres espèces que je n'ai pas mis dans cette liste, parce que la mauvaise conservation en rend la détermination douteuse; elles feraient plutôt pencher la balance du côté de Stramberg; plusieurs Acéphales, en particulier, paraissent un peu différents de ceux du tithonique inférieur, qui sont les seuls bien connus. Enfin il y a quelques autres fossiles qui ne peuvent pas être réunis d'emblée à des espèces du néocomien, mais qui y ressemblent beaucoup. Si la division du tithonique en deux niveaux paléontologiques se confirme, la couche du Dat pourra donc être regardée comme formant le passage de l'une à l'autre.

COMPARAISON AVEC LE JURA SUPÉRIEUR D'AUTRES RÉGIONS MÉDITERRANÉENNES.

§ 71. En nous occupant du Dat, nous sommes venus tout près de Châtel St.-Denis, qui est la localité type du *calcaire de Châtel*. Depuis les premières recherches de M. Studer, on en a bien des fois cité les fossiles; la dernière liste a été donnée par M. E. Favre [1]; elle contient des espèces des trois zones de l'*Amm. transversarius*, de l'*Amm. bimammatus*, de l'*Amm. tenuilobatus* et du tithonique. Le troisième de ces niveaux est particulièrement bien représenté par plusieurs Ammonites; mais on ne sait pas si elles occupent un banc séparé ou pas. Ne les ayant pas trouvées au Monsalvens je ne puis rien dire à cet égard; il est possible qu'elles proviennent du calcaire en grumeaux ou banc à gros Aptychus, qui est exploité dans les environs de Châtel. Les mêmes remarques s'appliquent aux Voirons, qui sont la continuation directe du Monsalvens et de Châtel-St.-Denis, et dont les listes présentent à peu près les mêmes mélanges [2].

Dans la chaîne du Ganterist (p. 34), je n'ai pas pu constater d'horizon paléontologique entre la zone de l'*Amm. transversarius* et le tithonique; dans celle du Stockhorn (p. 40) je n'ai eu à citer qu'un exemplaire de l'*Amm. polyplocus* de la

[1] Moléson, p. 206 (88).
[2] *A. Favre*, Géol. Savoie, vol. 1, p. 430.

zone de l'*Amm. tenuilobatus*. Je n'en vois pas non plus d'indication certaine dans les listes que M. E. Favre donne des montagnes de la Gruyères [1]. En revanche le tithonique y est mieux constaté par la *Terebratula Catulloi*, Pict. (réunie comme variété à la *diphya* par M. Zittel) et par la Térébratule percée trouvée par M. Tawney [2], et dont la détermination paraît antérieure à la monographie de Pictet. Je ne doute guère d'après les descriptions de M. A. Favre [3] et des notes de mes fils et de mon neveu, que le jura supérieur ne se trouve tout entier dans les chaînes septentrionales du Chablais et avec le même facies pétrographique que dans le canton de Fribourg; la chose n'est pas constatée paléontologiquement pour le tithonique, mais bien pour la zone de l'*Amm. transversarius* par les fossiles de M. A. Favre. Je puis ajouter à ses citations les *Amm. tortisulcatus*, d'Orb. et *birmensdorfensis*, Moesch, recueillis ensemble sur la Joux, à une assez grande profondeur au-dessous du néocomien, et dans un calcaire identique à celui du même niveau dans la chaîne du Ganterist.

Pour les Alpes suisses, la liste de M. Studer indique la présence de la zone de l'*Amm. transversarius* et de celle de l'*Amm. tenuilobatus* dans le *calcaire des hautes montagnes* [4]. Ces deux horizons ont été distingués dans la Suisse orientale par MM. Escher, Bachmann et Moesch [5]. Ici la puissance des couches surpasse celle qu'on observe dans les Alpes fribourgeoises, et en même temps la faune est moins exclusivement méditerranéenne. Mais la découverte la plus importante au point de vue de la question du tithonique, c'est la superposition de trois niveaux différents de cet étage, que M. Moesch (l. c. p. 21) désigne en allant de bas en haut sous les noms de :

Couches de Stramberg.

Schistes à *Aptychus*.

Calcaire à *Terebratula diphya*.

Le premier nom ne peut plus être employé pour le niveau inférieur, depuis que l'étude des Céphalopodes a montré que Stramberg possède la faune tithonique la

[1] Moléson, p. 200 (32).
[2] Quart. Journal of the geol. society of London, vol. 25, p. 305.
[3] Géol. Savoie, vol. 2, p. 20, 116.
[4] Geol. der Schweiz, Bd. 2, p. 57.
[5] *Bachmann*, Glarus, p. 157. — *Moesch*, Oestl. Schweiz, p. 15.

plus récente; si nous mettons à sa place le nom de *couches d'Inwald*, qu'emploie M. Zittel pour le facies corallien du tithonique et que justifie la liste de M. Moesch, nous aurons dans les environs du lac de Wallenstatt une superposition qu'on n'a encore reconnue nulle part ailleurs. Le catalogue des fossiles du calcaire à *Ter. diphya* a beaucoup d'Ammonites de Stramberg; aussi on peut se demander, comme pour le Dat et le Tyrol méridional, si cette puissante assise n'est pas l'équivalent des deux niveaux de Stramberg et de Rogoznik. En même temps on y trouve des citations de fossiles dont il faudrait que la contemporanéité fût constatée très rigoureusement: ce sont d'une part quelques espèces qui descendent jusqu'à la zone de l'*Amm. transversarius*, et de l'autre l'*Amm. occitanus*, Pict. et le *Bel. fusiformis*, Rasp., qui sont crétacés et n'ont pas encore été mentionnés dans le tithonique.

Dans les Alpes de la Bavière et du Tyrol, l'étude du jura supérieur est peut-être encore plus difficile que dans le canton de Fribourg, parce que les fossiles y manquent aussi, et qu'en outre on n'y a pas l'horizon de l'*Amm. transversarius* aussi bien caractérisé [1]; celui de l'*Amm. tenuilobatus* n'a été non plus bien reconnu que dans le Salzkammergut [2]. Une bonne partie des études faites dans ces régions par M. Gümbel et les membres de l'Institut géologique de Vienne, sont antérieures à la description des faunes tithoniques, qu'il aurait été nécessaire de connaître auparavant pour avoir un point de départ sûr dans la classification des marbres et des schistes de ces régions. La prédominance des *Aptychus* dans le haut du jura supérieur du Monsalvens, doit surtout nous faire rechercher les analogies dans les schistes qui sont caractérisés par ces fossiles: j'ai cru pouvoir rapporter deux de nos formes à des espèces établies par M. Gümbel; mais les couches de la Bavière où elles se trouvent paraissent représenter plusieurs niveaux [3], dans lesquels le tithonique est certainement compris; au Monsalvens ces *Aptychus* sont plus bas.

Il n'y a guère lieu de comparer notre jura supérieur avec la zone septentrionale des Klippen (Stramberg, Inwald, etc.) [4] où l'on n'a pas d'horizons en dessous du

---

[1] *Oppel*, Zone des Amm. transversarius, p. 253. — *Gümbel*, Bayer. Alpen, p. 511 (liste des fossiles).
[2] *Mojsisovics*, Verhandl. Reichsanst. 1868, p. 125.
[3] *Gümbel*, Bayer. Alpen, p. 514.
[4] Sur la division des Klippen en zones voir *F. v. Hauer*, Jahrb. der Reichsanst. Bd. 19, p. 536 und 543.

tithonique, qui est si pauvre chez nous. Comparé à la zone méridionale et particulièrement à la série du Pennin[1], le jura supérieur du Monsalvens (et encore mieux celui de la chaîne du Ganterist), se rapproche plus du facies des hautes Carpathes que de celui de la lisière de ces montagnes; il en a le peu de variation dans les roches et la prédominance des *Aptychus*. Mais nous avons en plus la zone de l'*Amm. transversarius*, qui ne se retrouve que dans la Klippe de Stankowka[2]. Si chez nous les mêmes couches renferment encore les fossiles de l'horizon de l'*Amm. tenuilobatus*, comme les listes de Châtel-St.-Denis sembleraient l'indiquer, les analogies seraient plutôt avec le calcaire de Czorstyn, qui présente le même mélange.

La comparaison de nos couches avec celles du Tyrol méridional[3] nous amène de même à constater que là aussi la zone de l'*Amm. transversarius* n'a pas été trouvée, et que celle des *Amm. tenuilobatus* et *acanthicus* est bien représentée, tandis qu'elle ne l'est qu'imparfaitement dans le canton de Fribourg.

Si nous passons dans les Alpes françaises, nous y trouvons les couches à *Terebratula moravica*, que tout le monde s'accorde à regarder comme jurassiques, et celles à *Terebratula janitor*, qui avec les calcaires de Stramberg ont été le point de départ d'un débat qui n'est pas encore terminé. Il s'agit de savoir si les faunes tithoniques du facies à Céphalopodes appartiennent à la craie ou au jura, si ces deux grandes divisions des terrains secondaires se fondent l'une dans l'autre dans de certaines régions, ou s'il y a partout entre elles une limite paléontologique tranchée. La discussion de ces questions a été parfaitement résumée par Pictet, puis par M. Zittel[4]. Depuis lors de nouvelles recherches ont été publiées, sans qu'une entente se soit le moins du monde établie. Il serait donc de quelque intérêt dans ce moment de discuter ces nouveaux documents à un point de vue général; mais ce travail ne serait guère à sa place ici, puisque le Monsalvens ne nous laisse pas dans l'embarras. Je me bornerai donc à indiquer en note les principaux

[1] *Neumayr*, der penninische Klippenzug, p. 475. Pour le calcaire de Czorstyn voir p. 492.

[2] *Neumayr*, Vertretung der Oxfordgruppe, p. 356.

[3] *Benecke*, Trias und Jura, p. 130. — *Zittel*, Aelt. Tithonb. p. 15.

[4] *Pictet*, Rapport à la société helvétique des sc. natur. sur l'état de la question relative aux limites de la période jurassique et de la période crétacée. Arch. des sciences, novembre 1869. Un extrait se trouve dans Verhandl. der schweiz. naturforsch. Gesellsch. Solothurn, 1869. — *Zittel*, Aelt. Tithonb., Vorwort und p. 167.

travaux qui ajoutent de nouveaux faits à ceux qui étaient déjà connus lors des publications de MM. Pictet et Zittel [1].

Si des Voirons, qui ont déjà été mentionnés, nous allons vers le sud, en laissant de côté le Salève et sa faune de facies corallien que nous n'avons pas au Monsalvens, nous trouverons le jura supérieur à Talloires sur les bords du lac d'Annecy. M. Ebray [2] y a fait une découverte importante : il y a trouvé trois espèces d'Ammonites du kimméridien de France, d'autres de la zone de l'*Amm. tenuilobatus* d'Allemagne et du tithonique, et de plus la *Ter. janitor*. Les déterminations de ces fossiles ayant été faites par Pictet, on ne peut élever de doutes sur leur exactitude. Pour mon compte les associations signalées ne me surprennent pas; mais il aurait été à désirer que M. Ebray eût pu donner des détails précis sur le gisement des fossiles les uns par rapport aux autres. On admettra peut-être assez facilement sa découverte comme une preuve du parallélisme de la zone de l'*Amm. tenuilobatus* avec le kimméridien; mais les partisans de la nature crétacée des fossiles tithoniques pourront toujours se représenter, dans les carrières de Talloires, une ligne de séparation marquant une lacune entre le dépôt du kimméridien et celui des couches à *Ter. janitor*.

M. Pillet a publié sur Lémenc [3] un travail très intéressant, même pour ceux qui ne peuvent souscrire à ses conclusions; il nous fait surtout bien connaître la partie des couches qui n'avait encore fourni que fort peu de documents, lors de la publication de l'*Etude provisoire des fossiles de la Porte-de-France*. Lémenc est le pre-

---

[1] *Mojsisovics*, Verh. der Reichsanst. 1870, p. 186 (stratigraphie de Stramberg).
Neumayr, der penninische Klippenzug.
Dieulafait, Etudes sur les couches comprises entre la formation jurassique moyenne et la formation crétacée, dans les Alpes de Grenoble à la Méditerranée. Bull. France, vol. 27, p. 649.
Vélain, Nouvelle étude sur la position des calcaires à *Ter. janitor*. Bull. France, vol. 27, p. 673.
Hébert, Le néocomien inférieur dans le midi de la France. Bull. France, vol. 28, p. 137.
Coquand, Sur le *Klippenkalk* des départements du Var et des Alpes maritimes. Bull. France, vol. 28, p. 208.
Lory, Sur l'âge des calcaires de l'Echaillon, Bull. France, vol. 29, p. 80.
Vélain, L'oxfordien et le néocomien dans le midi de la France. Bull. France, vol 29, p. 129.
Ebray, Sur les calcaires à *Ter. janitor* de Talloires. Bull. France, vol. 29, p. 137.
Péron, Sur l'étage tithonique en Algérie. Bull. France, vol. 29, p. 180.
M. *Hébert* a ajouté des observations à la plupart des communications insérées dans le Bulletin de la société géologique de France.
[2] Bull. France, tom. 29, p. 188.
[3] L'étage tithonique à Lémenc, Arch. des sc. de la Biblioth. universelle, octob. 1871.

mier point où l'on ait signalé, dans les Alpes françaises, la faune de Rogoznik en dessous de la *Ter. janitor* et de quelques autres fossiles de Stramberg. Cette localité est ainsi l'analogue de la Klippe de Palocsa[1], quoique dans cette dernière les Ammonites du tithonique supérieur soient en compagnie de la *Ter. diphya* et d'autres Brachiopodes du tithonique inférieur, et non de la *Ter. janitor*.

Depuis les travaux de MM. Lory, Hébert et Pictet on n'a pas publié d'études spéciales sur la Porte-de-France, quoiqu'il soit fort désirable qu'on parvienne à préciser la position stratigraphique des fossiles qui ont été utilisés par MM. Pictet et Hébert. En revanche on a suivi les couches en litige plus au sud, ainsi qu'on peut le voir dans les travaux cités à la page précédente. Dans une revue d'ensemble, M. Dieulafait établit l'existence d'une région occidentale où se trouvent les couches à *Ter. moravica*, et d'une région orientale où il n'y a que celles à *Ter. janitor*; la zone à *Amm. tenuilobatus* se trouve en dessous dans les deux régions, et elle surmonte elle-même celle de l'*Amm. transversarius*. Nous avons quelque chose de très semblable dans le canton de Fribourg: la chaîne du Simmenthal correspond à la région occidentale, et celles du Ganterist et du Monsalvens à l'autre; seulement chez nous la zone de l'*Amm. tenuilobatus* est encore mal distinguée. En outre le banc à *Aptychus* de la Porte-de-France, dont nous avons l'équivalent, n'est signalé dans le reste des Alpes méridionales qu'au col de Chaudon, par des recherches un peu plus anciennes de M. Coquand[2].

Avec la *Ter. janitor* les géologues français citent une certaine quantité de fossiles, qui pour eux sont tous néocomiens; dans le nombre il y en a qui appartiennent aussi aux couches de Stramberg, d'autres n'ont en effet été mentionnés jusqu'à présent que dans le néocomien incontesté; mais M. Vélain y ajoute l'*Amm. rogoznicensis*, qui n'appartient qu'aux couches de Rogoznik et à celles de la *Ter. diphya* dans le Tyrol méridional. Les mêmes géologues s'accordent aussi pour soutenir l'opinion de M. Hébert que la région a été exondée après la formation des couches à *Amm. tenuilobatus*, et immédiatement avant le dépôt du néocomien (couches à *Ter. janitor*). Pour le prouver M. Vélain insiste particulièrement sur la présence de brèches au-dessus des assises de la zone de l'*Amm. tenuilobatus*.

[1] *Neumayr*, penn. Klippenzug, p. 470, 500, 517.
[2] Bull. France, vol. 26, p. 120, couche **D.**

Mais on peut s'étonner à bon droit que nulle part encore, depuis Grenoble jusqu'en Algérie, on n'ait constaté trace de dénudation dans la zone de l'*Amm. tenuilobatus*, et que la concordance des assises qui lui succèdent soit parfaite partout. D'un autre côté, en admettant la continuité des dépôts, il y a aussi lieu de se demander pourquoi la zone de la *Ter. diphya* ou les couches de Rogoznik ne se trouve qu'à Chambéry, et n'ait pas été signalée ailleurs. Il faut encore ici des études plus patientes et plus détaillées, et, si cela est possible, des récoltes de fossiles banc par banc et peut-être des déterminations plus rigoureuses, afin qu'on puisse savoir si, dans cette région, il n'y a qu'une faune tithonique, et si elle a été mélangée dès son origine d'autant d'espèces néocomiennes qu'on en indique.

Quant à une autre question soulevée par l'étude du tithonique, celle de l'existence d'une limite paléontologique tranchée entre la craie et le jura, il ne me semble pas qu'il y ait lieu de s'attendre que les recherches ultérieures amènent à y répondre autrement que par la négative.

Néocomien.

§ 72. Dans les chaînes du Ganterist et du Stockhorn, le néocomien paraît avoir succédé au tithonique sans interruption dans le dépôt des sédiments (p. 34), et il ne se présente qu'avec le facies alpin; dans le massif du Monsalvens, au contraire, il y a eu émersion des couches jurassiques à l'époque tithonique, et, pendant le dépôt du néocomien, les faunes de l'Europe centrale ont fait invasion parmi les méditerranéennes. De cette dernière circonstance résulte la possibilité d'établir dans cet étage des subdivisions plus ou moins importantes, qui sont marquées par des modifications de faune : nous aurons donc à considérer en continuant à aller de bas en haut: les *couches de Berrias*, le *calcaire à Ostreæ*, la *zone à Belemnites latus*, le *néocomien bleu*, le *calcaire oolithique* et le *calcaire noir*.

COUCHES DE BERRIAS.

§ 73. Etant en grande partie schisteuses ces couches donnent prise à la végétation, et les points où on peut les étudier avec un peu de facilité sont fort rares. On les voit très bien pourtant à une paroi de rochers que j'appellerai *abrupte de Villarsbeney*, et qui est au nord-est de *dine* (Praz*dine*), à l'endroit où la carte porte un astérique.

Caractères pétrographiques. Les couches de Berrias sont composées de calcaire plus ou moins dur, bleu ou gris foncé, en bancs épais de un décimètre en moyenne, et de marnes schisteuses de teinte plus sombre. Les deux roches sont en quantités à peu près égales et entremêlées le plus souvent banc par banc; quelquefois elles sont distribuées un peu par massifs où l'une prédomine, mais jamais exclusivement.

Puissance et limites. A l'abrupte de Villarsbeney, qui est le seul endroit où j'aie bien vu l'ensemble de cette subdivision, elle a une puissance d'environ 25 mètres. La limite inférieure est tout à fait tranchée, comme on peut s'y attendre quand il y a eu interruption dans le dépôt: le tithonique est entièrement composé d'un calcaire dur, tandis que celui des couches de Berrias est assez tendre et mêlé de marnes schisteuses. En haut il n'y a pas de limite précise, le calcaire à *Ostreæ* se montrant déjà par bancs isolés dans l'intérieur des couches de Berrias.

Classification et faune. Les 10 mètres inférieurs de cette subdivision sont extrêmement pauvres en fossiles. Malgré des recherches assez longues je n'y ai trouvé que le *Belemnites Mayeri*, n. sp., et un fragment assez douteux de l'*Ammonites occitanus*, Pictet.

Dans les 15 mètres supérieurs, il est plus facile de rencontrer des fossiles, mais ils y sont toujours assez rares. Voici l'indication de ceux que j'ai recueillis à l'abrupte de Villarsbeney :

Belemnites Orbignyanus, Duval.	*Rhynchonella contracta*, (d'Hombre-Firmas) d'Orb.
— *Mayeri*, n. sp.	
Ammonites quadrisulcatus, d'Orb.?	*Terebratula tamarindus*, Sow.
— *Grasianus*, d'Orb.	— cf. *janitor*, Pictet.
— *Astierianus*, d'Orb.	*Dysaster subelongata*, (d'Orb.) Desor.
— *occitanus*, Pictet,	*Peltastes*. Petit exemplaire plus hémisphérique que les jeunes *Pelt. stellulatus* du néoc. de l'Europe centrale.
Aptychus Malbosi, Pictet.	

A l'exception du *Dysaster subelongatus*, tous ces fossiles sont cités par Pictet à la base du néocomien de Berrias, mais il n'y a que l'*Ammonites occitanus* qu'on

n'ait pas encore retrouvé un peu plus haut dans la zone de la *Belemnites latus.*
L'*Ammonites Astierianus* est à la fois dans le néocomien méditerranéen et dans
celui de l'Europe centrale; la *Terebratula tamarindus* est une espèce qui a une
extension horizontale et verticale encore plus grande dans les terrains crétacés
inférieurs.

Dans sa Monographie des couches de Berrias, Pictet n'a parlé qu'incidemment
de la zone à *Bel. latus* qui se trouve aussi dans cette localité; les fossiles qu'il a
décrits appartiennent à la base du néocomien, à laquelle il donne le nom de
couches à *Terebratula diphyoïdes.* Au Monsalvens cette Térébratule ne se trouve
que plus haut, ce qui indique que c'est l'un des fossiles qui appartiennent à tout le
néocomien alpin; aussi je préfère employer le nom de couches de Berrias, qu'on
est du reste déjà habitué à appliquer uniquement aux assises dont les fossiles ont
fait l'objet de la belle Monographie de Pictet.

RAPPORTS DES TERRAINS JURASSIQUES ET DES TERRAINS CRÉTACÉS.

§ 74. Les couches dont il vient d'être question nous ont amenés à une faune
néocomienne; mais elles renferment aussi des fossiles tithoniques, et cela surtout
dans leur moitié supérieure; seulement je les crois tous ou presque tous remaniés,
et c'est pour cette raison que je ne les ai pas joints à la liste précédente. En
effet, indépendamment des blocs exotiques dont il va être question, on rencontre
dans les couches de Berrias, à l'abrupte de Villarsbeney, et dans la gorge de Chesallet, au coude de la rivière nord de *e* (Bataille), des fragments de calcaire noir
tithonique qui se trouvent isolés dans les schistes. J'en ai aussi trouvé quelques-
uns dans la partie septentrionale du massif, *en* la Rosseneyre, sud de *en.* Ces
fragments ne sont pas anguleux, ni tout à fait arrondis comme des galets roulés;
ce sont le plus souvent des grumeaux, comme on en rencontre dans quelques
assises supérieures du tithonique. Il y a dans le nombre des fossiles incomplets,
dont les surfaces de cassure sont très souvent émoussées, ce qui indique que la
brisure est antérieure au dépôt de la pièce dans son gisement actuel. La détermination des espèces auxquelles ces fragments appartiennent ne peut se faire sans

chances d'erreur ; je crois pourtant que l'*Ammonites ptychoïcus*, Quenst. y est certainement représenté et très probablement aussi l'*Ammonites carpathicus*, Zittel. Ce qui est sûr aussi, c'est que les autres fragments se laissent bien rapporter à des espèces tithoniques, et qu'on ne peut pas si bien, ou même pas du tout les rapprocher de fossiles néocomiens connus. Peut-être que des recherches ultérieures feront trouver des exemplaires mieux conservés des autres espèces, dont la présence est plus ou moins probable; ce sont :

Ammonites verruciferus, Men.	*Aptychus Beyrichi*, Oppel.
— *transitorius*, Opp. ou	— *punctatus*, Voltz.
endichotomus, Zitt.	

Si ces fossiles n'étaient pas remaniés, on aurait un mélange incontestable d'une faune néocomienne et d'une tithonique, mélange dont les proportions seraient différentes de ce qu'on observe à Stramberg, où les espèces néocomiennes sont en petite minorité. Mais, comme je viens de le dire, tout porte à croire que ces fossiles tithoniques ne sont pas dans leur gisement primitif; il n'y a que deux ou trois exemplaires de l'*Amm. ptychoïcus* où les bourrelets qui accompagnent les sillons sont si bien conservés qu'on ne songerait pas à les considérer comme remaniés, sans la présence des autres pièces émoussées.

Les fragments de tithonique dans les couches de Berrias, à l'abrupte de Villarsbeney, sont quelquefois assez gros pour qu'on puisse leur donner le nom de *blocs exotiques*; mais il y en a qui se présentent avec des particularités presque inexplicables.

Dans le bas de l'escarpement, du côté nord, on voit le contact immédiat du tithonique et du néocomien. L'érosion détruisant bien plus facilement ce dernier, ses couches sont en retrait sur celles du tithonique, et il y a entre deux un couloir, dans lequel on peut monter en marchant à la fois sur les deux formations. A une certaine hauteur on y trouve le bloc qui a été représenté pl. 7, fig. 2, en conservant aux couches leur position inclinée. Il repose sur la surface du tithonique, et il est engagé dans le néocomien; on n'y distingue pas de lignes de stratification, et il ne paraît pas se relier à la couche inférieure, mais être simplement posé dessus; sans cela on pourrait admettre que c'est un reste d'un banc en place qui aurait été détruit de tous les côtés avant le dépôt du néocomien; c'est plutôt un véritable bloc détaché qui a été transporté plus ou moins loin de son gisement primitif, par un agent quelconque.

Il est beaucoup moins facile de s'expliquer la manière d'être d'un autre bloc qui se trouve tout près du précédent, mais dans un autre petit couloir entièrement dans le néocomien; la coupe en est représentée dans la figure 3, où la lettre T indique la roche exotique et la lettre N le néocomien. D'après la direction des couches, le tithonique en place doit passer quelques mètres plus bas, en sorte que le bloc est bien tout entier dans le néocomien, dont on voit du reste les schistes en dessous. Ce qu'il y a d'énigmatique ce sont les prolongements qu'il présente dans l'intérieur des schistes néocomiens; l'un deux très peu épais, même à son point de départ, s'amincit peu à peu et se prolonge à 5 mètres de distance, sans solution de continuité. La masse principale ne présente que des traces de stratification; les surfaces latérales, convexes et concaves, rappellent tout à fait celles des calcaires durs qui ont été soumis à l'action permanente des vagues; aussi je suis porté à admettre que c'est là la cause qui a produit la singulière configuration de ce bloc, dont on se rendrait peut-être mieux compte en enlevant tout le néocomien qui le recouvre en partie. Il n'est pas non plus facile de s'expliquer la présence du petit banc tithonique T, sous le bloc lui-même; c'est peut-être un prolongement d'une autre masse qui est cachée dans le néocomien.

Ce qui est représenté à la figure 4, pl. 7, se voit au bas de l'abrupte, à environ 10 mètres de hauteur dans l'intérieur des couches de Berrias; là les assises néocomiennes sont moins inclinées qu'au contact avec le tithonique; un banc mince les traverse comme un filon, sans qu'il y ait grand dérangement soit des parties schisteuses, soit des assises calcaires. La roche de ce banc n'est pas du tithonique aussi bien caractérisé que celui des deux blocs dont je viens de parler; cependant elle est plus dure que les calcaires néocomiens, et présente des taches roses que l'on ne voit pas dans ces derniers. Dans une région où les couches seraient tout à fait bouleversées, on pourrait s'expliquer la position de celle-ci; mais dans cet endroit la stratification du néocomien est restée à peu près régulière.

§ 75. La présence de ces blocs et de fossiles remaniés dans le néocomien, amène à admettre qu'une partie au moins du tithonique était hors de la mer, lors du dépôt des couches de Berrias. Il y a donc possibilité que l'on trouve des discordances de stratification entre les deux formations. Malheureusement le contact n'est bien à jour que dans le couloir mentionné ci-dessus. Ce qu'on voit au bas est représenté dans la pl. 7, fig. 1. Le tithonique se termine par un banc épais qui a une ligne de stratification peu marquée dans le haut; au-dessous les couches sont minces et montrent des inflexions qui se reproduisent à la surface, au contact du néocomien, mais un peu atténuées. Tout à fait dans le bas du couloir la concordance des deux formations semble complète; mais plus haut la surface du tithonique est bosselée en grand, et le néocomien paraît avoir été déposé dans des dépressions, du reste peu profondes. Ainsi on est conduit à admettre que ce banc tithonique avait subi une érosion antérieure.

Outre ceux qui ont déjà été mentionnés, d'autres faits viennent corroborer cette observation; à elle seule elle n'aurait qu'une assez faible valeur, parce que dans la plus grande partie du Monsalvens, le jura supérieur se montrant presque partout avec la même puissance, on n'est pas d'abord porté à penser qu'une partie des couches ait pu être enlevée avant le dépôt du néocomien. Mais il n'en est plus ainsi dans la région septentrionale. Le pâturage du Pessot est dominé par des rochers que l'on peut franchir sur plusieurs points, en constatant la présence des différentes subdivisions du jura supérieur; mais le tithonique s'y montre avec une diminution de puissance qui est inattendue dans un endroit où les couches sont dans une position normale et peu inclinées; on trouve au-dessus le néocomien, sans toutefois qu'il y ait apparence d'une discordance de stratification (pl 7, fig. 6, côté N. O.). Quand on a traversé une petite zone de cette dernière formation, on voit réapparaître le jura supérieur, mais on n'y trouve non plus que très peu de couches qui puissent être attribuées au tithonique, et quoique les débris cachent peut-être une partie de cette subdivision, il paraît pourtant qu'elle n'y existe pas en entier.

Le point où l'érosion antérieure à l'époque néocomienne paraît avoir été la plus forte est au sud de *Bifé*, là où le jura supérieur a été réduit sur la carte à une zone aussi étroite qu'il a été possible de la faire; un petit ruisseau forme à cet endroit un ravin qui n'est profond que de quelques mètres (pl. 7, fig. 5). Sur l'arête de la berge, on voit le calcaire à ciment et ses schistes, ensuite le calcaire concrétionné de la zone de l'*Amm. transversarius* avec son aspect ordinaire, puis les couches cessent d'être visibles. Dans le lit du ruisseau, on ne trouve que 3 mètres de calcaire concrétionné; mais ici les bancs sont soudés en une seule masse comme cela arrive quelquefois, et on n'y reconnaît point de stratification; dessus reposent directement des schistes néocomiens assez peu visibles, qui y paraissent cependant bien en place; un peu plus haut on les voit plus distinctement. Je ne crois pas que ce fait puisse être expliqué, par exemple, par des glissements provenant du soulèvement; le néocomien paraît s'être déposé à la place où nous le voyons. Au-dessus de cet endroit le jura supérieur reprend assez subitement sa puissance ordinaire, et le néocomien pénètre par dessous (pl. 4, fig. 2, au milieu), comme s'il avait été déposé dans un bassin formé par l'érosion; mais les dislocations postérieures, les débris et la végétation empêchent de voir des contacts des deux formations, dans des conditions telles qu'on en puisse déduire leurs rapports primitifs.

On pourrait aussi être tenté d'expliquer cette présence du néocomien sur les calcaires concrétionnés, par une émersion du fond de la mer sur ce point avant et pendant le dépôt des autres subdivisions du jura supérieur; mais la constance avec laquelle le tithonique se présente partout ailleurs et dans le voisinage immédiat de cette localité, la concordance parfaite et l'analogie très grande qui existent entre toutes les couches depuis la zone de l'*Amm. transversarius*, rendent cette supposition peu probable. Il est bien plus vraisemblable que l'émersion a eu lieu après le dépôt des dernières assises jurassiques que nous connaissons au Monsalvens, et que c'est à l'érosion dont elle a été suivie qu'il faut attribuer l'absence d'une quantité plus ou moins grande de ces assises sur certains points.

Cette première exondation connue dans nos régions a du reste eu lieu avant la fin de la période tithonique, puisque ce n'est que près de Semsales qu'on trouve des couches qui appartiennent peut-être à la partie supérieure de la formation (p. 96). Quant à l'immersion anténéocomienne, elle a probablement eu lieu successivement et lentement; en effet si tout le tithonique avait été mis subitement sous l'eau, on ne s'expliquerait pas la présence de fragments de ses roches dans la partie *supérieure* des couches de Berrias.

Pour en finir avec ce qui a trait au passage de la période jurassique à la période crétacée, il me reste à mentionner une preuve directe que nos couches tithoniques sont plus anciennes que le purbeckien du Jura. On sait que cette formation d'eau douce se montre d'une manière constante, à partir de Bienne, dans le Jura central et méridional. Il s'y trouve en abondance des fragments de calcaire noir alpin, qui avaient déjà attiré l'attention de L. de Buch en 1803, et qu'ont mentionnés presque tous les auteurs qui se sont occupés de cette formation [1]. La très grande majorité de ces fragments sont d'un calcaire noir ou presque noir, compacte, parfaitement identique au tithonique du Monsalvens et différent de toutes les autres roches des chaînes de la Berra, du Ganterist et du Stockhorn; ce n'est que dans celle du Simmenthal que nous en retrouvons quelques bancs semblables dans le kimméridien. Avec ces fragments noirs, il y en a un certain nombre d'un gris clair qui concordent complètement avec le tithonique de Semsales (p. 96); quelques-uns seulement se rapprochent mieux des calcaires des montagnes mêmes où ils se trouvent. Ce qui me paraît encore plus décisif pour démontrer l'origine de ces fragments, c'est leur forme ; ils sont rarement roulés, ils n'ont pas non plus les angles aigus d'une roche brisée sur place ; mais il y en a beaucoup qui ont entièrement l'aspect et la taille des concrétions mamelonnées qui se rencontrent çà et là dans le tithonique surtout dans le haut. Je suis persuadé que des recherches patientes y feront découvrir au moins des traces de fossiles, ce qui pourrait être, j'en conviens, plus probant qu'une simple comparaison de roches. C'est l'*Aptychus Beyrichi* qu'on a le plus de chance d'y rencontrer.

Ce qui est certain, c'est que ces fragments n'ont pas subi un transport bien long par des eaux courantes. Il est donc probable que, de Bienne, le rivage tithonique du lac ou de l'estuaire purbeckien ne se dirigeait pas vers l'emplacement actuel des Alpes, mais qu'il passait dans l'intérieur du plateau suisse, peut-être assez près du Jura.

CALCAIRE A OSTREÆ.

§ 76. A l'abrupte de Villarsbeney, dans les cinq mètres supérieurs des couches de Berrias, on voit s'intercaler quelques assises d'un calcaire un peu différent de celui

[1] *L. von Buch*, Gesammelte Schriften, Bd. 1, p. 592. — *Lory*, Mémoire sur les terrains crétacés du Jura dans Mém. de la soc. d'émulation du Doubs, série 3, vol. 2, 1859; page 13 du tirage à part. — *De Loriol et Jaccard*, Etude de la formation d'eau douce infracrétacée du Jura dans Mém. de la soc. de phys. et d'hist. natur. de Genève, vol. 18, p. 70 et 71 (10 et 11).

qui compose cette subdivision. Je n'y ai trouvé de déterminable qu'un exemplaire de la *Lima Tombeckiana*, d'Orb. Comme les schistes dominent toujours, j'ai laissé ces couches avec les précédentes dans le tableau de la pl. 3. Il est remarquable que le banc inférieur, qui à 60 centim. d'épaisseur, s'amincisse peu à peu sur une longueur de 4 m. seulement et se perde en coin dans les schistes.

Au-dessus des couches de Berrias cette même roche forme un massif bien distinct de 4 m. de puissance : les bancs en sont épais, sans intercalations schisteuses, et résistent par conséquent davantage à la désagrégation ; ils sont composés d'un calcaire dur, noir ou très foncé, de structure variable, compacte, spathique, lumachellique, quelquefois oolithique.

A la surface des bancs on voit une quantité de petites huîtres et d'autres fossiles ; il y en a aussi dans l'intérieur, mais ils apparaissent peu quand on casse la roche et leur extraction est fort difficile. Voici ceux qui sont déterminables :

Belemnites pistilliformis, Bl. Néocomien en général.
    —   *bipartitus*, (Bl.) Cat.   id.
Lima Tombeckiana, d'Orb. Du valangien à l'urgonien (Pictet et Campiche).
Cidaris pretiosa, Des. Valangien (Desor).

Je puis encore citer comme se trouvant probablement dans cette couche les espèces suivantes ; mais l'état de conservation des exemplaires laisse de l'incertitude.

Ostrea rectangularis, Roemer. Néocomien et urgonien (Pictet et Campiche).
Terebratula salevensis, de Lor. Néocomien (de Loriol, Pictet).
Rhynchonella multiformis, Roemer. Néoc. (de Loriol). Urgonien de Morteau (Pictet).
    —   *Desori*, de Loriol. Valangien et néocomien (de Loriol et Pictet).

Il y a encore dans cette couche des fossiles qui paraissent nouveaux ; ainsi un *Turbo* et une espèce de *Terebratulina* ou de *Terebratella*. D'autres sont trop mal conservés pour qu'on puisse leur donner un nom connu, ou les envisager comme nouveaux ; ce sont des *Serpules*, une *Ammonite*, des *Spongitaires* et des *Encrines*, parmi lesquelles il y a un *Pentacrinus* qui ressemble plus à un exemplaire de l'urgonien de St. Blaise qu'au *Pentacrinus neocomiensis* qui se trouve un peu en dessous.

Dans la liste ci-dessus, on a d'abord deux *Bélemnites* qui ne sont pas mentionnées par M. Pictet dans les couches de Berrias ; on les rencontre en revanche plus haut dans le néocomien méditerranéen, et fort rarement dans le néocomien moyen de l'Europe centrale. Les autres fossiles ont évidemment émigré du Jura voisin dans la région méditerranéenne. Une espèce n'est encore connue que du valangien, une du néocomien moyen; les autres ont une grande extension verticale, mais elle n'est pas la même pour toutes. Je ne connais pas de couche dans le Jura qui présente entièrement la même association, surtout si l'on veut tenir compte des fossiles indéterminés; il y a bien une assise à spongitaires au Landeron entre le néocomien et l'urgonien, mais elle n'a que deux des espèces auxquelles j'ai pu donner un nom.

Ainsi ces fossiles sont probablement partis du Jura à des époques différentes; mais ils ont vécu en même temps au Monsalvens, sans continuer à s'y propager bien longtemps, car c'est une faune méditerranéenne pure qui reparaît au-dessus.

Cette émigration paraît du reste avoir été bornée à la région occidentale du massif, c'est-à-dire à celle qui est du côté du Jura; du moins ce n'est que là que j'ai vu des fragments du calcaire à *Ostreæ*; dans la partie orientale je n'en ai pas rencontré, et encore moins vu en place.

COUCHES A BELEMNITES LATUS.

§ 77. Moins exposée à être recouverte par les éboulis du jura supérieur, cette subdivision se présente plus souvent à l'observateur que les couches de Berrias; mais c'est aussi à l'abrupte de Villarsbeney qu'on peut le mieux la voir.

Caractères pétrographiques. Les calcaires et les marnes schisteuses à *Belemnites latus* sont tout à fait les mêmes que ceux des couches de Berrias, et je ne saurais indiquer de caractère différentiel, si ce n'est qu'à l'air le calcaire prend ordinairement des teintes jaunâtres et orangées; il y a peut-être aussi un peu plus souvent des pyrites de fer.

Puissance et limites. J'ai évalué la puissance de ces couches à 30 m. La limite inférieure est bien marquée par le calcaire à *Ostreæ* quand il existe; la limite supérieure n'est pas de celle que l'on puisse indiquer d'une manière précise, la roche ne subissant pas de changement brusque.

Fossiles et classification. C'est à peu près dans le milieu de la subdivision que l'on trouve le plus de fossiles; ils n'y sont pourtant pas localisés dans une couche spéciale, mais assez disséminés et assez rares. La plupart sont pyriteux; cependant il y en a aussi de calcaires. Dans la liste suivante T indique les fossiles qui se trouvent dans le tithonique d'après M. Zittel, B ceux des couches de Berrias d'après Pictet, L ceux des couches à *Bel. latus* aussi d'après Pictet, Nm ceux qui sont cités du néocomien méditerranéen sans désignation spéciale, et Ng ceux du néocomien de l'Europe centrale.

	T	B	L	Nm	Ng
Belemnites pistilliformis, Bl.				Nm.	Ng.
— *latus,* Bl.			L.		
— *Orbignyanus,* Duval.		B.	L.		
— *bipartitus,* (Bl.) Cat.				Nm.	Ng.
Ammonites Calypso, d'Orb.			L.		
— *Thetys,* d'Orb				Nm.	
— *semisulcatus,* d'Orb.		B.	L.		
— *quadrisulcatus,* d'Orb.	T.	B.	L.		
— *municipale,* Opp.	T.				
— *Grasianus,* d'Orb.		B.	L.		
— *Astierianus,* d'Orb.		B.	L.		Ng.
— *Boissieri,* Pictet.		B.			
— *neocomiensis,* d'Orb.				Nm.	Ng.
— *rarefurcatus,* Pict.		B.			
— *privavensis,* Pict.	T.	B.	L.		
Aptychus Malbosi, Pict.		B.	L.		
— *undatocostatus,* Pet.				Nm.	
Terebratula subtriangulata, Gümb.				Nm.	
— *Strombecki,* Schloenb.		B.			
Rhynchonella contracta, (d'Homb.-Firmas) d'Orb.		B.	L.		

Sur ces 20 espèces, 10 sont indiquées par Pictet dans la couche à *Bel. latus;* M. Lory en cite encore deux autres, ce qui porte le nombre à 12. Huit appartiennent en même temps aux couches de Berrias; et trois autres n'ont encore été citées que dans cette dernière subdivision. Nous avons ensuite trois Ammonites qui se trouvent aussi dans le tithonique; le nombre des espèces qui ont monté de là jusqu'à la zone de la *Bel. latus* serait porté à quatre, s'il était démontré que l'*Apt. Malbosi* est identique à l'*Apt. punctatus.* Il n'y a guère de conséquences à tirer de la présence de fossiles qui ne sont mentionnés que dans le néocomien méditerranéen en général, parce qu'on ne peut pas savoir si la citation se rapporte à l'ensemble ou à une subdivision de la formation. Un cinquième de ces espèces se retrouvent dans le même étage hors des Alpes, et l'une d'elles est en même temps dans le valangien; mais elles y sont rares, ou n'ont qu'une extension verticale peu considérable; elles y jouent le rôle d'émigrées plutôt que de parties constituantes de la faune de ces régions. Par la zone de la *Bel. latus* nous rentrons ainsi dans le type méditerranéen pur, car nous n'y trouvons pas une espèce dont on puisse présumer qu'elle y soit venue du Jura voisin.

NÉOCOMIEN BLEU.

§ 78. Cette subdivision du néocomien est de beaucoup la plus puissante, mais c'est celle qu'il est le plus difficile d'étudier en détail, parce qu'on ne voit un ensemble de couches un peu considérable que dans des parois de rochers en grande partie inaccessibles.

Caractères pétrographiques. Le néocomien bleu ne se distingue pas essentiellement des couches inférieures dont nous venons de parler : il se compose aussi de calcaires en bancs peu épais, mêlés de marnes plus ou moins schisteuses. Ce qui le caractérise surtout, c'est la présence de massifs assez puissants où calcaires et schistes deviennent un peu sableux; la roche est alors plus dure, mais l'épaisseur des bancs reste la même, et l'augmentation de dureté ne va pas jusqu'à la rendre assez résistante pour qu'elle modifie le relief du sol d'une manière très sensible. Les teintes varient du gris bleu assez clair au gris noir et au bleu très foncé; dans les affleurements frais les schistes sont plus sombres et parfois noirs. A l'air l'ensemble des couches prend une teinte bleue assez claire; c'est ce qui permet le mieux de les distinguer des subdivisions inférieures, et m'a engagé à les désigner sous le nom de néocomien bleu.

Puissance et limites. Aucune coupe ne traversant l'ensemble de la formation, il n'y a pas au Monsalvens de localité où l'on puisse mesurer la puissance du néocomien bleu; on ne peut guère se baser non plus sur la largeur des zones qu'il forme entre les voûtes de jura supérieur, car il y a probablement dans l'intérieur plus ou moins de plis et peut-être des failles. En prenant 100 m. comme chiffre approxi-

matif, on ne s'éloignera probablement pas beaucoup de la réalité. En bas il
n'y a pas de limite précise; ce n'est guère que la teinte que les roches prennent à l'air qui distingue le néocomien bleu des couches à *Bel. latus*. En haut,
comme nous le verrons bientôt (§ 79), on a un calcaire oolithique qui est tout
différent.

Faune et classification. Le néocomien bleu appartient essentiellement au facies
paléontologique méditerranéen. Mais à l'abrupte de Villarsbeney j'ai trouvé des
fragments d'une marne assez dure, mélangée de grains noirs, parfaitement identique à celle qui forme au Dat l'assise que M. Ooster a appelée *couche à Ptéropodes;* l'un de ces fragments renferme un exemplaire bien conservé de la *Lima
Tombeckiana,* d'Orb. Je n'ai pas vu la couche en place, mais elle doit se trouver
dans un escarpement de néocomien bleu qui est à la base de la division. C'est là
un indice d'une seconde émigration d'une faune venant des terrains crétacés du
Jura; elle n'occupe certainement pas une série épaisse de couches, car quand il y
a des fossiles dans les autres débris de cette localité, ils appartiennent au facies
méditerranéen.

Les restes organiques de cette dernière catégorie sont disséminés dans toute la
hauteur du néocomien bleu; ceux que l'on trouve le plus souvent sont le *Belemnites pistilliformis* et les *Aptychus.* On rencontre çà et là des bancs où il y en a
plus qu'ailleurs; c'est le cas d'une zone plus argileuse qui paraît appartenir au
haut de la subdivision. Quoique j'aie des fossiles d'une quarantaine de localités
différentes, la liste suivante est fort courte; des recherches plus suivies que les
miennes l'augmenteraient probablement beaucoup. Nm indique les espèces qui
n'ont pas été trouvées au Monsalvens dans l'une ou l'autre des divisions inférieures;
B et L indiquent celles qui sont citées par Pictet dans ces divisions, c'est-à-dire
dans les couches de Berrias et dans celles à *Bel. latus.*

Belemnites pistilliformis, Bl.			
— *bipartitus,* (Bl.) Cat.			
— *conicus,* Bl.	Nm.		L.
Ammonites Thetys, d'Orb.			
— *clypeiformis,* d'Orb.	Nm.		
— *intermedius,* d'Orb.	Nm.		
— *Astierianus,* d'Orb.		B.	L.

Ammonites angulicostatus, d'Orb.	Nm.
— *occitanus,* Pict.	B.
Ancyloceras Villiersianum, (d'Orb.) Ast.	Nm.
Aptychus Didayi, Coq.	Nm. B. L.
— *angulocostatus,* Peters.	Nm.
— *undatocostatus,* Peters.	
— *aplanatus,* Peters.	Nm.
Terebratula diphyoïdes, d'Orb.	Nm. B. L.

Peut-être faudra-t-il aussi ajouter à l'*Amm. occitanus,* qui n'a encore été mentionné que dans les couches de Berrias, l'*Amm. Boissieri* qui est dans le même cas, mais dont je n'ai trouvé dans le néocomien bleu qu'un exemplaire douteux.

Dans cette liste de 15 espèces, il s'en trouve 9 qui n'ont pas été rencontrées dans les divisions inférieures au Monsalvens; mais ce nombre se réduit à 6 par les indications de Pictet. Ainsi la grande liaison paléontologique que nous avons déjà reconnue entre les couches de Berrias et celles de la *Bel. latus,* existe de même entre ces dernières et le néocomien bleu. C'est surtout dans les formations méditerranéennes, dont les facies fossilifères changent beaucoup moins que dans celles de l'Europe centrale, que nous trouvons cette persistance des mêmes espèces dans une grande série de couches.

CALCAIRE OOLITHIQUE.

§ 79. Nous arrivons à une roche qui par sa structure et sa teinte tranche complètement avec toutes celles que nous avons rencontrées jusqu'à présent, et qui nous offre en même temps une réapparition de la faune néocomienne étrangère aux formations méditerranéennes.

Caractères pétrographiques. Calcaire blanchâtre, assez tendre, renfermant beaucoup d'oolithes, qui sont quelquefois serrées de manière à ce qu'elles semblent composer toute la roche, d'autres fois disséminées dans une lumachelle de débris de fossiles roulés. Ce calcaire n'a pas de stratification, mais il est fissuré en tout sens; ce n'est guère que vers la base qu'on trouve dans quelques endroits une division en bancs; la roche devient alors plus dure. Le calcaire oolithique a de la ressemblance avec certaines assises de l'urgonien inférieur dans le Jura suisse et français, mais il n'est pas identique. Il en a bien plus encore avec quelques bancs du Hauptrogenstein du Jura bâlois, car on ne peut pas distinguer tous les échantillons des deux roches.

Puissance et limites. La puissance du calcaire oolithique est de 25 à 30 m.; dans quelques endroits où il est peu visible elle paraît moindre. Le passage du néocomien bleu à cette couche peut être appelé brusque, car il n'y a que bien peu de bancs qui présentent des caractères intermédiaires. Au ruisseau à l'ouest de Cerniat, les dernières assises du néocomien bleu sont parfaitement identiques au reste de la formation, et en contiennent quelques fossiles; le banc qui vient au-dessus a déjà la plupart des caractères du calcaire oolithique; il est brun, dur, et renferme quelques débris de fossiles et des oolithes; mais des teintes très foncées qui s'y montrent par places indiquent encore une sédimentation partielle des matières qui forment le néocomien bleu. Plus à l'ouest, en *B* (*Boverasse*), on voit à jour environ deux mètres de couches qui forment passage entre les deux divisions, en présentant de même des caractères intermédiaires. On peut en conclure que, quelle que soit la différence des roches, il n'y a pas eu d'interruption dans le dépôt.

Faune et classification. La position stratigraphique du calcaire oolithique ne me paraît pas douteuse: il se trouve à peu près au centre des zones néocomiennes en forme de V, à égale distance des couches jurassiques; ce n'est pas une simple intercalation dans le néocomien bleu; il est au-dessus, car d'un côté on trouve cette formation et de l'autre on a le calcaire noir qui en diffère (pl. 6, fig. 8).

Il se range évidemment dans la catégorie des assises auxquelles Gressly a donné le nom de *facies de charriage*, car il contient partout des fossiles brisés et roulés, et la roche en semble parfois entièrement composée; les Brachiopodes mêmes ont presque toujours leurs valves séparées. La faune serait assez riche si toutes les espèces étaient déterminables, mais je ne puis citer que les suivantes:

Lima Tombeckiana, d'Orb. Du valangien à l'urgonien (Pictet et Campiche).
Janira atava, (Rœmer) d'Orb. Néocomien et urgonien (Pictet et Campiche).
Ostrea tuberculifera, (Koch et Dunker) Coq. Du valangien à l'aptien (Pictet et
    Campiche).
Terebratula acuta, Quenst. Néocomien (de Loriol, Pictet).
   —   *sella*, Sow. Du néocomien à l'aptien (Auteurs divers).

Il y a encore à citer, mais seulement comme probables, les espèces suivantes:

Lima longa, Roemer. Valangien et néocomien (Pictet et Campiche).
Rhynchonella valangiensis, de Lor. Valangien supérieur (de Loriol, Pictet).
Cidaris heteracantha, A. Gras. Marnes à Orbitolines supérieures (Lory).

On trouve en outre des *Serpules*, un *Turbo* probablement nouveau, beaucoup d'autres petits *Gastéropodes* tous roulés, une *Térébratuline* nouvelle, des *Polypiers* et des *Spongitaires*.

Il n'y a pas de traces d'*Ammonites*, et ce n'est que dans les couches de passage de la base que j'ai vu quelques fragments de *Bélemnites* indéterminables. Nous avons donc ici de nouveau une faunule étrangère au facies méditerranéen; mais elle n'a probablement pas vécu là où nous la trouvons, elle a plutôt été apportée par des courants. Elle est du reste trop peu nombreuse en espèces déterminables pour nous fournir beaucoup de lumières sur la question des rapports entre les deux facies du néocomien. Plusieurs des fossiles cités ont une grande extension verticale dans le Jura; d'autres y sont très spéciaux à certaines divisions. C'est dans le niveau des marnes d'Hauterive qu'on en trouve le plus grand nombre réunis, mais ils n'y sont pas tous; or au-dessus de tout le néocomien alpin, on s'attend plutôt à rencontrer une faune un peu moins ancienne. Ce qui me semble le moins douteux, c'est que cette association de fossiles a vécu entre le Jura et les Alpes, et qu'elle a été de là charriée dans la région du Monsalvens.

Si l'on tient à établir un parallélisme entre le calcaire oolithique et une couche du Jura, on pourra peut-être dire qu'il est de l'âge de l'urgonien inférieur ou urgonien jaune. La présence de la *Rhynchonella valangiensis* et de la *Terebratula acuta*, qui sont de niveaux inférieurs, ne me paraîtrait nullement s'opposer à ce qu'on admît ce parallélisme; bien au contraire: justement parce que ces deux fossiles n'occupent qu'un horizon fort restreint dans le Jura, on peut présumer qu'ils ne sont plus du même âge quand on les trouve associés à d'autres, et dans un dépôt qui a été formé dans des circonstances différentes comme celui du Monsalvens. Nous n'avons en effet aucun motif de croire que la *Rhynchonella valangiensis* n'ait vécu que pendant l'époque où se formait dans le Jura les cinq ou six mètres de couches valangiennes dont proviennent tous les exemplaires que nous connaissons.

CALCAIRE NOIR.

§ 80.   Cette subdivision accompagne le calcaire oolithique, mais elle est rarement visible.   C'est au-dessus de la maison marquée sur la carte au sud de *le J* (*le J*avrex) qu'on la voit le mieux, (pl. 6, fig. 8).   Elle se compose surtout d'un calcaire argileux, noir ou noirâtre, irrégulièrement schisteux.   Vers la base surtout il y a des bancs sableux, auxquels de la silice en grains fins donne une teinte moins foncée; ils sont durs et résistent passablement à la désagrégation, tandis que les parties supérieures sont plus facilement détruites.

Le passage du calcaire oolithique à cette division est tout à fait brusque, mais on n'a pas d'indices qu'il y ait eu une interruption dans le dépôt.   Je n'ai pas vu le contact avec le crétacé supérieur.   La puissance du calcaire noir ne dépasse guère 15 m.; mais on ne peut l'estimer qu'approximativement, parce qu'on n'en voit pas de coupe complète.

Pour ce qui concerne les fossiles, cette division paraît extrêmement pauvre.   Je n'y ai trouvé que des valves isolées d'une coquille qui par ses ornements est plutôt une *Lima* qu'autre chose, mais qu'on ne peut pas déterminer.   Cette absence de document est fort regrettable, puisque elle nous empêche de savoir quelle faune a succédé au néocomien méditerranéen dans nos régions.   C'est le commencement d'une grande lacune paléontologique, car les quelques fossiles trouvés dans la division suivante nous transportent à une époque beaucoup plus récente.   Peut-être cette lacune sera-t-elle comblée un jour, si les dépôts n'ont pas subi d'interruption au Monsalvens.

Pétrographiquement le calcaire noir est l'analogue des schistes de même teinte qui surmontent le néocomien méditerranéen dans la chaîne du Stockhorn (p. 42). Sous le même rapport il se rapproche de l'aptien des Alpes françaises, dont la puissance est du reste infiniment plus considérable.

COMPARAISON AVEC LE NÉOCOMIEN D'AUTRES RÉGIONS MÉDITERRANÉENNES.

§ 81.   C'est en étudiant le néocomien qu'on voit le mieux combien il est important de distinguer les formations méditerranéennes de celles de l'Europe centrale. Il y a déjà assez longtemps que MM. A. Favre, Lory, Studer et de Loriol ont touché ce sujet; mais c'est surtout Pictet qui s'est occupé des questions que soulèvent des différences paléontologiques aussi profondes, dans des terrains que nous sommes obligés de reconnaître comme synchroniques; il y est revenu à diverses reprises à mesure que le progrès de ses études sur les faunes crétacées l'y ramenait [1].

Les localités les plus importantes pour l'étude de ces questions sont celles qui, comme le Monsalvens, présentent des intercalations d'un facies dans l'autre. Une de ces intercalations se trouve au Dat, près de Semsales, et plus au sud près de Châtel St.-Denis, dans une couche qui a été signalée d'abord par M. Renevier puis par M. E. Favre; à cause de sa position tous deux étaient assez disposés à la regarder comme jurassique [2]. M. Ooster en a publié la faune [3] avec celle d'autres localités, et il a été conduit à penser que cette assise est un valangien alpin avec quelques espèces néocomiennes et des jurassiques. L'indication de cette couche dans les environs du lac Noir a été pour moi une surprise, quoique je n'aie nullement la prétention d'avoir tout vu dans cette région; mais comme M. Ooster ne l'a ni trouvée ni vue lui-même (l. c. p. 139), je crois pouvoir conserver des doutes assez fondés sur son existence dans cette localité.

J'ai visité le gisement du Dat pour voir de laquelle des assises du Monsalvens la couche à Ptéropodes pourrait le mieux se rapprocher, mais je n'ai pas pu arriver à un résultat définitif. Avant de traverser le tithonique par une cascade, le ruisseau du Dat coule dans une combe très courte, qui est dans la direction des couches; c'est sur le flanc gauche, du côté du tithonique, que le banc à Ptéropodes est visible, mais seulement sur la berge. Le reste de la pente est recouvert par une abondante végétation, qu'on ne peut attribuer qu'à la présence d'assises marneuses néocomiennes qui sont inférieures, mais qu'on ne voit pas; il ne peut pas y en avoir une grande épaisseur, car il n'y aurait pas de la place pour y supposer seulement les couches de Berrias telles qu'elles sont au Monsalvens, en sorte qu'il

[1] Voirons, p. 62. — Note sur la succession des Céphalopodes dans Archives des sciences, 1861, tom. 10, p 328 (11). — Note sur l'étage barrémien. Ibidem, 1863, tom. 16, p. 257. — Note sur la succession des Gastéropodes. Ibidem, 1864, tom. 21, p. 14 (10).

[2] *Renevier*, Bull. Vaud, tom. 10, p. 55. — *E. Favre*, Moléson, p. 171 (3), 178 (5), 207 (39), pl. 2, fig. 1 et 2, couche c.

[3] Die organischen Reste der Pteropodenschicht. Protozoe helvetica, Bd. 2, p. 89.

n'est pas impossible que l'assise à Ptéropodes, si elle est composée d'au moins quelques bancs, repose sur le jura comme le pensent MM. Renevier et E. Favre; dans ce cas-là elle n'aurait pas d'équivalent au Monsalvens. Si on admet que ce n'est qu'une assise très peu puissante et qu'il y a dessous les couches de Berrias, elle se trouvera occuper la même position stratigraphique que le calcaire à *Ostrea* (p. 111); mais la roche serait bien différente, car elle est tout à fait tendre, tandis que celle du Monsalvens est très dure. Une autre circonstance s'oppose à ce que l'on admette cette équivalence: c'est que la couche à Ptéropodes n'est séparée du néocomien bleu, bien visible sur le flanc droit de la combe, que par la largeur du lit du ruisseau. Ce même néocomien avec ses fossiles continue à se montrer plus en amont, et on ne trouve pas la zone à *Bel. latus* et ses Ammonites pyriteuses. Sauf plus ample informé, je suis donc disposé à penser que la couche à Ptéropodes est l'assise à grains noirs qui doit se trouver à l'escarpement de Villarsbeney sous le néocomien bleu (p. 116), et que les couches de Berrias et la zone de la *Bel. latus* manquent au Dat, soit qu'elles n'y aient pas été déposées, soit que par suite d'un glissement elles soient restées dans la profondeur.

Dans les chaînes du Ganterist et du Stockhorn, je n'ai trouvé aucune trace d'une immigration de la faune du néocomien du Jura, et les listes de MM. Brunner et E. Favre ne contiennent pas non plus de fossiles qui puissent faire présumer qu'il y en ait une, dans la continuation de ces chaînes au nord-est et au sud-ouest. Dans le reste des Alpes suisses, c'est au contraire le néocomien méditerranéen pur qui n'a pas été trouvé, sauf dans le Justithal, au-dessus de Merligen, au nord-est du lac de Thoune[1]; on voit là des assises fossilifères que l'on peut paralléliser assez bien avec celles du Monsalvens, mais elles sont surmontées par une couche à *Toxaster complanatus*, puis par l'urgonien qui manque chez nous. Dans les listes des autres régions néocomiennes des Alpes suisses, c'est à peine si l'on rencontre un ou deux fossiles méditerranéens. Il en est de même de l'autre côté du Rhin, en Bavière, où les terrains crétacés se continuent avec les mêmes divisions qu'en deçà[2]. Sur un point toutefois, à la Canisfluh, où apparaît la formation jurassique

---

[1] *Studer*, Observat. géol. dans les Alpes du lac de Thoune, p. 10. Archives des sciences, 1862, tome 15. — *Mayer*, Tableau synchronistique des couches crétacées inférieures, 1867.

[2] *Gümbel*, Bayer. Alpen, p. 519. Pour la Canisfluh, p. 525.

supérieure, les choses se présentent un peu différemment : le néocomien commence par des assises où l'on n'a pas trouvé de fossiles, et qui correspondent probablement aux couches de Berrias. Il y a au-dessus des *Brachiopodes* dans des bancs oolithiques ; d'après les indications de M. Gümbel ce seraient des espèces de l'urgonien, des marnes d'Hauterive et du valangien ; mais il est probable que les études paléontologiques récentes sur cette catégorie de fossiles amèneraient à modifier ces déterminations. Au-dessus vient le néocomien méditerranéen, puis des couches puissantes, où il n'y a guère que le *Toxaster complanatus* qui soit déterminable.

Dans les Alpes orientales, à l'est du Lech, le néocomien n'a été reconnu qu'avec le facies méditerranéen. Il en est à peu près de même dans la plus grande partie des Carpathes où, si je ne me trompe, il n'y a pas d'autre exception à signaler que la citation avec doute du *Toxaster complanatus* en compagnie du *Belemnites subfusiformis*, dans le massif de Hommona [1]. Mais il n'en est pas de même dans la zone crétacée septentrionale étudiée par Hohenegger [2]. D'après les listes de fossiles qu'il a données, la succession des facies paléontologiques dans cette région peut être établie comme suit :

1) *Schistes inférieurs de Teschen.* Faune de l'Europe centrale avec quelques espèces méditerranéennes.
2) *Calcaire de Teschen.* Fossiles insuffisants pour caractériser un facies.
3) *Schistes supérieurs de Teschen.* Faune de Céphalopodes méditerranéens.
4) *Grès de Grodischt.* Faune de l'Europe centrale avec une forte proportion d'espèces méditerranéennes.
5) *Couches de Wernsdorf.* Céphalopodes méditerranéens que d'Orbigny plaçaient dans l'urgonien et dans l'aptien ; maintenant on sait que beaucoup aussi se trouvent dans le néocomien inférieur de d'Orbigny lui-même.

Sur cette dernière division le véritable urgonien à Caprotines manque, comme il paraît que c'est toujours le cas au-dessus du néocomien méditerranéen. Il est remarquable que le grès de Grodischt ne se trouve que dans une partie de la zone crétacée (voir la carte dans l'ouvrage cité) ; il est donc permis de penser que cette subdivision nous a conservé les restes d'une migration de la faune de l'Europe centrale qui n'a pas pénétré même dans tout le territoire étudié par Hohenegger.

[1] *Paul*, Jahrb. der Reichsanst., Bd. 20, p. 238 und 240
[2] Die geognost. Verhältnisse der Nordkarpathen, 1861.

Quant à la faune contenue dans les schistes inférieurs de Teschen, qui est plus répandue dans la Silésie autrichienne, elle n'a nullement passé dans les bassins de la Waag et de la Neutra en Hongrie, où l'on n'a que le néocomien méditerranéen pur, avec des fossiles que d'Orbigny a répartis dans trois étages différents [1]. Ainsi cette région présente en grand quelque chose d'analogue à ce que nous trouvons en petit, en comparant le Monsalvens d'un côté et les chaînes du Ganterist et du Stockhorn de l'autre.

Dans les Alpes françaises, on a de même des enchevêtrements de facies littoraux et de facies à Céphalopodes qui ont fait reconnaître dès l'entrée l'âge de ces derniers; c'est pour cela que le midi de la France est devenu classique pour l'étude de la formation néocomienne; mais ces enchevêtrements sont loin de se présenter partout de la même manière. M. Lory est, je crois, le premier qui les ait bien étudiés au nord et au sud-ouest de Grenoble [2], en donnant au néocomien où on les rencontre le nom de *type mixte*. Il distingue de haut en bas (l. c. p. 296):

1. Marnes et calcaire marneux à spatangues *(Toxaster complanatus)*.
2. {Calcaire bleu à Criocères et Ammonites.
   {Couche chloritée à Bélemnites et Ammonites.
3. {Calcaire roux.
   {Calcaire du Fontanil.
4. Marnes inférieures à Belemnites latus.

Il faut maintenant ajouter, de l'avis de tout le monde, une cinquième division, celle des couches de Berrias.

Par leurs roches les deux parties du n° 3 correspondent tout à fait au valangien du Jura central; mais d'après la liste de M. Lory elles ont une faune qui est pour le moins aussi bien néocomienne que valangienne; peut-être que la révision des déterminations qui peuvent être faites d'une manière plus rigoureuse depuis la publication de la Paléontologie de Ste.-Croix, donnerait un caractère plus valangien à ces couches du Fontanil; mais il y restera toujours bon nombre d'espèces des marnes d'Hauterive; ce n'est donc un équivalent exact d'aucune des subdivisions du canton de Neuchâtel; on peut dire qu'elles ressemblent en cela au cal-

---

[1] *Stur*, Jahrb. der Reichsanst., Bd. 11, p. 42 und 147.
[2] Dauphiné, p. 283.

caire à *Ostreæ* et à la couche à Ptéropodes.   Comme on pouvait s'y attendre, la faune du n° 1 (l. c. p. 304) n'a plus de mélange d'espèces valangiennes.

Plus au midi, la répartition des fossiles dans les différentes assises néocomiennes a été étudiée par M. Hébert[1]. En quittant les régions où se trouve le type mixte de Grenoble pour aller vers le sud, il est arrivé dans d'autres où il n'y a que le facies méditerranéen (l. c. p. 144). Mais déjà dans les Basses-Alpes il a trouvé la faune du néocomien littoral, entre autres l'*Echinospatagus cordiformis (Toxaster complanatus)*, non plus au-dessus des assises à Criocères comme à Grenoble, mais au-dessous (l. c. p. 153).   A Escragnolles, c'est cette faune qui commence le néocomien, et il en est de même au bord de la Méditerranée (l. c. p. 162). Mais là M. Coquand a aussi mentionné à diverses reprises des assises qui contiennent la *Natica Leviathan*[2], seulement on ne sait pas encore si elle y est accompagnée d'une faune purement valangienne comme elle.

Ces enchevêtrements de facies dans un seul et même terrain, des Carpathes à la Méditerranée, forment quelque chose de très compliqué.   Ce qu'il en ressort de plus évident, c'est que l'histoire géologique et paléontologique de notre globe n'est point quelque chose de si simple qu'on l'a cru longtemps. On ne peut pas admettre que l'une et l'autre des deux faunes ait apparu de toutes pièces dans toutes les contrées où nous les connaissons, ni qu'elles aient vécu partout à la même époque; les parallélismes que nous établissons entre des régions éloignées qui contiennent les mêmes fossiles, ne sont donc vrais qu'autant que nous ne les considérons que comme des approximations.

Prenons pour exemple le *Toxaster complanatus*, qui est le fossile le plus répandu du facies littoral, et par conséquent un de ceux qu'on est disposé à envisager comme les plus caractéristiques. Il ne serait pas impossible que les exemplaires de Grenoble, qui sont au-dessus des Céphalopodes méditerranéens, fussent du même âge que ceux de Marseille, qui sont au-dessous; s'il en était ainsi ce serait la faune des Céphalopodes qui n'aurait pas vécu partout en même temps : elle aurait marché du nord au sud, et, dans les environs de Marseille, elle serait moins ancienne qu'à Grenoble.   Mais on peut faire une autre supposition qui paraîtra peut-être plus

---

[1] Le néocomien inférieur dans le midi de la France. Bull. France, vol. 28, p. 137.
[2] Bull. France, vol. 26, p. 103 et 106 ; vol. 28, p. 209 et 222.

fondée: le *Toxaster complanatus* reposant directement sur le terrain jurassique dans le Midi, c'est là que se trouvent les exemplaires les plus anciens que nous connaissions; de ces régions l'espèce s'est répandue du côté du nord jusqu'au Jura, où elle est arrivée après le dépôt du valangien; de là elle a passé aux environs de Grenoble et au Justithal pour y succéder à la faune du néocomien méditerranéen, et c'est ici que nous avons les exemplaires les plus récents.

Nous n'avons guère le moyen de nous décider entre ces deux conjectures qui s'excluent plus ou moins l'une l'autre; il nous faudrait pour cela une base que nous n'avons pas du tout, savoir la connaissance de l'endroit où chacune des deux faunes a commencé à exister. Il faut espérer que nous en saurons un jour davantage, si toutefois les couches que nous pouvons soumettre à nos investigations nous ont conservé assez de documents pour résoudre ces questions, et d'autres semblables qui se relient à l'origine des espèces.

§ 82. Si nous considérons maintenant le néocomien méditerranéen pur, nous trouverons d'abord qu'il joue un grand rôle dans les Carpathes[1]. A partir de là il se montre dans les Klippen de Moravie et dans celles de Vienne; puis avec des interruptions il se prolonge dans l'Autriche, le duché de Salzbourg, le Tyrol et la Bavière jusqu'à la vallée du Lech[2]. Dans ces régions il accompagne le tithonique, et il est souvent fort difficile de le distinguer du facies à *Aptychus* de ce dernier, tant les roches et la stratification concordent entre elles. Un dernier lambeau à l'ouest du Lech, près de Vils, semble terminer cette zone; mais il n'est pas impossible qu'on en trouve une continuation plus à l'ouest sur le jura supérieur qui s'y montre encore.

Cette zone de néocomien méditerranéen est du reste indépendante de grands massifs crétacés variés, qui commencent à peu près lorsqu'elle finit, et occupent une partie plus extérieure des Alpes en Bavière et en Suisse; comme nous l'avons vu, le facies à Céphalopodes n'y a encore été reconnu qu'à la Canisfluh et au Justithal.

Au Stockhorn et au Ganterist, la zone du néocomien méditerranéen pur recom-

---

[1] *Fr. v. Hauer*, Uebersichtskarte, Blatt III; Jahrb. der Reichsanst., Bd. 19, p. 528, 539.

[2] *Fr. v. Hauer*, Uebersichtskarte. Blätter V u. VI; Jahrb. der Reichsanst., Bd. 19, p. 10, Bd. 18, p. 21, Bd. 17, p. 11. — *Gümbel*, Bayer. Alpen, p. 519.

mence avec des caractères pétrographiques presque identiques à ceux des Alpes orientales; mais ici elle n'est plus dans l'intérieur des chaînes calcaires, elle est au contraire tout à fait à l'extérieur, tandis que le facies à spatangues est plus près des massifs cristallins. Au delà du Rhône, le néocomien méditerranéen continue à se montrer dans le prolongement des mêmes chaînes jusqu'à l'Arve [1]. Plus au sud-est on peut se représenter qu'il passe sous la molasse, à l'est du Salève, car on connaît de la montagne de Veyrier, sur les bords du lac d'Annecy, des fossiles qui y appartiennent [2]. Mais ici on a au-dessus des couches à *Toxaster complanatus*, en sorte que c'est déjà là que commence le type mixte des environs de Grenoble. Nous avons déjà vu quelles sont les allures de la formation dans le reste des Alpes françaises.

Des Carpathes à la Méditerranée, on peut donc suivre, sur le versant nord des Alpes, une zone de néocomien méditerranéen qui n'a d'interruption considérable que dans la Suisse centrale et orientale. Il n'est cependant pas douteux que la mer qui a formé les couches du Stockhorn, n'ait été en communication avec celle qui déposait des roches analogues et les mêmes fossiles dans les Alpes orientales. Peut-être les dépôts qu'elle a formés entre deux ne viennent-ils pas à jour, parce qu'ils sont cachés sous le calcaire à spatangues et les autres étages crétacés de cette région; peut-être les retrouvera-t-on par des études géologiques plus détaillées que celles qu'on a pu faire jusqu'à présent.

Sur le versant méridional des Alpes, le néocomien méditerranéen est absolument sans aucun mélange du facies de l'Europe centrale, et il est aussi partout si intimément lié au tithonique que les géologues qui s'en sont occupés ont toujours été embarrassés pour indiquer une limite entre les deux formations, quoique l'inférieure fût regardée comme oxfordienne. M. de Zigno a classé le premier le *biancone* de la Vénétie dans le néocomien. De là on peut suivre la formation à travers le Tyrol italien jusqu'en Lombardie, où elle est connue sous le nom de *majolica* [3]. L'identité de facies paléontologique avec le Nord des Alpes montre non seulement que c'est un dépôt qui date à peu près de la même époque, mais encore qu'il s'est

---

[1] *Gilliéron*, Crét. du Léman, p. 25 (tirage à part).

[2] *Ducret*, Actes suisses, 1858, p. 160 et 161. — *A. Favre*, Géol. Savoie, vol. 2, p. 195, 199.

[3] *Brunner*, Stockhorn, p. 19. — *Mortillet*, Bull. France, vol. 19, p. 884. — *F. v. Hauer*, Uebersichtskarte, Blatt V; Jahrb. Reichsanst., Bd. 17, p. 18.

opéré dans des conditions tout à fait semblables. Dans l'état actuel de nos connaissances, il serait fort difficile de se représenter quelle était la distribution des mers dans cette période; ce qu'il y a peut-être de plus probable, c'est que la majolica se relie au néocomien méditerranéen des Alpes maritimes par dessous la plaine du Pô.

Crétacé supérieur.

§ 83. Sous cette dénomination je désigne des couches qui, malgré leur uniformité, pourraient bien représenter tous les dépôts entre le néocomien méditerranéen et le flysch, si le calcaire noir appartient encore à la première de ces formations.

Caractères pétrographiques. Cette division est formée d'un calcaire marneux, schisteux, tendre, le plus souvent d'un blanc sale, mais prenant parfois des teintes verdâtres et bleuâtres, ou montrant des taches d'un bleu noirâtre. Il y a çà et là des bancs calcaires plus résistants, peu épais dont la structure est compacte ou subcompacte; ils sont isolés dans les schistes ou se présentent par petits massifs. Nulle part les affleurements ne sont bien considérables, à cause de la destructibilité de la roche ; les couches sont souvent très tourmentées, comme cela arrive à toutes les assises schisteuses des Alpes.

Limites et puissance. Dans la région du Javrex, on voit que ces calcaires blanchâtres se sont déposés sur le calcaire noir, qui termine le néocomien ou représente un étage supérieur; mais un contact direct n'est pas visible. Le passage au flysch n'est pas davantage à découvert; on peut seulement constater qu'il n'y a pas de trace d'un dépôt intermédiaire dont la roche diffère de l'une et de l'autre division.

Dans la plupart des affleurements les couches sont à peu près verticales; comme elles occupent d'assez grands espaces on est amené à penser qu'elles sont très puissantes; mais des lambeaux de flysch qui sont restés dessus indiquent qu'elles forment des plis. Ainsi on n'a pas de base pour en évaluer l'épaisseur avec quelque certitude; pour avoir un chiffre j'ai pris celui de 100 mètres, mais ce n'est là qu'une appréciation fort incertaine.

Fossiles et classification. D'après leur position stratigraphique, ces schistes et calcaires sont certainement postérieurs au néocomien ; mais sous le rapport paléontologique ils n'ont fourni au Monsalvens d'autre document pour leur classification que des fragments de l'*Inoceramus Brongniarti,* Sow. et une *Huître.* On a plus de chance de trouver des fossiles dans le massif du Niremont, où j'ai rencontré deux oursins, dont l'un au moins est sénonien. (p. 14). Ainsi nous avons une grande lacune paléontologique entre le néocomien et l'assise qui renferme ce fossile ; il est possible qu'elle puisse être comblée, au moins en partie, par de nouvelles recherches dans le calcaire noir et le crétacé supérieur. En attendant on peut admettre que la base des calcaires blancs appartient au crétacé moyen, ou bien encore qu'il y a eu interruption dans le dépôt. Au premier abord cette dernière supposition paraît la plus plausible ; elle l'est moins si l'on considère que les couches à Inocérames des chaînes du Ganterist et du Stockhorn semblent avoir succédé aux schistes noirs, et ceux-ci au néocomien alpin, sans qu'il y ait eu interruption dans la sédimentation.

§ 84. Le crétacé supérieur du Monsalvens et du Niremont diffère un peu pétrographiquement de celui des autres chaînes (p. 42). On ne l'a pas encore signalé dans la continuation méridionale du massif du Niremont. Il n'est en effet pas visible dans le profil du Dat, près de Semsales ; mais il y a entre le néocomien et le flysch en place une région où il est probable qu'il se trouve entièrement caché par les débris de la dernière de ces formations. En revanche les calcaires rouges et verdâtres des chaînes du Ganterist, du Stockhorn et du Simmenthal se montrent soit au-dessus du néocomien, soit au-dessus du jura, jusqu'au Rhône et plus loin dans les montagnes du Chablais[1]. Dans la plus grande partie des régions alpines, les couches qui succèdent au néocomien ont pu être divisées, au moins pétrographiquement, plus qu'il n'a été possible de le faire dans le canton de Fribourg. Il n'y a guère à citer comme analogues aux nôtres que quelques contrées du versant italien, où la *scaglia* succédant immédiatement au *biancone* on n'a pu établir jusqu'à présent que ces deux subdivisions dans la série crétacée.

Notre crétacé supérieur a beaucoup de ressemblance pétrographique avec le calcaire de Seewen de la Suisse centrale et orientale et des Alpes de Bavière ; mais

[1] *Gilliéron,* Crét. du Léman, p. 22. — *E. Favre,* Moléson, p. 43 (211).

ce dernier succède au gault et à l'aptien, étages dont on n'a pas encore pu déterminer les équivalents dans le canton de Fribourg. S'ils étaient compris dans le calcaire noir, ce qui n'est pas impossible, le nom de crétacé supérieur serait remplacé avec avantage par celui de calcaire de Seewen.

Flysch.

§ 85. Il n'est pas dans notre territoire de formation dont l'étude soit aussi ingrate que celle du flysch. Jusqu'à présent il ne m'a encore offert que ses Fucoïdes et ses Helminthoïdes énigmatiques; mais M. Kaufmann vient de nous montrer que, dans la Suisse centrale, les Nummulites se rencontrent dans toute la hauteur de l'éocène alpin [1], en sorte qu'on finira peut-être par en trouver dans le canton de Fribourg; des recherches microscopiques y feront encore plus probablement découvrir aussi des Foraminifères.

Ce qui cause un autre embarras dans l'étude du flysch, c'est son extrême destructibilité: on ne peut pas étudier une suite de couches un peu étendue qui puisse servir de norme pour d'autres régions où la formation serait moins à découvert. Quand on fait une course de profil, on voit souvent se répéter à distance les unes des autres des séries de roches tout à fait semblables, et à cause des interruptions provenant surtout des masses de débris qui remplissent parfois les plus profonds ravins des torrents, on ne parvient pas à savoir s'il faut les envisager comme superposées, ou bien comme n'appartenant qu'à un seul et même ensemble de couches, que des contournements ou des ruptures ramènent plusieurs fois dans le même profil.

Caractères pétrographiques. Le flysch est d'une composition extrêmement variée, et cette variété même est le principal caractère auquel on peut le reconnaître. La roche qui paraît y prédominer est la *marne schisteuse*; après vient le *grès*, d'après lequel M. Studer a donné dans l'origine à la formation entière le nom de *grès du Gurnigel*. Ces deux roches présentent des variations nombreuses, et elles sont accompagnées de deux espèces de *calcaire*, qui ne jouent qu'un rôle très subordonné.

[1] Beiträge zur geol. Karte der Schweiz, Lieferung 11, p. 160 und folg.

1°. Les *marnes* présentent toutes les compositions possibles : souvent très argileuses et tendres, elles peuvent être aussi très calcaires, dures, et semblables à l'ardoise; les teintes varient du gris clair au noir; dans des parties argileuses qui sont en bancs d'à peu près un pouce et peu schisteuses, on voit quelquefois ces différentes teintes alterner assise par assise avec le vert, le rouge et le bleu; mais ordinairement on a à peu près la même couleur dans des épaisseurs de plusieurs mètres.

2°. Le *grès* n'est pas moins variable; à l'air il montre toujours la structure gréseuse d'une manière très nette, mais parfois quand on brise un fragment un peu gros de façon à voir la roche non attaquée par les agents atmosphériques, on serait plus disposé à lui donner le nom de calcaire sableux, tant le ciment paraît prédominer. Quant à la grosseur des éléments, on rencontre toutes les variations, depuis les grès fins jusqu'au conglomérat à gros fragments; dans ces derniers et les grès grossiers, on voit au premier coup d'œil, par les différences de couleurs, que les éléments proviennent de roches extrêmement variées. Les bancs de grès sont parfois schisteux, surtout à leur surface; mais ils se présentent aussi avec une épaisseur de un, deux mètres et plus, sans aucune tendance à se subdiviser. La teinte générale la plus fréquente est le bleu foncé à la cassure fraîche, et le roux sale à l'air; les grès grossiers sont moins sombres, et il y en a parfois de plus ou moins fins qui sont d'un gris assez clair.

Quoique ces deux roches principales, surtout les marnes, puissent former chacune des séries particulières, elles sont habituellement entremêlées, mais de façon pourtant que l'une domine toujours. On trouve des massifs qui semblent au premier abord n'être composés que de grès; cependant, lorsque les couches sont parfaitement à jour, on voit qu'entre des bancs qui ont quelquefois plus d'un mètre, il y a des intercalations de marnes d'un ou deux pouces, et que les plans de stratification sont très nettement marqués; en outre de nombreuses fissures perpendiculaires divisent les grès en blocs, en sorte que, malgré la dureté exceptionnelle de cette roche, toute la masse se désagrège très facilement.

3°. Il y a encore dans le flysch deux sortes de *calcaire*. Le premier se trouve un peu partout dans les massifs de marnes schisteuses, mais il n'y en a jamais que un, deux ou trois bancs peu épais, en sorte qu'il ne joue qu'un rôle très subordonné. C'est un calcaire à pâte très fine, à cassure conchoïde, traversé par une multitude de veines cristallines à peine visibles à l'œil nu; les teintes varient du bleu clair au blanc.

L'autre calcaire paraît ne s'être formé que dans une localité, savoir dans la région nord-est de la carte (pl. 1), entre la Grô Gitte et Allires. Il est un peu argileux, schisteux, quelquefois sableux et parfaitement semblable au néocomien bleu. Cette ressemblance m'a causé d'autant plus d'embarras qu'il est voisin de cette formation et qu'il semblait ainsi s'y rattacher, quoiqu'il n'y eût pas trace de fossiles; mais sa classification n'a plus été douteuse lorsque j'y ai eu trouvé des Fucoïdes et des intercalations évidentes des conglomérats du flysch.

§ 86. *Restes organiques et classification.* Ce sont les schistes argileux de teinte claire qui fournissent les plus beaux échantillons de Fucoïdes; ils s'y dessinent le plus souvent en noir, quelquefois en vert. Les déterminations que j'ai faites ayant besoin d'une révision, et ne se rapportant pas aux exemplaires trouvés dans le territoire de la carte qui accompagne ce mémoire, je n'en donnerai pas de liste ici. On trouve des restes végétaux du même genre dans quelques autres formations des Alpes de Fribourg, mais jamais en pareille quantité et toujours moins bien conservés; il m'a paru que les espèces peuvent être assez facilement distinguées, sauf peut-être dans les *Zoophicos*, et que, quand on a un certain nombre de bons échantillons, on peut décider s'ils appartiennent au flysch ou pas, lors même qu'on n'en connaît pas le gisement. Pétrographiquement cette formation se distingue bien de toutes celles qu'on rencontre dans le canton de Fribourg; quand on a un affleurement un peu considérable sous les yeux, la variété des couches qu'il présente ne peut pas laisser dans le doute, car elle ne se retrouve dans aucun autre terrain.

Quant à la véritable place qu'il faut assigner au flysch dans la série géologique, elle pourrait être méconnue, du moins dans le canton de Fribourg, quand on ne l'étudierait que sur quelques points isolés et sans connaître tous les autres terrains. On pourrait être tenté de lui attribuer tous les âges possibles, car on peut le rencontrer en contact avec toutes les formations de ces montagnes, et souvent avec les plus anciennes. Des recherches plus complètes font voir ce qui est la règle et ce qui est l'exception, quels sont les points où il y a des failles trompeuses, et quels sont ceux où les choses sont restées dans leur ordre normal. Dans ces derniers endroits, qui sont les plus nombreux, on a la série régulière des formations depuis le trias jusqu'aux terrains crétacés supérieurs, et, quand il y a quelque chose au-dessus, c'est toujours le flysch avec ses Fucoïdes et ses roches variées, qui le distinguent complètement de tout ce qu'on a vu plus bas. Lorsqu'on a reconnu ces faits, on ne peut que se joindre à l'opinion de M. Studer, qui regarde le flysch de nos régions comme éocène, opinion adoptée du reste par la grande majorité des géologues.

FORMATIONS PLUS ANCIENNES ENVELOPPÉES PAR LE FLYSCH.

§ 87. Il a déjà été question plus haut (p. 10 et 16) de roches plus anciennes que le flysch dont la position dans l'intérieur de cette formation est fort énigma-tique; il y a des gisements pareils dans le massif des Paquiers (partie nord-est de la carte, pl. 1) et au Hohberg, au nord-est du lac Noir. Si je les décris un peu minutieusement, c'est afin qu'on puisse s'en faire une idée qui remplace, autant que possible, les observations faites sur les lieux, et qu'on puisse ainsi mieux les comparer avec ceux d'autres régions. C'est pour la même raison que je n'ai indiqué dans les profils que ce que l'on voit, sans y ajouter aucune con-struction théorique.

Massif des Paquiers.

Sur le versant nord-ouest du massif de flysch des Paquiers, on voit sur la carte une suite d'affleurements de tithonique, accompagné de néocomien et de nummuli-tique; ils sont en ligne droite et suivent la direction générale de la chaîne et des couches du flysch. Mais tous n'occupent pas dans la nature autant de place que j'ai été obligé de leur en assigner sur la carte pour pouvoir les y marquer. J'en ai aussi dû réunir plusieurs en un seul, quoiqu'il y ait du flysch entre eux.

La figure 3, pl. 6, représente ce que l'on voit à 6 mètres du ruisseau au sud de *G* (*G*issaz à Paquier). A une pente un peu plus rapide qu'au-dessus et au-dessous, un bras du ruisseau a enlevé la terre végétale lors d'un débordement; il

.a mis à jour un calcaire blanc, compacte, se brisant en morceaux anguleux, et renfermant beaucoup de petites veines cristallines que l'action de l'air rend visibles; dans des morceaux détachés il y a des taches noires. Le plongement est sud-est faible. On ne voit que 5 mètres d'épaisseur de couches et sur une très petite étendue, en sorte que si c'est un bloc, il ne dépasse probablement pas la grosseur de ceux du terrain erratique. J'y ai trouvé des fragments de fossiles qui ne peuvent appartenir qu'aux *Aptychus Beyrichi*, Oppel et *punctatus*, Voltz, du tithonique. Le ruisseau qui coule auprès n'est pas encaissé, comme on pourrait le croire d'après le dessin topographique, et il ne montre que des débris de flysch.

Du côté du nord-est, à une dizaine de mètres de distance et un peu plus haut sur la pente, on voit sortir de l'herbe du calcaire de même nature; il est moins à jour, cependant on y aperçoit un plongement et une direction tels qu'on peut se représenter qu'il rejoigne régulièrement l'autre affleurement par dessous la terre végétale.

A une plus grande distance au nord-est, on a un troisième affleurement ou bloc de calcaire tithonique, encore plus élevé sur la pente; il n'a que 4 m. de puissance; on n'y voit guère de lignes de stratification distinctes, mais il y a des rognons de silex qui forment un banc, et qui semblent indiquer que cette masse est horizontale, ainsi il n'y aurait pas concordance avec les affleurements précédents. Il n'y a que des traces de fossiles. Cet endroit est près du ruisseau qui coule au nord de *1170*, et dont le lit est encaissé de quelques mètres; sur un chemin qui le suit sur la rive gauche, on ne voit que des fragments du tithonique blanc, tandis qu'il y en a peu dans le lit du ruisseau; là ce sont les débris de flysch qui dominent, et on n'y aperçoit de couches en place d'aucune roche.

La figure 4, pl. 6, représente ce qui est à jour à une petite distance de ce second ruisseau, sur la rive droite. La petite élévation de la partie gauche de la figure est dans la direction des affleurements tithoniques ci-dessus, et on pourrait penser qu'elle en indique la continuation; mais il n'y a rien de visible, et elle ne se prolonge pas plus au nord-est.

La partie de la pente qui est plus rapide est couverte de morceaux ou de blocs d'un conglomérat particulier. Il est composé de petits fragments provenant pour la plupart de roches cristallines, réunis par une pâte calcaire blanche, dans laquelle

ils sont quelquefois disséminés, d'autres fois serrés ; le plus grand nombre de ces
fragments ne dépassent pas la taille d'un pois, mais il y en a aussi de plus grands,
qui atteignent la grosseur du poing et même celle de la tête. Les déchirures du sol
ne montrent absolument rien que cette roche, aussi y est-elle bien certainement en
place ; mais on ne la voit pas assez pour y reconnaître une stratification et en
déterminer le plongement. J'ai marqué sur la figure celui qui m'a paru le plus
probable ; en admettant qu'il soit réel, on trouve 5 ou 6 m. de couches plongeant
sud-est.

En allant du côté du nord-est, où la rapidité de la pente augmente, on continue
à voir affleurer plus ou moins bien la même roche. Sous le petit chalet marqué sur
la carte, il semble qu'il y en ait une plus grande épaisseur que celle qui est indiquée ci-dessus, mais la stratification n'y est pas plus visible. On est assez porté
à penser que ces affleurements appartiennent à une seule et même masse ; cependant il n'est pas impossible de les regarder comme provenant de blocs et de fragments isolés, qui seraient très rapprochés les uns des autres.

Plus au nord-est la pente s'adoucit un peu, elle montre que le sol n'est composé que de débris de flysch, et plus loin, quand elle recommence à s'accentuer, on
voit cette formation en place avec un plongement sud-est faible.

Au-dessus le sol ne montre que des débris de flysch, et quelques-uns de tithonique dans le ruisseau et près du chalet ; ainsi que je l'ai déjà indiqué, on se serait
plutôt attendu à trouver ces derniers en dessous, dans la direction des affleurements mentionnés en premier lieu.

Ce conglomérat de roches cristallines renferme des *Nummulites* en grand nombre.
M. Ph. de la Harpe a eu la bonté de les examiner, mais elles ne peuvent guère
être déterminées avec certitude ; il y reconnaît pourtant deux espèces, dont la plus
petite est voisine de la *Numm. Lucasana*.

Abstraction faite d'un bloc et de débris douteux qui se trouvent à Tarraillonnaz
et que je mentionnerai bientôt, je n'ai remarqué ailleurs, dans la chaîne de la Berra,
que deux fragments de cette roche. L'un a été trouvé au pied du massif du Cousinbert, à l'est de Montévraz-dessus, dans la région de la molasse ; il peut être
descendu de la chaîne de flysch, ou avoir été apporté là par le glacier ; M. de la
Harpe n'y a pas reconnu de Nummulites, mais des Orbitoïdes, des Briozoaires et

des Spongitaires. L'autre fragment provient de Rappaz, dans le massif du Niremont, au nord-est de Semsales, où il était parmi des débris de flysch; il renferme les mêmes restes organiques que l'autre, sans Nummulites.

§ 88. Les figures 5, 6 et 7 de la planche 6, représentent ce que l'on voit successivement à la Tarraillonnaz, en marchant du sud-ouest au nord-est. La figure 5 est prolongée jusqu'au flysch qui est en dessus des affleurements de roches secondaires, et la figure 7 jusqu'à celui qui est en dessous; en prolongeant de même la figure 6, on aurait en bas et en haut le flysch dans la même position.

Au nord-est de ces profils, du côté des gisements de la Gissaz à Paquier, se trouve une région dont la pente est plus uniforme; c'est évidemment un ancien éboulement où l'on ne voit que des débris de flysch. Ils sont encore plus visibles plus bas au-dessus du chalet de Tarraillonnaz, et il y a en mélange des fragments de tithonique blanc, plus nombreux encore au bord du ruisseau qui coule au nord-est; j'y ai trouvé l'*Aptychus Beyrichi*, Oppel. Là où apparaissent les formations plus anciennes et le flysch en place, les pentes s'accentuent et elles sont boisées.

Je commence par l'explication du profil de la fig. 5, qui passe par l'extrémité sud-ouest des affleurements. On voit au bas de la pente un bloc de calcaire tithonique très foncé un peu grumeleux, faisant saillie dans le pâturage; on le croirait descendu du haut si on y trouvait la même roche, mais ce n'est pas le cas, on ne peut pas du tout non plus se représenter ce bloc comme appartenant à une couche en place. Au-dessus on a une pente gazonnée, qui ne montre rien jusque vers le haut, où affleure le calcaire tithonique blanc de la Gissaz à Paquier. J'y ai trouvé les *Aptychus punctatus*, Voltz? et *Beyrichi*, Oppel; on ne voit guère que deux mètres de couches qui plongent sud-est, en sorte que si une continuation régulière existait du côté du nord, les assises devraient se trouver toujours plus haut sur la pente; mais ce n'est pas le cas. De ce côté-là, c'est à la même hauteur qu'on voit affleurer çà et là le calcaire tithonique, sur une longueur d'environ 40 m.; mais il se présente plutôt comme une série de blocs sortant du sol que comme une assise régulière formant une falaise. On ne voit du reste pas les couches enveloppantes. Au-dessus un mamelon, qui ne se présente comme tel que du côté du sud, ne montre que quelques débris néocomiens, qui ne paraissent pas indiquer que les couches soient en place sous la terre végétale. Puis, sur la pente qui regarde au sud, on voit à deux endroits le néocomien bleu avec ses bancs calcaires et marno-schisteux. On y trouve les *Aptychus Didayi*, Coq., *undatocostatus*, Peters, et celui de l'*Amm. Astierianus*. La concordance du plongement rend probable que les deux affleurements appartiennent à une seule masse qui est assez considérable, et qu'à cause de la facilité de désagrégation des couches, on n'est guère disposé à envisager comme un bloc exotique venu de loin.

Un peu plus au nord-nord-est, au-delà de la série de blocs tithoniques mentionnée, la pente est plus haute, et un éboulement a mis à jour ce qui est représenté dans la figure 6. Il y a aussi ici un bloc isolé de tithonique, qui est plus loin du pied de la pente rapide que celui de la fig. 5. Il est formé de deux bancs épais de calcaire noirâtre, taché de rouge; rien dans le relief du sol n'indique qu'il appartienne à une assise régulière qui serait cachée sous la végétation, et la variété de calcaire qui le compose ne se retrouve pas au-dessus. Pour pouvoir marquer sur la carte ces deux blocs inférieurs des figures 5 et 6, je les ai réunis sud de *na* (Tarraillon*naz*).

Au pied de la pente rapide, on trouve les schistes argileux du flysch; ils ne sont pas très visibles, mais assez pour qu'on puisse être sûr qu'ils sont en place avec le plongement indiqué dans la figure. Plus haut on voit le tithonique blanc sur une puissance de 8 mètres; la stratification n'en est pas régulière et nette, sauf dans le bas; j'y ai trouvé un *Aptychus punctatus*, Voltz. On remarque aussi deux blocs qui sont appuyés contre ces couches, mais qui ne paraissent pas en faire partie: l'un est gros et la roche paraît tithonique, elle est un peu bleuâtre; l'autre plus petit est composé en partie de calcaire blanc et en partie du conglomérat à petits fragments qui est nummulitique à la Gissaz à Paquiers; mais ici je n'y ai pas trouvé de Nummulites.

Immédiatement au sud-ouest de cet affleurement, il y a un ravin qui entame assez profondément la pente, et cependant on n'y trouve pas la continuation des couches; ce serait assez étonnant si ces calcaires résistants formaient un membre constitutif des assises de la montagne; cela n'étonne plus si on les regarde comme des blocs exotiques. Au pied de la pente, au-dessous des couches de flysch en place, il y a de petits blocs de néocomien et de tithonique. Plusieurs de ces derniers ne sont pas anguleux et ils ne sont pas détachés de la masse en place, car il y en a dont la roche est plus foncée. De même, dans le ravin mentionné et au-dessus du calcaire blanc, on trouve, avec des débris de néocomien et de flysch, beaucoup de petits fragments provenant d'une couche tithonique grumeleuse de teinte assez foncée, qui n'est point représentée dans l'affleurement; quelques-uns sont des fossiles plus ou moins roulés, souvent entourés d'une portion de roche. Dans le nombre j'ai cru reconnaître les espèces suivantes:

Belemnites cf. semisulcatus, Münst.?	*Ammonites colubrinus*, Rein. sp.?
Ammonites Richteri, Opp.	*Aptychus punctatus*, Voltz.
— *transitorius*, Opp. ou *eudichoto-*	— *Beyrichi*, Opp.
mus, Zitt.	

En continuant à marcher sur la pente rapide à partir du point où passe le profil de la fig. 6, on voit des fragments de flysch, de tithonique blanc et de néocomien sans affleurements proprement dits, puis on arrive à un petit ravin où se trouve ce qui est représenté à la figure 7. On a là de nouveau le tithonique blanc à stratification irrégulière et incertaine; il contient des rognons de silex en bancs; j'y ai trouvé seulement l'*Aptychus Beyrichi*, Oppel. Immédiatement au pied il n'y a que des débris de flysch, dans lesquels des schistes très friables prédominent tellement qu'il est fort probable qu'en creusant on en trouverait les couches. En tout cas elles sont bien en place un peu plus bas et, ainsi que dans l'autre profil, elles plongent à peu près comme le tithonique.

En continuant à suivre la pente rapide du côté du nord-nord-est, on arrive à un petit ruisseau avec des fragments du calcaire blanc tithonique et du conglomérat de la Gissaz à Paquier, qui ici n'a pas de Nummulites; les débris de flysch prédominant de beaucoup, il est probable que c'est cette formation qui est en place.

Sud de *c* (Scierne), il y a au haut de la continuation de la même pente rapide un petit crêt, qui est formé par le calcaire tithonique blanc avec silex; on n'y voit que deux ou trois mètres de couches; mais la nature de la végétation herbacée, qui n'est plus celle du flysch, montre que la roche s'étend un peu plus loin. Le plongement ne s'accorde plus avec celui que nous avons vu ci-dessus, il est sud-sud-est au-dessus de la moyenne; il est donc plus probable que nous avons ici un véritable bloc exotique.

Je n'ai pas parcouru aussi en détail la continuation de la pente, mais tout ce

que j'y ai vu est de nature à faire admettre que le flysch l'occupe du haut en bas;
tous les débris appartiennent à cette formation, et elle s'y montre en place sur
plusieurs points, sans trace de calcaire. Cependant on n'en a pas encore fini avec
les gisements énigmatiques qui nous occupent. A l'est de *Au Saut*, on voit encore
saillir, tout entouré de débris de flysch, un petit rocher, ou plutôt un gros bloc de
calcaire tithonique d'un blanc sale. Il est visible sur 15 m. de longueur et 5 de
largeur; les couches en sont tourmentées, et les lignes de stratification y disparaissent par places; mais en gros elles paraissent indiquer un plongement moyen sud-
est. Il serait difficile de se figurer que ce ne fût pas là un bloc exotique; car le
ruisseau marqué sur la carte a creusé un ravin profond, où l'on ne voit pas d'indice
de la continuation de cet affleurement tithonique. Ce bloc paraît terminer la série;
plus au nord-est je n'ai plus trouvé de gisements semblables.

Des trois formations qui se présentent ainsi intercalées dans le flysch, il n'y a
que le néocomien qui soit complètement identique pétrographiquement à celui qui
compose une bonne partie du Monsalvens. Jusqu'à présent on n'a signalé de Nummulites, dans les quatre chaînes du canton de Fribourg, que dans le massif du
Gurnigel. Ce que M. Brunner dit du grès de la Gurbe[1] qui les contient, fait
penser qu'il pourrait bien avoir du rapport avec le conglomérat de la Gissaz
à Paquier, d'autant plus qu'on ne l'a encore trouvé qu'en blocs[2]. En revanche
notre conglomérat ne ressemble pas du tout aux roches nummulitiques des Alpes
suisses, pas même à celles des Voirons[3] qui sont pourtant dans la continuation de
la chaîne de la Berra. M. de la Harpe trouve que le fragment du Cousinbert rappelle vivement certains marbres éocènes de Bavière.

Quant au tithonique blanc, il ne se retrouve pas au Monsalvens où cette formation est très foncée; ce n'est que sur quelques points de ce massif que j'en ai
vu des assises prendre une teinte claire. La roche de Tarraillonnaz a bien plus
d'analogie avec le calcaire du crétacé supérieur, auquel je l'avais d'abord rapportée[4]. Ce n'est qu'après avoir trouvé du tithonique blanc au Dat, près de

---

[1] Stockhorn, p. 24.

[2] *v. Fischer-Ooster*, Berner Mitth. 1869, p. 55.

[3] *A. Favre*, Géol. Savoie, vol. 1, p. 433 et 435.

[4] C'est ce qui a fait que dans un travail précédent, j'ai indiqué à tort la craie supérieure comme se
trouvant au-dessus de Corbières. (Crétacé du Léman, p. 11 et 31.)

Semsales (p. 96), que je suis revenu faire des recherches plus attentives dans les localités en question, et que j'ai rencontré, dans les couches en place, des *Aptychus* qui ne laissent plus de doutes sur le caractère tithonique de ces affleurements.

Hohberg.

§ 89. Il y a dans la région du Hohberg (p. 63) des lambeaux et des blocs de jura supérieur dont la position présente aussi quelque chose d'anormal, et dont une partie au moins doivent être rapprochés de ceux que nous venons d'étudier.

On n'en trouve qu'un au passage du profil inférieur, pl. 6, fig. 1. C'est le rocher de calcaire en grumeaux qui est à peu près au centre. Il fait saillie du côté de l'ouest, où les couches en place ont une douzaine de mètres de puissance; du côté de l'est il se prolonge sur une trentaine de mètres de longueur, et se perd peu à peu sous la terre végétale et la pente générale du sol; les assises dévient légèrement de la position verticale pour plonger au nord. Le calcaire est grumeleux, surtout à la surface des bancs, et il est accompagné de silex. Les fossiles y sont très rares; deux fragments d'*Aptychus* peuvent se rapporter aux espèces du calcaire en grumeaux du Monsalvens, auquel la roche ressemble bien plus qu'au jura supérieur de la partie de la chaîne du Ganterist qui est voisine. Autour de ce rocher il n'y a du côté du sud que des débris, et de tous les autres côtés des schistes en place qui appartiennent aux couches de Klaus. Il se présente donc comme un lambeau d'un massif de jura supérieur dont tout le reste aurait été emporté.

Dans l'espace qui est entre les profils des fig. 1 et 2, pl. 6, on voit du côté nord deux affleurements néocomiens peu considérables; ils sont séparés et entourés par des débris de flysch, et, sur la ligne qui les joint, cette dernière formation semble être en place. L'affleurement inférieur ne présente que 2 ou 3 m. de couches à peu près verticales; la roche est tout à fait celle du néocomien bleu du Monsalvens, et contient l'*Aptychus undatocostatus*, Peters et l'*Aptychus* de l'*Amm. Astierianus* (*Apt. noricus*, Winkler et *Serranonis*, Coq.). L'affleurement supérieur n'est pas loin du passage du profil de la fig. 2, et sa position y a été représentée à gauche; il plonge moyennement au sud; la roche y est en partie sableuse et en partie compacte. Ces deux lambeaux de néocomien font ainsi l'effet de masses enveloppées et séparées par le flysch; cependant la direction des couches concorde assez bien pour que la possibilité qu'ils tiennent ensemble par dessous cette formation ne puisse pas être entièrement exclue.

Le profil de la fig. 2 passe par la croupe qui forme un col entre le Mättenberg et le Hohberg; il commence dans le flysch en place et finit de même; cette région est bien couverte par la végétation, et ce n'est que çà et là qu'on trouve un affleurement de schistes calloviens entre les deux massifs de flysch. Au point indiqué par *Bloc exot. 1*, on voit du calcaire compacte en bancs régulièrement reliés ensemble sur une épaisseur de 4 m.; je le rapporte à la partie moyenne du jura supérieur du Monsalvens, cependant la structure n'en est pas tellement caractérisée qu'on ne puisse le rapprocher aussi des mêmes couches dans la chaîne du Ganterist. Quoique ce calcaire soit résistant, on n'en trouve de continuation ni à l'ouest ni à l'est de la croupe où on l'observe. Du côté du nord il y a beaucoup de débris de flysch; mais on ne voit les couches en place qu'un peu plus haut; du côté du sud on trouve tout de suite les schistes à nodules. Ainsi ce calcaire semble intercalé entre le callovien et le flysch, et on n'est pas forcément amené à y voir un bloc exotique; mais d'un autre côté si c'est une formation en place, on ne peut guère s'expliquer qu'il n'y en ait qu'un lambeau à jour.

A l'endroit indiqué par *Fragm. exot. 2*, on voit beaucoup de débris de calcaire jurassique et de flysch mêlés les uns aux autres, près de la barrière d'un pâturage. Du côté du nord, les schistes calloviens se montrent à côté, et à une certaine distance à l'ouest on en voit mieux les couches en place, dans la position marquée sur le profil.

Plus au sud, au n° 3, des débris néocomiens sont si nombreux dans le pâturage que l'on est tenté d'y croire la formation en place, mais on ne voit pas de couches proprement dites; ces fragments se trouvent surtout sur la croupe et du côté de l'est.

J'ai vainement cherché à m'expliquer la présence de ces débris jurassiques et néocomiens sur ces deux points, par un éboulement ou par un transport glaciaire. Cette région est trop haute pour que le grand glacier de la plaine y soit monté, et on ne saurait non plus comment y faire arriver un petit glacier de la chaîne du Ganterist.

Plus au sud on entre tout à fait dans le flysch, et au point 4 on trouve un véritable bloc exotique; il est presque entièrement recouvert, mais on en voit la division en bancs qui tendent à se désagréger; c'est un calcaire compacte, presque blanc ou verdâtre, qui a au moins la puissance de 3 mètres; un exemplaire de l'*Aptychus punctatus*, Voltz le caractérise comme tithonique; j'y ai trouvé aussi une portion de Bélemnite et un autre *Aptychus* du groupe des *Cellulosi*. Du côté de l'est on voit encore d'autres fragments de cette roche dans le pâturage.

Hypothèses sur les gisements de formations plus anciennes dans le flysch.

§ 90. En décrivant la manière d'être des formations plus anciennes qui se présentent dans les régions de flysch de la Pfeife (p. 10 et 16), des Paquiers et du Hohberg, j'ai souvent indiqué l'impression qu'elles font sur l'observateur, quand il cherche à se rendre compte de leur présence tout à fait inattendue. Cette impression n'est pas partout la même, et ce qu'on voit n'est nulle part assez clair pour que les conséquences découlent immédiatement de l'observation, et qu'il ne reste pas toujours quelque point interrogatif dans l'esprit. Il sera donc de quelque utilité d'examiner encore, au point de vue de l'ensemble des gisements décrits, les différentes hypothèses que l'on peut faire, pour se rendre compte de la manière dont ces lambeaux de formations inférieures ont pu arriver à se trouver dans la position où nous les voyons; mais je ne me dissimule pas qu'il est fort possible que je n'aperçoive pas l'explication la plus plausible.

1°. Les couches plus anciennes que le flysch sont le noyau d'une voûte couchée dont l'érosion a enlevé le sommet, en sorte qu'elles sont maintenant à jour. C'est là l'explication que M. Studer a donnée de la structure des Voirons[1].

C'est à la région de la Gissaz à Paquier et de Tarraillonnaz que cette hypothèse convient le mieux, parce que la direction des affleurements concorde d'une manière générale avec celle du flysch et de la chaîne tout entière. Le néocomien

---

[1] Geol. der Schweiz, Bd. 2, p. 5, 6 und 49. — M. E. Favre a appliqué dernièrement cette explication à d'autres localités.

de Tarraillonnaz et le nummulitique de la Gissaz, seraient superposés plus ou
moins normalement au tithonique. Il n'y aurait pas trop lieu de s'étonner que ce
dernier ne fût pas à jour sous le nummulitique; mais ce que l'on ne pourrait guère
s'expliquer, c'est la présence des fragments tithoniques au-dessus. Le peu d'étendue des afflourements des roches secondaires et nummulitiques, plus résistantes
pourtant que le flysch qui les enveloppe; le manque de toute continuation sur des
pentes qui présentent absolument les mêmes accidents de relief que celles où elles
se trouvent; le facies de blocs isolés de quelques-unes d'entre elles, et de presque
toutes, si l'on considère que les ravins des ruisseaux ne les ont pas mises à jour à
quelques pas des endroits où on les voit: voilà ce que cette supposition n'explique
guère. Pour la rendre plus acceptable, il faut encore admettre l'hypothèse au
moyen de laquelle M. Neumayr explique la formation des Klippen pennines[1]:
quand la voûte était encore verticale, il y aurait eu rupture du noyau le long de
l'axe, et une pression latérale serrant les couches les unes contre les autres, des
lambeaux de ce noyau auraient pénétré dans le flysch, où nous les trouvons maintenant
à l'état de blocs exotiques. Cette première hypothèse explique alors d'une manière
satisfaisante les gisements de la Gissaz à Paquier et de Tarraillonnaz; seulement il
faut admettre que la voûte est complètement renversée, puisque le plongement du
flysch est assez faible. Elle s'applique moins bien à la région de la Pfeife, où ce
sont des formations très éloignées du flysch qui sont à jour; elle n'est d'aucune
application aux gisements du Hohberg.

2°. Les couches secondaires auraient été amenées au jour par une faille. Au
Monsalvens ce genre de dislocation joue un grand rôle; il y en a une grande à
l'est et deux à l'ouest (§ 105). La faille qu'on supposeráit à la Gissaz et à Tarraillonnaz pourrait être envisagée dès l'abord comme la continuation de celle qui est
très manifeste à Broc (voir la carte, pl. 1), si l'effet produit n'était pas contraire,
car dans cette dernière localité les terrains les plus anciens sont à l'ouest, et non à
l'est de la ligne de rupture. A Tarraillonnaz, la formation de la faille aurait été
suivie d'un refoulement par lequel le tithonique aurait été poussé sur le flysch qui
passe dessous. Cette supposition a contre elle les mêmes objections que la précédente. Pour les écarter il faudrait la rendre plus hypothétique encore: de même

---

[1] Penn. Klippenzug, p. 526.

qu'à Broc ce serait à l'ouest de la rupture que les assises les plus profondes auraient d'abord été mises à jour; cette partie se serait ensuite affaissée, et il se serait produit un frottement des deux lèvres de la faille, qui aurait fait pénétrer dans le flysch, à l'est de la rupture, les lambeaux détachés de terrains divers que nous y voyons maintenant.

3°. La région du Hohberg, où il y a des rochers isolés et des débris du jura supérieur et du néocomien reposant sur des formations inférieures, amène à penser que peut-être le flysch s'est déposé sur un fond de mer déjà tellement disloqué par les soulèvements et les affaissements, qu'il y avait à la surface des lambeaux de toutes les formations, du rhétien au nummulitique. Ils nous apparaîtraient maintenant çà et là, débarrassés en partie de l'enveloppe de flysch qui se serait déposée autour ; si cette dernière formation paraît passer par dessous, ce ne serait que par suite des déplacements que les derniers soulèvements auraient occasionnés.

Cette troisième hypothèse, qui rendrait bien compte de quelques faits, soulève aussi une objection, c'est que nous ne connaissons guère de région où le morcellement des terrains soit aussi grand qu'il faudrait le supposer. Au Hohberg même, on s'explique mal comment sur des couches tout à fait schisteuses et tendres il n'y aurait eu, avant le dépôt du flysch, que des lambeaux provenant du milieu d'un ensemble également résistant dans toutes ses parties. Cependant nous avons, dans le canton de Fribourg même, quelque chose d'analogue à ce morcellement des formations qu'il faudrait supposer, et cela se trouve justement au débouché de la vallée de la Sarine, là où il semble que toute la chaîne du flysch de la Berra ait été détruite. Cette région est surtout couverte par des dépôts quaternaires et modernes ; mais les couches de Klaus, les schistes calloviens et, au sud, des lambeaux de flysch s'y montrent aussi; en même temps il y a des récifs de jura supérieur qui occupent très peu de place : l'un d'eux est marqué sur la carte de la pl. 1, dans l'intérieur de la Tour de Trême, un autre est un peu plus à l'ouest, un troisième est près d'Epagny. Il semble que nous ayons là, de même qu'au Hohberg, un témoignage de ce qu'était le sol qui formait le fond de la mer du flysch, et cette circonstance me paraît donner du poids à cette troisième hypothèse.

4°. Une quatrième supposition est celle que les roches plus anciennes que le

flysch sont des blocs qui ont été transportés dans la mer où se déposait la formation
enveloppante. Cette supposition rend bien compte de l'existence de lambeaux
d'âges très différents dans le voisinage les uns des autres; elle explique pourquoi,
quand une suite d'affleurements semble former une couche continue, on ne la
trouve pas dans les ravines, où elle devrait être plus particulièrement à jour. Mais
elle soulève aussi des objections: on a de la peine à se représenter un transport de
blocs rhétiens et néocomiens composés de couches marneuses, entremêlées de calcaire, qui forment un ensemble très désagrégeable; mais l'objection la plus forte
c'est celle qu'on ne connaît pas d'agent qui puisse opérer ce déplacement; les
masses liasiques du Schwarzwasser surpassent de beaucoup le maximum de taille
des blocs exotiques de l'époque glaciaire; il en est de même de quelques-uns des
affleurements tithoniques de Tarraillonnaz.

Le mode de déplacement qui lèverait le mieux cette difficulté, c'est celui d'un
simple éboulement. Pour expliquer la présence de roches cristallines étrangères
au versant nord des Alpes dans les conglomérats du flysch et de la molasse, on
est obligé de recourir à la supposition qu'il y a eu, dans cette région, des
chaînes dont il ne reste plus d'affleurement à l'heure qu'il est[1]; ces montagnes
auraient formé des îles dans la mer du flysch, ou bien elles auraient occupé
l'emplacement de la molasse actuelle. En tout cas elles pouvaient fort bien ne
pas être composées seulement de roches cristallines et éruptives, mais présenter
aussi des revêtements de terrains sédimentaires, dont des masses éboulées se retrouvent maintenant dans le flysch. Cette hypothèse a l'avantage d'expliquer
pourquoi il y a des blocs dont la roche n'est pas identique à celle du même
âge dans les montagnes voisines; car il est à présumer que dans ces chaînes plus
extérieures encore que celles que nous connaissons maintenant, on aurait pu voir
se vérifier le fait général de la modification des formations dans la direction du
nord-ouest au sud-est (p. 9).

---

[1] *Studer*, Monographie der Molasse, p. 173. Westl. Schweizer-Alpen, p. 400. Geol. der Schweiz,
Bd. 2, p. 387. — *Heer*, Urwelt der Schweiz, p. 286.

Formation sidérolitique.

§ 91. Dans le récif de jura supérieur qui s'élève dans l'intérieur de la Tour de Trême, on voit des crevasses remplies d'une matière ocreuse, d'un roux vif, empâtant du calcaire d'aspect tuffeux et des cristaux ; d'autres fissures contiennent des marnes dures, vertes ou bleues ; je n'y ai pas vu de grains de fer ni de sables siliceux. Les crevasses sont petites, et leurs parois ne présentent guère les traces de corrodation et de modifications de la roche qui accompagnent les dépôts sidérolitiques du Jura ; cependant il est évident que les matières en question sont des injections qui ont pénétré dans toutes les directions, et qu'elles ne proviennent pas du calcaire qui ne les contient pas. Ce n'est du reste que sur ce point que j'ai trouvé des remplissages de ce genre.

Molasse.

§ 92. La molasse ne rentre proprement pas dans le cadre de ce travail, car elle n'affleure qu'à une assez grande distance du Monsalvens ; mais puisqu'il y en a dans le territoire de la carte (pl. 1), il convient d'en dire quelques mots ici.

Il ne me semble pas que dans la Suisse occidentale on ait réussi à éclaircir d'une manière tout à fait satisfaisante les rapports des différentes subdivisions de la molasse ; jusqu'à présent je ne suis pas parvenu non plus, par mes recherches dans le canton de Fribourg, à des résultats que je puisse envisager comme définitifs. Ainsi je me bornerai à rapporter ce que j'ai observé dans le territoire de la carte. On peut y distinguer trois zones de molasse à peu près parallèles aux chaînes alpines.

Première zone. Elle n'affleure sur la carte qu'à deux endroits, est de *e* (Corbière) et plus au nord, au bord septentrional de la carte. On voit là des marnes non schisteuses, panachées de teintes variées, quelquefois rouges ; elles sont accompagnées de molasse marneuse, présentant les mêmes variations de couleur, et de quelques bancs plus consistants et d'un gris plus uniforme. Le plongement est sud-est en dessous de la moyenne. Je n'ai vu aucune trace de fossiles dans ces affleurements et dans d'autres qui continuent la zone plus au nord. Pétrographiquement ces couches se rattachent tout à fait à la *molasse inférieure d'eau douce* du reste de la Suisse.

Seconde zone. De Champotey au pont sur la Sarine, près de Corbière, on a exploité dans un grand nombre de carrières, en partie abandonnées, une molasse dure, à grains fins, bleue intérieurement, divisée en dalles et ne formant qu'exceptionnellement des bancs épais. Le plongement de ces couches est régulièrement de 33 à 35° sud-sud-est. Sous ce massif, qui n'a point d'intercalations marneuses, il y en a un plus considérable qui est composé de marnes gris bleuâtre, plus ou moins sableuses, et mêlées de bancs de grès tendre; j'y ai vu un feuillet de lignite, mais pas trace de fossiles. Dans la molasse supérieure il y a quelques moules de coquilles, mais toujours en valves séparées.

Un peu plus au nord, de Vuippens à la Sarine, on a des couches de molasse identiques, dont le plongement et la direction sont très semblables. On retrouve aussi dessous des marnes gris bleuâtre et au-dessus une dizaine de mètres de marnes et de molasse bigarrées, ressemblant à celles des couches d'eau douce, mais s'en distinguant pourtant par une structure plus schisteuse.

Enfin, à l'ouest de Villarsvolard, sur la rive gauche de la Sarine, sud de *d* (Champ Riond), on voit immédiatement au bord de la rivière, quand les eaux ne sont pas très hautes, quelques couches de grès qui ne m'ont pas paru différer de la molasse décrite; elles sont à peu près verticales, et se dirigent de l'ouest-sud-ouest à l'est-nord-est. L'affleurement est si peu considérable qu'il est possible que je me sois trompé en rapprochant ces assises de celles dont il est question ici.

Cette zone de molasse de Corbière et de Vuippens se continue du côté du sud-ouest au moins jusque près de Semsales; elle est toujours très pauvre en fossiles. Ceux que j'ai recueillis hors du territoire de la carte ne sont guère déterminables et n'ont pas encore été étudiés; ils indiquent pourtant un dépôt marin ou saumâtre.

Troisième zone. La troisième zone n'est représentée sur la carte que par un affleurement sur les bords du Gérignoz. On y trouve le même ensemble de roches que dans la première; c'est donc avec la *molasse inférieure d'eau douce* qu'elle a le plus d'analogie; des *Helix* bien conservées confirment ce rapprochement. Ici aussi le plongement est sud-sud-est, de 33° environ. Cette zone se montre encore hors de la carte surtout du côté du sud-ouest.

Dépôts quaternaires.

§ 93. Outre la lacune qu'il y a en Suisse dans la série géologique entre la molasse et les dépôts quaternaires, il y en a une autre dans le territoire de notre petite carte, car jusqu'à présent je n'y ai pas reconnu d'*alluvion ancienne*. Ce n'est pas que les graviers stratifiés y manquent, mais je crois devoir les rapporter tous à la période glaciaire; nous n'avons ainsi à distinguer que deux formes synchroniques d'un même dépôt, le *quaternaire ou glaciaire informe* et le *quaternaire ou glaciaire stratifié*.

Quaternaire informe.

Le quaternaire informe est le terrain glaciaire par excellence, celui dont la structure ne peut absolument être expliquée sans recourir à l'intervention des glaciers; par sa grande prédominance sur le quaternaire stratifié, il nous oblige à écarter toutes les anciennes théories sur le transport des blocs erratiques, théories que l'on voit réapparaître de temps en temps dans la science.

Comme ailleurs, ce qui caractérise chez nous le glaciaire informe c'est l'absence de toute stratification, et la présence des stries sur les galets qui n'appartiennent pas aux roches les plus dures du dépôt. C'est en suivant le lit des ruisseaux qui se sont creusé un profond ravin et où les éboulements sont le plus fréquents, qu'on peut le mieux l'observer. L'aspect sous lequel il se présente le plus souvent est celui d'une boue ou limon fin, renfermant des fragments plus ou moins arrondis et de toutes les grosseurs. La boue tient ordinairement plus de place que les galets, mais ceux-ci ne manquent jamais; parfois ils deviennent plus nombreux, et il y en a autant que de limon, d'autres fois encore ils prédominent et, sur quelques points, ils semblent composer à eux seuls le dépôt. La teinte fraîche de la boue glaciaire est presque toujours le gris bleuâtre; elle passe au gris jaunâtre partout où l'action de l'air et de l'eau de la surface a pu se faire sentir, et la limite entre les deux teintes est toujours très irrégulière.

Les affleurements où les galets se montrent anguleux sont rares dans le territoire de notre carte, et en général dans le canton de Fribourg, où les blocs mêmes sont plus ou moins arrondis; cela s'explique par le long transport que la plupart d'entre eux ont subi.

Quaternaire stratifié.

Le quaternaire stratifié se compose surtout de gravier mêlé de sable; ce dernier est toujours en moins grande quantité, du moins dans le territoire de la carte. Le triage des matériaux est plus ou moins complet; il arrive souvent que les bancs sont composés de galets qui ont à peu près la même grosseur; on peut alors distinguer du gravier grossier, du gravier fin et du sable aussi plus ou moins fin. D'autres fois, du haut au bas d'un affleurement, on voit des matériaux de toutes les grandeurs, depuis le grain de sable jusqu'au bloc de plus d'un mètre cube; alors on ne distingue pas de lignes de stratification; seulement il y a quelquefois un plus grand nombre de galets qui sont posés sur leur surface la plus large; l'absence de la boue fine fait seule reconnaître dans ce cas le travail des eaux. Il peut arriver que du tuf se soit déposé dans les graviers; ils forment alors un poudingue assez solide, qui se distingue toujours des poudingues tertiaires par les cavités qu'il présente.

La boue glaciaire provenant du lavage des matériaux plus grossiers paraît avoir été souvent emportée au loin par les cours d'eau; mais on en trouve aussi sur plusieurs points. C'est alors un limon argileux, stratifié, parfois mêlé d'un peu de sable fin, souvent assez consolidé pour présenter une cassure conchoïde. Quelquefois il y a dans des bancs dont la stratification n'est pas douteuse de petits galets isolés, dont la grosseur ne dépasse pas celle d'une noisette. Cette forme des dépôts stratifiés ne se présente guère dans les parties élevées de la plaine; c'est dans les ravins des ruisseaux qu'il faut surtout la chercher. Du reste elle peut se trouver en alternance avec les matériaux grossiers.

Dans les graviers et les sables, la stratification présente rarement quelque chose de constant, lors même qu'elle est très nette; on voit, par exemple, des bancs épais se perdre dans d'autres à une distance de quelques mètres. Il y a ordinairement dans l'ensemble des lignes de stratification un plongement général, mais il est souvent différent dans des affleurements voisins, et parfois dans le même. Les inclinaisons atteignent çà et là un degré tel qu'on ne peut guère en trouver de semblables dans les dépôts analogues des rivières.

Le lavage et le transport par les eaux a rarement été assez long pour faire disparaître entièrement les stries des galets. Quelquefois il semble qu'il n'y en ait pas, mais en cherchant on finit toujours par en trouver; seulement elles sont plus ou moins effacées.

Matériaux des dépôts glaciaires.

§ 94. Il y a des différences dans les roches que l'on rencontre dans les dépôts quaternaires éloignés les uns des autres; mais il n'y en a pas entre le glaciaire informe et le stratifié dans les mêmes localités : rien ne démontre mieux leur commune origine. La grande majorité des galets appartient aux roches de sédiment, et naturellement ce sont celles qui résistent le mieux à la désagrégation qui prédominent. Les roches cristallines et éruptives sont très rares dans les régions glaciaires qui entourent le Monsalvens; les granits et les gneiss, si fréquents sur le flanc du Jura et dans la partie de la plaine qui l'avoisine, n'y sont représentés que par quelques fragments. A l'ouest de Bulle, où l'on a fortement entamé une colline glaciaire pour établir la gare, je n'ai pas trouvé une douzaine de fragments qui appartiennent aux formations cristallines. Les roches de cette nature augmentent un peu en quantité dans le coin nord-ouest de la carte, qui est un peu plus rapproché du centre de la plaine suisse, mais elles y sont toujours moins nombreuses que les autres.

Parmi les roches de sédiments, il y en a dont le lieu d'origine se trouve dans les chaînes qui bordent la vallée du Rhône; c'est le cas des fragments du terrain nummulitique, par exemple; mais la majorité pourraient se rapporter aux formations des chaînes extérieures des Alpes entre l'Aar et le Léman. Je ne veux pas dire qu'elles en viennent toutes, car il est bien sûr qu'il y a dans le Valais des roches qu'on ne peut pas distinguer de celles de ces chaînes; mais une bonne partie en provient certainement. Elles sont arrivées dans notre région soit par le glacier du Rhône, qui a dû recevoir un fort contingent de débris du Moléson et des montagnes plus au sud, soit par le glacier de la Sarine; peut-être aussi par d'autres plus petits débouchant des vallées de la Jogne et du Motélon. L'existence de ces derniers est encore problématique; mais il n'en est pas tout à fait de même de celui de la Sarine : on trouve en effet dans le terrain quaternaire, au sud-ouest de la Tour-de-Trême (hors des limites de la carte), des blocs d'un conglomérat du flysch qu'on ne rencontre pas ailleurs, et qui pourraient bien appartenir à la roche des environs de Château-d'Oex que M. Studer a appelée *Mocausagestein* [1].

Blocs erratiques.

Si nous n'appelons blocs erratiques que ceux qui dépassent un mètre cube, on peut dire qu'ils sont moins nombreux dans la région de la carte que dans la partie centrale de la plaine, et qu'ils augmentent en nombre à mesure qu'on s'éloigne du Monsalvens. Les blocs ne peuvent donner du reste qu'une idée incomplète de la composition du terrain glaciaire, car ce dernier contient beaucoup de roches qui n'étaient pas propres à se conserver sous cette forme. Ceux qui paraissent les plus nombreux appartiennent au conglomérat de roches cristallines connu sous le nom de *poudingue de Valorsine* [2]; la variété à teinte générale rouge ou violette est celle qui se présente le plus fréquemment dans le territoire de la carte; plus à l'ouest c'est la variété grise qui domine. On trouve ensuite en assez grand nombre des blocs du poudingue tertiaire des environs de Châtel et d'Attalens au-dessus de Vevey : dans la région qui nous occupe ils sont moins nombreux que les précédents; mais, dans la partie centrale de la plaine, ils sont à eux seuls en plus grande quantité que tous les autres pris ensemble. En comparaison de ces deux conglomérats, les autres roches erratiques n'ont fourni qu'un très petit nombre de blocs : ce sont les calcaires massifs du jura supérieur, les grès du flysch et les calcaires noirs du Valais; je n'ai vu qu'un fragment de granit qui soit assez gros pour qu'on puisse le ranger dans cette catégorie de matériaux transportés.

Une bonne partie des blocs sont arrivés dans la contrée enveloppés dans le glaciaire informe; ce qui le montre c'est que beaucoup y sont encore engagés, et que c'est dans les ravins creusés par les ruisseaux qu'on en voit le plus grand

---

[1] Westl. Schweizer-Alpen, p. 304. — Geol. der Schweiz, Bd. 2, p. 121.

[2] *de Saussure*, Voyages dans les Alpes, vol. 2, p. 98 (§ 887). — *Studer*, Geol. der Schweiz, Bd. 1, p. 414. — *A. Favre*, Géol. Savoie, vol. 2, p. 415.

nombre; les matériaux plus fins qui les entouraient ont été emportés, et ils sont restés sur place. Quand les blocs de poudingue de la molasse ne sont pas à découvert depuis longtemps, leur surface est parfaitement unie comme si le rabot avait égalisé leurs galets.

Relation des dépôts informes et des stratifiés.

§ 95. La carte indique les endroits où le quaternaire stratifié se montre à jour; il est probable qu'il s'étend sur de plus grands espaces, où la végétation empêche de l'observer. Quand une déchirure du sol est un peu ancienne, il est souvent impossible de décider si elle a mis à jour le gravier, ou bien un dépôt informe très pierreux. Cependant dans les régions marquées de la teinte q, on voit le glaciaire non stratifié sur un trop grand nombre de points pour qu'on ne soit pas convaincu qu'il prédomine de beaucoup.

On trouve les dépôts en couches à toutes les hauteurs: dans les parties élevées de la plaine, où ils forment quelquefois de petites collines, comme dans le fond des ravins. Sur beaucoup de points on peut constater la superposition immédiate des graviers stratifiés aux dépôts informes; la superposition contraire est fort rare, mais je l'ai pourtant observée. Ce qui est très fréquent, c'est de rencontrer les deux genres de dépôt au même niveau; il arrive, lorsqu'on suit le ravin d'un ruisseau, qu'on voie les éboulements montrer sur un flanc du gravier lavé, et sur l'autre les boues avec galets striés. Le même flanc peut aussi présenter à peu de distance, et avec une puissance également considérable, là les graviers stratifiés, ici le glaciaire informe, en sorte qu'il faut que les deux variétés de la formation soient plus ou moins juxtaposées.

D'après ces observations, il n'est pas douteux que les couches stratifiées ne doivent être rapportées à la période glaciaire. Peut-être que si nous avions des coupes verticales plus complètes, nous pourrions plus souvent constater des alternances indiquant les différentes phases de cette période sur un point donné; on peut le faire au nord-ouest de Charmey, où l'on a des graviers stratifiés au-dessus et au-dessous desquels on voit distinctement le glaciaire informe.

Dans les périodes de retrait, les moraines laissées en arrière devaient former des barrages où les eaux se déversaient, en donnant naissance à des lacs; c'est là que se sont faits les dépôts de limon fin qui supposent des eaux tranquilles. Lorsqu'est arrivé le moment de la retraite définitive du glacier, le lavage et la lévigation des matériaux ont dû augmenter d'intensité; c'est pour cela qu'une bonne partie des dépôts stratifiés surmontent les autres.

Puissance et maximum de hauteur des dépôts quaternaires.

§ 96. Il est dans la nature du terrain glaciaire d'être d'une épaisseur très variable. Si l'on admet que le creusement des ravins actuels des rivières a eu lieu surtout à l'époque pliocène, le quaternaire qui se trouve sur leurs flancs ne forme que le revêtement de formations plus anciennes, et proprement il faudrait en mesurer la puissance sur une ligne perpendiculaire à l'inclinaison moyenne de ces flancs. Mais au sud-ouest de Villarsvolard, le ravin de la Sarine et ceux de ses affluents ne montrent pas de formation plus ancienne que le quaternaire, qu'on voit souvent en place au bord même de la rivière; il n'est donc pas invraisemblable que le creusement soit post-glaciaire; alors la hauteur des flancs indiquera pour le quaternaire une puissance de 80 mètres. Plus au nord, hors du territoire de la carte, il est des points où il semble qu'on puisse lui attribuer une épaisseur plus considérable encore.

Sur les flancs du Monsalvens, on ne trouve guère au-dessus de 1000 m. d'altitude des matériaux erratiques en assez grande quantité pour qu'on puisse les envisager comme formant un dépôt proprement dit. Mais le glacier a transporté des débris plus haut: le point le plus élevé où j'aie rencontré des traces de sa présence, est au nord du Crésuz, au chalet sud de *o* (Boverasse); il y a là un bloc de poudingue de Valorsine de 2 m. cubes; d'après les cotes de hauteur de la carte, l'altitude peut en être évaluée à 1200 m. Il y a des blocs de la même roche, mais plus petits, à une hauteur un peu moindre, non loin de là au bord du ruisseau sud-ouest du mot *le Mont*. Plus au sud-ouest encore, on trouve des pierres erratiques près du rocher de Botterens, plus haut que la cote de hauteur 1138 m. D'après ces données le glacier a dû recouvrir, à un certain moment, la région méridionale et une bonne partie du versant oriental du Monsalvens. Il a aussi passé par dessus le col de la Bodevenaz, entre ce massif et celui des Paquiers, car on trouve des roches étrangères à cette région au nord de *ena* (Bodev*ena*z), à 1150 m. d'altitude environ. Il y en a aussi plus à l'ouest, sur la pente rapide au sud-ouest de *B* (*Bimont*), à peu près à la même hauteur absolue. Les parties les plus élevées du massif de flysch des Paquiers ne présentent pas de ces traces de la présence du glacier.

Terrains modernes.

Alluvion des terrasses.

§ 97. Les ravins de la Sarine et de la Sionge sont souvent bordés par des plaines, qui sont ordinairement à la même hauteur des deux côtés du cours d'eau. A cause de cela on est tenté de penser que ce sont ces rivières qui en ont égalisé le sol avant de se creuser leurs ravins actuels. Mais à la surface de ces plaines supérieures, on ne trouve pas de trace d'anciens lits de la rivière ou de ses bras, et il n'y a pas de graviers peu cohérents, tels que ceux que les cours d'eau déposent actuellement. En outre la Sarine, par exemple, n'aurait pas pu, après l'époque glaciaire, égaliser la plaine de Broc, sans se déverser dans la région de Biolleyres et de Praz Riondet qui est plus basse; de même après avoir coulé au sud de Botterens, à 720 m. d'altitude, elle n'aurait pas pu parcourir la terrasse de Villarsbeney, qui est plus en aval et à 736 m.; elle se serait plutôt jetée à gauche du côté d'Echarlens, en passant par le Rosey et les Léchires qui sont moins élevés. Il faut donc admettre que là où il y a des plaines, ce sont les eaux de l'époque glaciaire qui les ont formées, et qu'elles appartiennent par conséquent à la période quaternaire.

En revanche j'ai distingué sur la carte, sous le nom d'*alluvion des terrasses,* quelques petites plaines sur les bords immédiats de la Jogne, de la Trême et de la Sarine. Comme elles sont élevées de quelques mètres au-dessus du lit actuel des rivières, les hautes eaux ne pourraient plus les recouvrir que dans des inondations très exceptionnelles; elles sont au pied d'une berge rapide qui a été autrefois façonnée par le cours d'eau ou par un de ses bras, et on y peut souvent suivre la trace d'anciens lits. Il ne faudrait sans doute pas y creuser bien profondément

pour atteindre le terrain quaternaire, ou d'autres plus anciens; mais le sol super-
ficiel est moderne, car, même après que les bras de la rivière ont cessé d'y couler
par suite du creusement du lit principal, les eaux d'inondation y sont venues
faire des dépôts pendant un certain temps, et la nappe des alluvions y est continue.

On trouve des terrasses de ce genre sur les bords de la Sionge; mais elles sont
si petites qu'il n'était pas possible de les marquer sur la carte. A celle du Saudy
qui est sur la rive droite de la Jogne, en correspond une autre sur la rive gauche;
elle n'a pas pu non plus trouver place sur la carte.

Eboulis.

Les éboulis jouent un rôle dans toutes les montagnes, surtout dans celles qu'on
déboise trop. Les escarpements qui couronnent à l'ouest le Monsalvens ont été à
différentes époques le point de départ d'éboulements qui ont recouvert tout le flanc
de la montagne. Très souvent ce sont de grandes masses qui sont descendues en
une fois, car le relief des régions où elles se sont arrêtées est fort accidenté. La
végétation s'établit assez bien sur ces éboulis, parce que des calcaires marno-
schisteux entrent pour une bonne partie dans leur composition. A la surface des
pâturages et des forêts, on voit sortir des blocs du jura supérieur, et dans les
déchirures du sol on trouve de plus petits fragments qui sont tout à fait anguleux, même quand ils sont tendres; cela distingue bien ce terrain du glaciaire voisin.

L'épaisseur de ces éboulis doit être très considérable, car je n'ai pu trouver
nulle part une formation en place dessous. Il y a eu sans doute dans cette région
des éboulements avant et pendant l'époque glaciaire; mais ceux qui ont formé la
plupart des surfaces actuelles sont post-glaciaires, car on n'y trouve pas de blocs
erratiques, ni de fragments étrangers à la chaîne. En creusant au bas de la pente
on rencontrerait sans doute le glaciaire au-dessous.

La cause de l'épaisseur exceptionnelle de ces éboulis n'est pas difficile à reconnaître. Les escarpements d'où ils sont partis sont l'effet d'une grande faille qui
s'est produite dans la direction de l'arête de la chaîne; dans l'origine ces escarpements étaient bien plus considérables qu'à présent, car depuis lors les éboulements

en ont diminué la hauteur et caché le pied. Les schistes calloviens et les calcaires à ciment, roches essentiellement délitables, étaient ainsi à jour sur de plus grands espaces; ils se désagrégeaient par l'action des agents atmosphériques, tandis que les assises du jura supérieur se conservaient en les surplombant plus ou moins, jusqu'à ce que leur base venant tout à fait à manquer, ils descendissent par grandes masses. Des accidents pareils ne sont maintenant plus guère à craindre, mais les forêts sont constamment exposées à la chute de blocs plus ou moins gros (§ 117).

Dans la plupart des localités, le relief du sol ne s'opposerait pas à ce que des blocs partis des hauteurs, puissent arriver encore à présent aux points où nous en trouvons qui y sont depuis longtemps. Il n'en est pas de même au sud-ouest du Rosez. Là est une colline toute composée de gros blocs; sur le versant nord-ouest, à 15 mètres au-dessous du sommet, il y en a un dont on ne voit qu'une face sur une puissance de 10 mètres, en sorte qu'on peut croire que le jura supérieur est en place; au haut de la colline, un autre bloc a au moins 400 m. cubes. Ces grandes masses proviennent très probablement de l'éboulement du pan septentrional de la voûte de Cerniat, nord de *en Terroche*. Le peu d'épaisseur du jura supérieur au-dessus du calcaire à ciment (p. 109), en a favorisé la désagrégation; mais elles n'ont pu arriver à l'endroit où elles sont à présent qu'avant la formation d'une profonde dépression qui les sépare de leur point de départ. Ainsi cet éboulement doit être très ancien.

Eboulis du flysch. Des deux côtés du massif de flysch des Paquiers, il y a des espaces assez étendus où l'on ne voit que des débris de ce terrain, sans couches en place. Ces zones d'éboulis empêchent presque complètement de faire des observations sûres sur les relations de gisement entre le flysch et les formations voisines. Sur le versant nord-ouest de toute la chaîne de la Berra, je n'ai pas pu trouver, par exemple, un seul point où l'on voie le contact de la molasse et du flysch; le plus souvent les deux terrains ne sont en place qu'à une assez grande distance l'un de l'autre. C'est sans doute le flysch lui-même qu'on trouverait sous une partie de ces éboulis, mais dans la partie extérieure des zones, ils recouvrent les autres formations; à la limite du glaciaire on voit souvent ce dernier passer par dessous.

Il y a des points où les éboulements paraissent avoir eu lieu par masses; du moins on y voit d'assez grandes épaisseurs de couches de grès et de schistes qui sont liées ensemble, et que l'on peut croire en place; c'est le cas par exemple aux Planches, à l'est de Corbières.

Quand il y a dans les éboulis des blocs de grès en quantité considérable, les ruisseaux ordinaires ne s'y creusent pas des ravins, et ils changent facilement de cours. Pour peu que ce soit au contraire les schistes argileux qui prédominent, toute la masse s'imbibe d'eau dans les grandes pluies, et elle descend lentement sur la pente. Les régions où ce genre d'éboulement s'est produit récemment présentent des surfaces mamelonnées, des terrains déchirés, où les arbres sont inclinés ou renversés, et où la végétation a peine à se rétablir. Dans quelques endroits on reconnaît facilement qu'un mouvement pareil a eu lieu autrefois, mais qu'à présent le terrain y est consolidé, car la végétation y forme un tapis continu.

Alluvion.

§ 98. Dans le territoire de notre carte, il n'y a pas, sur les bords des rivières, de localités desquelles on puisse penser qu'en creusant à une certaine profondeur on ne trouverait que des graviers et du sable récents, parce que le cours d'eau y aurait haussé considérablement son lit. Dans le terrain quaternaire, la Sarine s'est creusé un large ravin et a emporté les déblais plus loin; elle s'y divise en bras nombreux et son cours y est un peu plus lent qu'ailleurs; on n'y voit que des graviers, du sable et du limon qu'elle emporte et remplace sans cesse; mais elle ne peut pas avoir coulé jamais bien au-dessous de son niveau actuel, car alors elle n'aurait pas eu la pente nécessaire pour arriver à la hauteur des couches anciennes qui barrent son lit plus au nord. Il est probable même qu'au fond de son bras principal, elle ronge encore le terrain quaternaire à bien des endroits.

En Praz Paufert et au Saudy, la Jogne traverse des défilés étroits dans le jura supérieur; au-dessus de ces barrages naturels, elle a déposé des graviers qui ne sont sans doute pas très puissants non plus.

J'ai laissé en blanc des deux côtés de la Trême des terrains plats ou peu inclinés, entièrement recouverts par la végétation, en sorte que je n'ai pas pu me rendre compte de ce que le sous-sol peut être. Avant la mise en culture de la contrée et l'endiguement de la rivière, elle pouvait se répandre dans ces régions, et encore à présent les eaux d'inondation y arrivent parfois; ainsi on peut bien les considérer comme composées de terre alluviale.

Il faut encore regarder comme alluvion des bas-fonds à l'est de Bulle, où les eaux ont transporté peu à peu un limon plus ou moins argileux enlevé aux collines voisines. Au point où se trouve la cote de hauteur *745*, un ruisseau a amené des graviers et déposé ensuite du tuf par dessus; le marais voisin est composé de terre tourbeuse plutôt que de tourbe proprement dite.

Lits de déjection des torrents.

Il y a peu de choses à dire sur ce genre de formation, dont il n'y a que quelques exemples dans le territoire de notre carte. Les petits torrents qui se jettent dans la Jogne ou dans le Javroz ne rencontrent pas de plaines où ils puissent déposer leurs matériaux de charriage; ils les entraînent jusqu'à la rivière principale, qui les transporte plus loin. Les ruisseaux qui arrivent à Corbières n'ont déposé qu'une petite épaisseur de déjections, qui ne modifient pas sensiblement le relief du sol. Au sud de Villarsvolard et aux Favarges, au nord de la carte, les dépôts des torrents paraissent plus puissants, et prennent davantage la forme d'un éventail à partir du point où la pente du lit diminue. Ces *cônes de déjections* sont maintenant stationnaires, et les cultures s'y sont établies. Il n'en est pas de même du lit de déjection de la Trême. Ce torrent vient du massif du Niremont, où il traverse le flysch et des dépôts glaciaires très meubles, dont les éboulements remplissent souvent son lit. A toutes les crues il charrie beaucoup, et à la Tour de Trême il déborde souvent, quoique sa pente soit encore rapide. Ses déjections couvrent une zone de terrains assez large qu'on est obligé de laisser à peu près inculte.

Tuf.

Les sources tuffeuses sortent surtout des terrains quaternaires, sur les flancs des ravins profonds des rivières. Elles sont nombreuses; mais je n'ai marqué leurs dépôts que là où ils sont assez étendus et assez consolidés pour qu'il soit possible de les exploiter. Il y en a de tels sur les bords de la Jogne, de la Sarine et du Gérignoz.

Tourbe.

Le plus grand marais tourbeux, dans le territoire de la carte, se trouve au sud de Champotey; c'est le seul où il y ait une exploitation en activité. Il y en a d'autres petits que j'ai distingués par la teinte *to*, lorsque j'ai pu reconnaître qu'il y a du combustible exploitable. Le marais de Cudrez, au coin nord-est de la carte, a aussi un peu de tourbe assez pure, mais il a été drainé et mis en culture. Les fossés ont montré que cette formation y était tout à fait superficielle, car ils ont partout atteint le glaciaire.

<hr>

CHAPITRE III.

DESCRIPTION SPÉCIALE.

§ 99. Le chapitre précédent contient les renseignements qui peuvent servir de base à une comparaison générale des formations du Monsalvens avec celles d'une autre contrée. Je me propose de donner dans ce chapitre-ci des détails plus spéciaux, servant de commentaires à la carte, et pouvant être utiles aux géologues qui voudront faire des excursions dans ce petit massif, afin d'en compléter l'étude et d'y recueillir de nouveaux documents paléontologiques.

Le jura inférieur occupe trop peu de place dans notre territoire pour qu'il y ait lieu d'en parler de nouveau ici.

Jura moyen.

Les assises du jura moyen couvrent une assez grande étendue dans la plaine de la Sarine; au Monsalvens elles se montrent en affleurements plus restreints, dans les gorges de la Jogne et sur le versant occidental du massif.

Plaine de la Sarine.

Dans cette région je n'ai pas rencontré le calcaire à ciment, mais seulement les schistes à nodules. C'est en suivant la rive gauche de la Trême qu'on en voit le mieux les couches à jour, et qu'on a le plus de chances de recueillir des fossiles. Les affleurements commencent vers *ê* (Tour de Trême); là il n'y a que des *Zoophicos* en quantité, mais ce n'est que sur ce point que j'en ai trouvé à ce niveau géologique. Le plongement est de 80° sud-est. Plus bas les schistes à nodules forment le revêtement d'une colline qui appartient probablement aux couches de Klaus, mais on ne voit pas le contact immédiat des deux formations. En Biolleyres la berge de la rivière montre une assez grande continuité de couches, qui plongent assez régulièrement sud-sud-est sous la moyenne, et où il y a une faille. On trouve des fossiles là où l'affleurement avance le plus à l'ouest; j'y ai recueilli:

Belemnites semihastatus, Bl.	*Ammonites sulciferus*, Opp.
Ammonites tortisulcatus, d'Orb.	— *arduennensis*, d'Orb.

Un affleurement tout semblable se rencontre sud de *en* (*en* Biolleyres). Le plongement est d'abord est, puis les couches deviennent horizontales pour s'incliner ensuite en sens contraire; on en voit environ 50 mètres sans différences pétrographiques. En dessous du milieu de l'affleurement, j'ai recueilli les deux premiers fossiles cités ci-dessus, et en outre un exemplaire douteux de l'*Amm. Kudernatschi*, Hauer; il indique la présence probable d'une quatrième espèce méditerranéenne, dans ce terrain dont les fossiles appartiennent surtout à l'Europe centrale (p. 83).

Le second point où l'on peut faire des recherches dans les schistes à nodules, mais seulement quand les eaux sont très basses, c'est la falaise de la rive gauche de la Sarine, en aval du pont de Broc jusqu'en Chesaux d'Amont. En contact à deux endroits avec le flysch, ces schistes se trouvent le long d'une grande faille et présentent des contournements et des plongements variés; généralement inclinées au sud dans la partie méridionale et au nord dans le milieu, les couches sont à peu près horizontales vers Chesaux d'Amont. Quoique les affleurements soient favorables aux recherches, je n'ai trouvé dans cette falaise qu'une empreinte qu'on peut rapporter à une *Posidonomye*.

Partout ailleurs dans la plaine, les schistes calloviens ne sont à jour que sur des

espaces restreints. A la Mottaz, au sud de la Tour de Trême, ils forment un petit
mamelon sur lequel on a élevé une chapelle. Dans les collines voisines, je ne les
ai trouvés en place qu'à un seul endroit; mais la terre y est d'un jaune roux et
les galets glaciaires y sont rares ou manquent complètement par places, en sorte
qu'il n'est pas douteux que les schistes ne forment le sous-sol géologique.

Les tranchées de la route de Broc, dans la forêt de Boulleyres, nous les montrent aussi avec tous les plongements possibles; mais je n'y ai trouvé que l'*Amm.
punctatus,* Stahl.   Dans la partie septentrïonale de la forêt on les voit çà et là,
surtout aux bords des ruisseaux, concurremment avec de nombreux fragments
d'origine glaciaire; le plongement à l'est y est fréquent. Tout près du Vessieu, au
sud des maisons, j'ai recueilli de même l'*Amm. punctatus,* Stahl.

Gorge des Moulins.

Les schistes à nodules et le calcaire à ciment se présentent dans la gorge des
Moulins de Broc, sur le flanc droit du ravin; cette zone est en position régulière
sous le jura supérieur, mais elle touche au flysch (pl. 4, fig. 1; pl. 5, fig. 1 et 2).

Le plus bel affleurement est à quelques pas en amont du pont. Là j'ai recueilli
les *Ammonites tortisulcatus,* d'Orb. et *sulciferus,* Oppel; la partie supérieure des
·couches, dont on ne voit que six mètres, appartient plutôt au calcaire à ciment.
En montant sur la route du Monsalvens, en aval du pont, on voit sur le talus un
petit lambeau de flysch, et immédiatement après un affleurement très restreint de
calcaire à ciment; mais plus haut les talus ne montrent que le quaternaire.

Dans l'intérieur de la gorge des Moulins, les couches sont presque partout cachées sous la végétation et les éboulements du jura supérieur.   Cependant on les
voit bien au bord immédiat de la Jogne, à peu près vis-à-vis du Pressot. Là on
observe le passage des schistes à nodules au calcaire ou plutôt aux schistes à ciment
(p. 82); le plongement est variable, mais il est en général nord presque vertical;
je n'ai pas trouvé de fossiles dans cette localité, si ce n'est un phragmocône de
Bélemnite. Au fond de la gorge, c'est-à-dire au coude de la rivière sud de *le* (Batail*le)*, on voit encore un peu de calcaire à ciment sur la rive droite; sur la gauche,
ce sont les schistes à nodules qui viennent presque toucher aux assises du jura

supérieur; le calcaire à ciment est donc resté en grande partie dans la profondeur. Là cette zone du jura moyen disparaît sous les dépôts glaciaires.

Gorge de Chesallet.

Au sud-est des ruines du Monsalvens, on reconnaît sur la route un petit lambeau de calcaire à ciment (pl. 5, fig. 2 et 3), qui n'a presque pas pu être marqué sur la carte ; il est en position normale sous le jura supérieur, et une faille le met en contact avec le néocomien. De là on peut descendre dans la gorge de Chesallet, en suivant le pied d'une paroi de rochers du jura supérieur ; il faut aller jusqu'en dessous des maisons pour voir réapparaître la continuation du calcaire à ciment ; en occupant toujours plus de place, il passe sur la rive gauche de la Jogne pour aller se perdre sous le glaciaire (pl. 5, fig. 7 et 8). Les schistes à nodules ne viennent pas à jour dans cette zone. Je n'y ai trouvé que le *Belemnites cf. Didayanus* et une Ammonite probablement nouvelle ; ainsi on pourrait presque rester dans l'incertitude sur la classification de ces couches, parce qu'elles sont en contact avec le néocomien, dont les caractères pétrographiques sont très semblables ; mais on peut en observer banc par banc le passage insensible au jura supérieur qui est dessus.

Versant ouest du Monsalvens.

Le jura moyen serait visible sur la plus grande partie de ce versant, si les éboulis ne le recouvraient pas (pl. 4, fig. 1). A l'ouest de la ruine du Monsalvens, les couches jurassiques supérieures sont au niveau de la plaine ; mais en se prolongeant plus au nord elles montent sur le flanc de la montagne, et le jura moyen commence à apparaître. Sur le sentier de Botterens à Châtel, les deux divisions sont un peu visibles, sans que cependant on soit bien sûr d'en voir les assises en place ; j'ai trouvé là l'*Amm. oculatus*, Phill. Elles se montrent mieux dans l'intérieur de la voûte rompue du jura supérieur, à l'est de Botterens. La partie supérieure des schistes à nodules est visible au centre du ravin, sur une surface sans végétation qu'on voit bien de la plaine ; des bancs qui y appartiennent semblent se changer insensiblement en calcaire à ciment, comme dans la gorge des Moulins (p. 82);

mais on ne peut pas s'assurer que ce ne soit pas une apparence résultant des nombreux brouillements auxquels ces couches tendres sont sujettes. Sur le flanc nord du ravin, on peut bien suivre la série du calcaire à ciment jusqu'au jura supérieur; il se montre plus schisteux que dans la gorge de Chesallet. Il doit se prolonger encore sur le versant est de la montagne, mais il n'y est absolument pas à jour.

Les fossiles recueillis sont, dans les schistes à nodules, les *Ammonites tortisulcatus*, d'Orb., *oculatus*, Phill. et *sulciferus*, Oppel; dans le calcaire à ciment le *Belemnites cf. Didayanus*, d'Orb. et l'*Amm. tortisulcatus*, d'Orb.; en outre dans la partie supérieure un exemplaire douteux de l'*Amm. Manfredi*, Oppel, espèce qui se rencontre plus souvent dans la zone de l'*Amm. transversarius*.

Plus au nord, au-dessus de Prazdine, le calcaire à ciment reparaît pour former le noyau d'une voûte étroite du jura supérieur; un exemplaire du *Belemnites cf. Didayanus* a été recueilli à cet endroit.

Les affleurements du jura moyen les plus étendus se voient à l'escarpement de la Chervasse et sous le Bifé. Dans la première localité, il n'y a pas d'endroits où l'on puisse observer le passage d'une des divisions à l'autre; mais peut-être en trouverait-on sous le Bifé. Comme ailleurs les schistes à nodules sont très bouleversés; les calcaires à ciment affectent des allures plus régulières, soit parce qu'ils renferment des bancs plus résistants, soit parce qu'ils ont été protégés par les roches plus rigides du jura supérieur. En formant le noyau d'une voûte rompue (pl. 4, fig. 2), ils passent par le chalet du Bifé, au delà duquel ils continuent à être visibles çà et là; mais ils finissent par se perdre sous les éboulis avant que la voûte soit fermée.

Fossiles trouvés dans les schistes à nodules de ces localités:

Belemnites hastatus, (Montf.) Bl.	*Ammonites audax*, Opp.
— *semihastatus*, Bl.	— *sulciferus*, Opp
Ammonites subobtusus, Kud.	— *arduennensis*, d'Orb.
— *tortisulcatus*, d'Orb.	

Fossiles du calcaire à ciment des mêmes localités:

Belemnites hastatus, (Montf.) Bl.	*Ammonites plicatilis*, Sow.
— *cf. Didayanus*, d'Orb.	*Rhynchonella monsalvensis*, nov. sp.
Ammonites tortisulcatus, d'Orb.	

On voit encore surgir, de dessous le jura supérieur, le calcaire à ciment plus ou moins schisteux, à la Goutte et au nord du Javrex, dans la partie septentrionale du Monsalvens; mais je n'ai pas de fossiles déterminables à citer de ces localités.

Hohberg.

Dans cette région, qui est hors de la carte de la planche 1 (§ 52), on ne trouve que les schistes à nodules. Il est remarquable qu'ils soient complètement identiques par la roche et les fossiles à ceux du Monsalvens, tandis qu'on ne les retrouve pas dans la chaîne du Ganterist, qui n'est pas à un kilomètre de distance. Les affleurements sont très restreints, ce qui tient à ce que la roche donne une bonne terre végétale, et que le flysch y a envoyé des débris de tous les côtés. La plupart se trouvent au passage des deux profils de la planche 6, fig. 1 et 2. Dans la localité indiquée à gauche de la fig. 1, j'ai trouvé les fossiles suivants, qui ne peuvent provenir que d'une épaisseur de couches de deux ou trois mètres :

Ammonites subobtusus, Kud. | *Ammonites Goliathus,* d'Orb.
— *tortisulcatus,* d'Orb. | — *sulciferus,* Opp.
— *cordatus,* Sow. |

Un peu à l'ouest du passage du profil de la fig. 2, un affleurement à peu près aussi restreint a fourni l'association suivante :

Ammonites Kunthi, Neum. | *Ammonites oculatus,* Phill.
— *tortisulcatus,* d'Orb. | — *sulciferus,* Opp.
— *lunula,* (Rein.) Zieten. |

Au point le plus bas du même profil, j'ai trouvé l'*Amm. mediterraneus,* Neum., avec les *Amm. tortisulcatus* et *sulciferus.* Plus au sud, mais dans un affleurement un peu plus étendu, on rencontre encore les deux dernières Ammonites avec le *Belemnites hastatus,* (Montf.) Bl. et l'*Amm. arduennensis,* d'Orb.

Il est du reste impossible d'établir quelque relation de superposition entre ces diverses localités, dont la roche est partout la même.

Jura supérieur.

§ 100. Le jura supérieur forme la charpente des escarpements de la partie occidentale du Monsalvens. De là il envoie vers l'est ou le nord-est quatre branches, dont trois sont des voûtes plus ou moins régulières et dont la quatrième se recourbe en C. Il y a en outre deux autres bandes de la même formation qui sont sans liaison directe avec le reste, et dont l'apparition est due à des failles. Je dirai quelques mots de chacune de ces zones en commençant par le sud.

Flanc sud de la gorge des Moulins.

La petite bande de jura supérieur qui se montre là ne comprend que le tithonique; elle est en position normale sous le néocomien, mais séparée des autres couches jurassiques par une grande faille dans laquelle le flysch vient s'intercaler (pl. 5, fig. 2 et 3). Le plongement général est sud-sud-est, mais elle s'arque pour former un fond de bateau incliné, où se trouve le néocomien.

Zone du flanc nord de la gorge des Moulins et du flanc sud de la gorge de Chesallet.

En montant depuis le pont des Moulins sur le flanc droit de la gorge, on arrive bientôt à une petite paroi de rochers qui montre le calcaire concrétionné. On y trouve assez facilement des fossiles soit en place, soit dans les blocs éboulés. Cette localité a fourni les espèces suivantes:

Belemnites monsalvensis, nov. sp.	*Ammonites plicatilis*, Sow.
Ammonites Manfredi, Opp.	— *biplex*, Quenst. (non Sow.)
— *tortisulcatus*, d'Orb.	*Aptychus reticulatus*, nov. sp.
— cf. *Liebigi*, Opp.	*Collyrites friburgensis*, Ooster.

Pour voir les divisions supérieures il faut monter à la route qui conduit à Bataille. Là on trouve d'abord le calcaire schisteux avec des *Zoophicos* et d'autres Fucoïdes; j'y ai recueilli aussi le *Bel. monsalvensis*, n. sp., l'*Apt. laticostatus*, Gümbel, et en dessous, dans un fragment qui en provenait probablement, l'*Apt. crassicauda*, Quenst. On traverse ensuite le calcaire à grumeaux, d'où j'ai extrait *Bel. argovianus*, Mayer, *Apt.* cf. *punctatus*, Voltz et *Apt. obliquus*, Quenst. On arrive au tithonique, qui est tout entier de teintes foncées, avant d'être au contour oriental de la route, et on y reste jusqu'à près du chalet de Bataille. Ce n'est qu'au moyen de recherches minutieuses que j'ai pu y trouver *Bel.* cf. *semisulcatus*, Münster, *Apt. punctatus*, Voltz et *Beyrichi*, Oppel.

En s'avançant de quelques pas à l'est du contour de la route qui est au sud de

B (*B*ataille), on voit les assises tithoniques se replier presque à angle aigu pour former un C, dont le jambage supérieur constitue la colline *taille* (Ba*taille*) (pl. 5, fig. 2 et 3); en descendant vers la Jogne au sud-est de cette colline on voit les couches inférieures arquées et verticales formant le milieu du C; de l'autre côté du défilé, en *le* (Batail*le*), on en aperçoit un peu le jambage inférieur. Dans le calcaire concrétionné qui a passé sur la rive gauche de la rivière, j'ai trouvé *Amm. tortisulcatus*, d'Orb., *birmensdorfensis*, Mœsch et *Bel. monsalvensis*, nov. sp.

Sur le flanc gauche de la gorge de Chesallet, il n'y a plus que le jambage supérieur du C, dont les assises sont complètement renversées sur le néocomien (pl. 5, fig. 6 et 7); elles s'enfoncent peu à peu du côté de l'est, pour disparaître tout à fait au ruisseau nord de *z* (Favaoula*z*).

Zone de Chesallet.

Cette troisième zone du jura supérieur est sans liaison avec les autres; elle a été amenée au jour hors du néocomien par une faille qui commence sous la ruine du Monsalvens (pl. 5, fig. 1, 2 et 3), et qui se prolonge dans la direction est-$\frac{1}{4}$ nord-est. Autour de la ruine on ne voit que très peu d'assises: immédiatement à l'ouest un banc tithonique plonge est-sud-est, tout près de la verticale; du côté du sud du calcaire en grumeaux a le même plongement, mais moyen. A la route on voit les couches inférieures dans une position plus régulière; elles s'enfoncent assez faiblement du côté nord-nord-ouest; le néocomien est en place à une petite distance et avec le même plongement, en sorte qu'il semble devoir passer par dessous. En suivant la route du côté de Châtel, on reconnaît la présence des différentes subdivisions du jura supérieur; mais il doit y avoir des failles ou des glissements, car elles ne se présentent pas avec leur puissance ordinaire.

Sur le flanc de la gorge de Chesallet, les assises de cette zone se redressent et se replient de bien des façons (pl. 5, fig. 6 et 7). Une portion des couches inférieures s'est éboulée dans la gorge; cependant le néocomien bleu passe encore sous celles qui restent. On peut recueillir des fossiles dans les blocs qui sont au bord de la rivière et sur les flancs, mais il est difficile de savoir de quel niveau spécial ils proviennent. Dans les couches en place sur les flancs de la gorge, tout à fait à la base de la zone de l'*Amm. transversarius*, j'ai trouvé *Bel. monsalvensis*, nov. sp., *Amm. tortisulcatus*, d'Orb., *Amm. birmensdorfensis*, Mœsch, et un peu plus haut *Amm. biplex*, Quenst.   Au sud de *sa* (Chesallet) le tithonique est à jour dans le haut de la pente, où un éboulement récent a mis à nu une paroi de rocher; les blocs qui sont descendus jusqu'au bord de la rivière présentent des fossiles à la surface grumeleuse des bancs; mais ils sont tout à fait déformés, je n'ai pu avoir de déterminables que *Bel. cf. semisulcatus*, Münster, *Apt. punctatus*, Voltz et *Apt. Beyrichi*, Oppel.   Le tithonique est du reste visible presque tout le long du haut de la gorge, et montre çà et là un de ces *Aptychus*. Sud de *t* (Chesalle*t*), on voit bien le calcaire schisteux en place avec *Bel. hastatus*, (Montf.) Bl. et *Apt. gigantis*, Quenst., dont j'ai trouvé là des valves formant la paire.

En ne laissant qu'un défilé très étroit pour le passage de la Jogne, cette zone de jura supérieur passe sur la rive gauche de la rivière et forme le flanc de la gorge de Châtel (pl. 5, fig. 8), les couches restant à peu près verticales. . Elle revient de la même manière sur la rive droite; mais les rochers qu'elle forme s'abaissent brusquement, et disparaissent sous une terrasse de la rivière; on les voit reparaître un peu plus loin, mais il n'y en a qu'un banc de visible et le néocomien se trouve bientôt dans leur continuation.   La faille n'a plus été assez considérable pour faire surgir le jura supérieur. Cependant la zone apparaît de nouveau en Praz Paufert: on ne voit d'abord sur la rive gauche de la Jogne qu'un lambeau tout à fait renversé sur le néocomien, tandis que vis-à-vis sur la rive droite le tithonique est vertical.   Dans la continuation au nord-est, la végétation ne permet guère d'étudier la série des couches.   Près d'un chalet neuf, non marqué sur la carte, j'ai trouvé un *Apt. obliquus*, Quenst.   Là où la zone va disparaître sous le quaternaire, à l'ouest de Charmey, on a exploité le calcaire schisteux, et j'y ai recueilli *Bel. hastatus*, (Montf.) Bl., *Apt. laticostatus*, Gümbel, *sparsilamellosus*, Gümbel et *gigantis*, Quenst.

Le dernier affleurement de cette zone est plus au nord-est, sud de *Sciernes*; il y a là dans la position relative des différentes subdivisions des anomalies réelles ou apparentes que je n'ai pas eu le temps d'étudier.

Voûte du Crésuz.

Le jura supérieur qui est sur le flanc droit de la gorge des Moulins, se continue à l'ouest de la ruine du Monsalvens sans interruption. C'est le tithonique qui est surtout visible, les divisions inférieures étant plus bas que le niveau de la petite plaine quaternaire. En *al* (Monsa*l*vens), on a un peu exploité des couches, et j'y ai trouvé le *Bel. argovianus*, Mayer. Dans cette région le plongement se fait à l'est sous la moyenne ; vers *720* il tourne au sud-est, ce qui amène les divisions inférieures au-dessus de la plaine ; mais elles ne sont bien visibles que sud de *re* (Botte*r*ens). J'ai de là le *Bel. monsalvensis*, nov. sp. et le *Collyrites Voltzi* (Ag.) Desor.

A cet endroit commence une voûte ouverte, qui laisse apparaître le jura moyen et dont le pan nord est vertical. Elle se prolonge sur le versant sud-est de la montagne sans en modifier sensiblement le relief, et sans qu'on voie autre chose en place que quelques têtes de couches du pan sud, en sorte qu'on ne peut pas même déterminer avec certitude le point où elle se ferme.

Au ruisseau à l'ouest de *Crésuz*, il n'y a plus que le flanc sud de la voûte, l'autre est resté dans la profondeur ; le néocomien est en contact avec le calcaire en grumeaux et il passe un peu dessous, le plongement des deux formations étant sud près de la verticale. De même en montant du Crésuz aux Planches, on ne voit que le tithonique et le calcaire en grumeaux, ce dernier dans le haut. On peut encore mieux se convaincre de l'absence du pan nord de la voûte aux rochers nord-est des Planches (pl. 7, fig. 7) ; là c'est même le calcaire concrétionné qui est en contact avec le néocomien, seulement il est modifié dans sa structure, il est durci et la stratification y est moins visible. Dans le bas on voit le calcaire en grumeaux former une voûte assez arrondie, tandis que dans le haut les couches sont serrées les unes contre les autres et qu'il y manque probablement. Près de là, vers les Pelleys, la continuation de ce pan sud de la voûte n'est plus composée que d'une vingtaine de mètres de tithonique, et elle disparaît sous le terrain quaternaire sans se remonter plus loin.

Ainsi dans cette zone c'est le tithonique qui est l'étage le plus visible ; je n'y ai trouvé pourtant que des fragments indéterminables de fossiles. à l'exception de quelques exemplaires de l'*Apt. Beyrichi*, Oppel.

Voûte du Pessot.

Le flanc nord de la voûte du Crésuz forme au-dessus de Botterens un rocher dont les assises sont verticales; dans le bas elles se recourbent à angle assez aigu; mais on n'en voit que la partie supérieure. A une petite hauteur dans la forêt, à l'est de *744*, on exploitait autrefois une carrière; les Bélemnites et les Ammonites que j'y ai trouvées sont indéterminables; un *Apt. cf. punctatus*, Voltz et la nature de la roche indiquent qu'on a là le calcaire en grumeaux et peut-être le tithonique. C'est, avec un rocher qui est un peu plus haut, le noyau d'une nouvelle voûte qui est couchée sur le néocomien, et dont la formation a eu lieu d'une manière fort singulière (pl. 4, fig. 1). Toutes les divisions inférieures sont restées dans le bas, où elles sont peu visibles, et les deux pans de la voûte ne sont formés que par le tithonique, qui a été pour ainsi dire pincé et détaché sur une grande longueur des autres assises sur lesquelles il reposait. Il s'est formé ainsi une paroi de rochers où cet étage se trouve deux fois. Le plongement y est sud-est, ce qui fait que dans la coupe verticale les couches paraissent avoir une puissance supérieure à celle qu'elles ont réellement; le pan inférieur de la voûte semble plonger plus fortement que l'autre.

Sur le versant sud-est de la montagne, cette zone de jura supérieur ne fait d'autre saillie que celle qui résulte de ce que ses couches ont plus résisté à l'érosion que le néocomien; mais la voûte montre une structure plus normale: déjà sud de *13* (*1320*), le pan nord est vertical; plus à l'est il plonge nord, tandis que l'autre plonge sud. Au ruisseau du Pessot on voit encore le calcaire tithonique; mais immédiatement à l'est il se perd définitivement sous le néocomien. C'est à peine si j'ai vu dans cette région quelques traces de fossiles.

Escarpements de Villarsbeney et de la Chervasse.

A l'est de Villarsbeney nous avons de nouveau deux petites voûtes du jura supérieur (pl. 4, fig. 1), qu'on distingue très bien depuis la plaine; toutes deux renferment un noyau de calcaire à ciment, trop petit dans celle du nord pour qu'il ait pu être marqué sur la carte.

Sud de *dine* (Praz*dine*), le pan méridional de la voûte sud montre bien le calcaire concrétionné, et on y trouve *Bel. argovianus*, Mayer, *Amm. tortisulcatus*, d'Orb., *Amm. mediterraneus*, Neum. et *Amm. plicatilis*, Sow.

Le fond de bateau entre les deux voûtes n'est pas visible, il est caché par les éboulis qui recouvrent même une partie du néocomien. Le pan sud de la voûte septentrionale est l'un des points où le tithonique est le mieux à jour. L'*Apt. Beyrichi*, Oppel est fréquent à la surface des fragments qui s'en sont détachés. J'ai recueilli en place, à la partie supérieure de la formation, *Bel. cf. semisulcatus*, Münster, *Bel. ensifer*, Oppel, *Amm. elimatus*, Oppel.

Le plissement en V à l'ouest de *la Chervasse* est bien à jour. De là les couches prennent la direction est-nord-est et forment un escarpement qui va en montant de ce côté. La partie ouest est un des points les plus favorables pour l'étude des assises jurassiques du Monsalvens. On y voit très bien le passage du calcaire à ciment au calcaire concrétionné ou zone de l'*Amm. transversarius*, et cette dernière formation peut être examinée banc par banc. Les calcaires schisteux sont beaucoup moins visibles; ils semblent avoir été écrasés par le poids du calcaire en grumeaux et du tithonique.

On peut récolter des fossiles de la zone de l'*Amm. transversarius* dans les blocs qui se sont éboulés partout sur le jura moyen. J'ai trouvé en place tous ceux qui sont cités à la p. 90, sauf le *Collyrites Voltzi*, (Ag.) Des.; quelques-uns n'ont été rencontrés que là. Le calcaire en grumeaux est moins riche. Le tithonique est aussi pauvre qu'ailleurs ; mais comme on peut y chercher sur de plus grandes surfaces, j'y ai trouvé les meilleurs exemplaires des fossiles déjà cités et de plus l'*Amm. Richteri*, Oppel.

Plus à l'est les divisions inférieures sont recouvertes par la forêt et des blocs éboulés. Mais en suivant le sentier du Rosez à la Chervasse, on peut traverser le tithonique en entier et le voir banc après banc; il y a là quelques petites intercalations schisteuses et tendres ; mais les fossiles y sont aussi extrêmement rares.

Voûte de Cerniat.

L'escarpement de la Chervasse n'est dans le fond qu'une moitié de voûte, qui se complète au sud du Bifé et qui de là se dirige droit vers l'est. Sauf à son origine elle ne modifie pas autant le relief de la montagne qu'on pourrait s'y attendre, et il en résulte que les couches n'y viennent que peu à jour. Cependant sur le ruisseau des Esserts on les voit au moins jusqu'au calcaire en grumeaux. Plus à l'est les assises profondes doivent aussi se montrer, car j'ai trouvé dans les débris un exemplaire assez sûr d'*Amm. biplex*, Quenst.

Du reste, à en juger par les têtes de couches qu'on voit sortir du pâturage, la voûte est régulière avec le plongement nord et sud. Ce n'est que sur un point, entre les Esserts et la Crausaz, qu'elle semble être couchée, tous les plongements étant sud. Elle se termine régulièrement au-dessus de Cerniat, en disparaissant sous le néocomien.

Le Bifé.

Le petit massif du Bifé diffère du reste du Monsalvens par sa direction et sa structure. C'est une voûte tout à fait ouverte du côté du sud-ouest, et dont le flanc nord-ouest se recourbe en C pour envelopper une petite bande de néocomien (pl. 4, fig. 2; pl. 7, fig. 6). Le jura supérieur de cette voûte est en liaison directe avec celui des régions plus méridionales, mais les couches qui établissent cette continuité sont réduites à un minimum de puissance. De même le C du versant nord-ouest ne montre les couches tithoniques qu'avec une épaisseur assez restreinte (p. 109). Au bord nord-ouest du massif la base du jura supérieur n'est que rarement visible; elle est cachée par les éboulis, peut-être même enfoncée dans le crétacé supérieur qui semble passer par dessous en *ot* (Pessot) (pl. 7, fig. 8). A cet endroit on voit cependant très bien le calcaire concrétionné, et il y est riche en fossiles; je puis citer les espèces suivantes :

Belemnites Dumortieri, Oppel.	*Ammonites Oegir*, Oppel.
— *monsalvensis*, nov. sp.	— *biplex*, Quenst.
Ammonites Manfredi, Oppel.	*Rhynchonella fastigata*, nov. sp.
— *saxonicus*, Neum.?	*Collyrites Voltzi*, (Ag.) Des.
— *tortisulcatus*, d'Orb.	— *friburgensis*, Ooster.

Je n'ai fait que peu de recherches dans les assises supérieures, et je n'ai à citer que l'*Apt. gigantis*, Quenst., trouvé dans les débris.

Du côté du nord-est la voûte s'abaisse rapidement et s'aplatit; les couches y sont moins visibles, et il est plus difficile d'en reconnaître la série. Les assises inférieures et même le calcaire à ciment sont passablement à jour du côté du nord-ouest; mais en passant de là au versant sud-est on ne reconnaît plus la structure d'une voûte. L'accident de soulèvement qui persiste le plus est donc la faille nord-ouest. Nord de *m* (Commun Der), le tithonique semble manquer; mais il n'est pas impossible qu'il soit caché sous les débris du néocomien. Plus au nord-est en revanche il se montre bien à jour

Nord-est du Javrex.

Après une interruption qui n'est peut-être qu'apparente et causée par les éboulis du flysch, le jura supérieur recommence à se montrer au nord-ouest du Javrex; c'est sur le ruisseau qui vient de Praz-Ouges qu'on peut le mieux le voir; le plongement y est en général sud-est et assez faible. Je n'y ai trouvé de fossiles que dans les assises de la zone de l'*Amm. transversarius*, savoir *Bel. monsalvensis*, nov. sp., *Amm. cf. Liebigi* et *Amm. biplex*, Quenst.

Au Frassillet il n'y a guère que le tithonique qui soit à jour, il plonge faiblement sud-est; mais au nord il prend le plongement contraire, en sorte que cette portion de la zone a la structure d'une voûte surbaissée. On pourrait donc penser que le reste de l'affleurement en est le pan sud, et que le pan nord n'est conservé qu'au Frassillet; mais il est plus probable qu'on a là la continuation de la grande faille qui suit le pied nord-ouest du Bifé.

A la Grô Gitte le calcaire à ciment apparaît d'une manière inattendue sur le ruisseau, et au-dessus on voit aussi les couches de la zone de l'*Amm. transversarius*; les deux formations sont en contact avec le néocomien du côté du sud, et ce dernier semble même pénétrer un peu sous le jura supérieur. Il y a donc là une faille assez considérable compliquée d'un léger refoulement. Il faut remarquer en outre qu'au-dessus du calcaire concrétionné on arrive au néocomien en place, sans voir les zones jurassiques supérieures et sans qu'il y ait l'espace nécessaire pour qu'on puisse supposer qu'elles sont cachées sous des débris.   Ainsi le néocomien a probablement été déposé dans cet endroit, comme dans d'autres, après l'érosion du tithonique.

Lambeaux isolés.

J'ai déjà eu l'occasion de mentionner (p. 140) les récifs du jura supérieur qui se trouvent au Hohberg et à la Tour de Trême. Celui qui s'élève dans cette dernière localité a environ 25 m. de puissance; les couches y sont presque verticales, mais sans stratification dans le centre.   Il est entouré d'une plaine où les dépôts modernes ne permettent pas de voir avec quelle autre formation il peut être en relation.   Je n'en ai d'autre fossile déterminable que le *Bel. Mulleri*, nov. sp., qui n'est pas d'un niveau spécial; d'après la roche il est probable que ce massif appartient au calcaire en grumeaux et au tithonique.

Néocomien.

§ 101.   Les zones du jura supérieur qui se prolongent vers l'est ou le nord-est, divisent le néocomien en quatre masses principales, plus ou moins larges et plus ou moins bien séparées les unes des autres. On en trouve en outre deux lambeaux isolés au nord et au sud, et une bande enveloppée dans un C du petit massif jurassique du Bifé.   Il n'y a que deux de ces zones où la série des couches soit complète; les autres n'ont ni le calcaire oolithique, ni le calcaire noir.   Je les décrirai successivement en commençant par le sud.

Zone de Bataille.

Du côté du sud cette zone est en partie renfermée dans un C du jura supérieur; du côté du nord elle est en contact avec le calcaire à ciment et les couches de la zone de l'*Amm. transversarius*, et passe même dessous (pl. 5, fig. 1, 2 et 3).

Sur la route nord de *B* (*B*ataille), les assises présentent les caractères des divisions inférieures, mais quand le chemin tourne au nord-est c'est plutôt le néocomien bleu que l'on voit; j'y ai trouvé l'*Aptychus* de l'*Amm. Astierianus*, d'Orb. En suivant de là le contact avec les terrains jurassiques, c'est toujours la même division que l'on observe ; je n'y ai rencontré que des *Aptychus*, savoir l'*Aptychus* de l'*Amm. Asterianus*, *Apt. undatocostatus*, Pet., *Apt. aplanatus*, Pet.

Les assises inférieures enfermées dans le C jurassique ne sont bien visibles que sur la rive gauche de la Jogne, nord de *e* (Bataille) (pl. 5, fig. 5 et 6). Malheureusement elles sont d'un accès très difficile, et je n'ai pas pu en étudier régulièrement la série. J'ai cependant constaté que ce sont bien les couches de Berrias qui se trouvent là, et probablement aussi une partie de celles de la zone à *Bel. latus*, qu'il y a le calcaire à *Ostreæ*, et qu'il y existe des fragments et des fossiles tithoniques remaniés. · Voici les espèces de cette localité qui appartiennent au néocomien :

Belemnites bipartitus, Bl.	*Ammonites neocomiensis*, d'Orb.
Ammonites semisulcatus, d'Orb.	*Aptychus* de l'*Amm. Asterianus*, d'Orb.
— *privavensis*, Pict.	*Terebratula cf. janitor*, Pict.

Les fossiles que j'envisage comme remaniés (p. 106) sont: *Amm. ptychoïcus*, Quenst. et *Amm. verruciferus*, Menegh.?; il y a en outre des *Perisphinctes* avec un sillon siphonal.

Plus en amont on trouve, sur la rive droite de la Jogne, un éboulement récent, qui a aussi mis à jour des couches de la partie inférieure du néocomien; les fossiles y sont extrêmement rares, et il fallait en trouver pour être sûr qu'elles n'appartinssent pas au calcaire à ciment, qui est en place un peu plus haut. Dans un même bloc j'ai rencontré *Amm. Boissieri*, Pictet et *Terebratula subtriangulata*, Gümbel. Le premier de ces fossiles est pyriteux, ce qui fait que je les rapporte aux couches à *Bel. latus* plutôt qu'à une autre division.

La zone néocomienne de Bataille disparaît dans la profondeur, sous le jambage supérieur du C jurassique de la rive gauche de la Jogne.

Zone de Châtel.

Cette seconde zone de néocomien a la forme d'un U enveloppé par le tithonique. Du côté de l'ouest elle semble ne remplir qu'une courbure peu profonde du jura supérieur (pl. 4, fig. 1, à droite); mais là les deux formations plongent assez fortement à l'est, de façon que le néocomien ne doit pas tarder à descendre davantage dans la profondeur et à prendre la forme indiquée. Dans l'intérieur de la zone on peut voir des plongements, des variations de direction et des zigzags de toute espèce ; mais le plus souvent les couches s'enfoncent du côté du sud, en sorte qu'en gros l'U est un peu incliné.

A l'ouest de la ruine du Monsalvens, cette zone se relie à la précédente par ses couches inférieures ; mais elles ne sont que très peu visibles, et il en est de même tout le long de la voûte jurassique qui est au nord et au nord-est. Du côté du sud-est les affleurements de la base du néocomien sont aussi rares ; on peut en voir sur le flanc gauche de la gorge de Châtel (pl. 5, fig. 8), mais on ne peut y arriver qu'en traversant la Jogne sans pont ; je n'y suis pas allé moi-même et mon fils et mon neveu n'y ont pas trouvé de fossiles. Plus au nord-est le lit de la rivière est creusé presque exclusivement dans le néocomien bleu. Au confluent du Javroz les couches de Berrias ne sont pas à jour, mais bien la zone à *Bel. latus*; je n'y ai trouvé qu'un exemplaire de *Bel. Orbignyanus*, Duval et des Térébratules indéterminables. Quand j'ai visité cette localité je ne connaissais pas encore le calcaire à *Ostreæ* ; mais d'après mes notes il ne paraît pas qu'il y existe.

Quant au néocomien bleu, c'est dans les ravins du Javroz et de la Jogne qu'on peut le mieux l'observer. Sur le flanc droit de la gorge de Châtel, il se montre en zigzags avec des angles très aigus (pl. 5, fig. 8). Dans cette localité il renferme *Bel. pistilliformis*, Bl., *Amm. occitanus*, Pictet, *Amm. Boissieri*, Pictet?, *Apt. angulocostatus*, Peters, *Apt. undatocostatus*, Peters, *Apt.* de l'*Amm. Astierianus*, d'Orb., *Terebratula diphyoïdes*, d'Orb.?. Ailleurs, dans un grand nombre de petits affleurements, on rencontre çà et là une Bélemnite ou un Aptychus isolé vers le milieu de la zone, c'est-à-dire dans les couches les plus récentes. Il n'y aurait aucune utilité à mentionner à part ces fossiles et les endroits où je les ai trouvés, sauf peut-être un exemplaire de la *Terebratula diphyoïdes*, d'Orb.? sud de *Ch.* (*Châtel*). Quelques localités plus fossilifères méritent pourtant d'être indiquées. Dans le ravin du Javroz, est de *Planches*, les assises sont plus argileuses et plus tendres et les fossiles plus nombreux ; j'ai de là : *Bel. pistilliformis*, Bl. et *bipartitus* (Bl.) Cat., *Amm. Astierianus*, d'Orb. contenant son *Aptychus* (pl. 10, fig. 1), *Apt. undatocostatus*, Pet. ; il y a aussi des Céphalopodes déroulés de genres divers, mais ils sont écrasés, et je n'en ai aucun qu'il soit possible de déterminer avec certitude. Ce même calcaire argileux se retrouve aux Plannés Pièces sur Châtel et nord de *Ch* (*Châtel*), avec les mêmes fossiles. Il paraît donc constituer une zone assez constante, dont il n'est du reste guère possible de déterminer la position exacte dans le néocomien bleu.

Zone du Mont.

Cette zone de néocomien est comprise entre deux voûtes jurassiques, et elle est presque aussi large que longue; il est vrai qu'elle en comprend proprement deux, qui ne sont séparées que dans la partie occidentale par la voûte du Pessot.

Ce massif est celui qui nous fait connaître le mieux la composition du néocomien, parce qu'il forme une partie des escarpements du versant occidental du Monsalvens; ce n'est guère que là qu'on peut étudier la série des couches; aussi la description générale qui a été donnée ci-dessus (p. 72 à 78) a pour base ce que l'on voit dans cette région, et je n'y reviendrai pas. La pl. 4, fig. 1 indique les plissements curieux que le néocomien y a subi.

Le long de la zone jurassique méridionale on ne peut voir les divisions inférieures qu'à l'occident. Au ruisseau qui descend à l'ouest du Crésuz, ce sont les calcaires sableux du néocomien bleu qui viennent toucher au pan méridional de la voûte jurassique; le pan nord est resté dans la profondeur avec la base du néocomien. De même plus au nord-est, vers les Pelleys, on ne trouve pas les couches inférieures du néocomien pour la même raison. Le calcaire sableux du ruisseau du Crésuz a subi un clivage qui fait qu'il se désagrége en fragments prismatiques, en aiguilles et en lamelles qui affectent une certaine régularité, ce que je n'ai pas observé ailleurs.

A l'extrêmité orientale de la voûte du Pessot, les assises inférieures sont à jour; je n'y ai pas trouvé de fossiles des couches de Berrias ni vu le calcaire à *Ostreæ*; mais les teintes à l'air des calcaires et schistes de la zone à *Bel. latus* y sont très marquées, et il y a un *Inocérame* que j'ai trouvé ailleurs avec les fossiles pyriteux de cette division. Le long de la voûte septentrionale, la base du néocomien est visible çà et là, mais sans fossiles caractéristiques, excepté au ruisseau des Esserts, où j'ai recueilli en place un exemplaire d'*Amm. municipale*, Opp.

Comme ailleurs le néocomien bleu contient par place des fossiles isolés, surtout des *Aptychus* et le *Bel. pistilliformis*, Bl.   A l'ouest du Mont j'ai trouvé en outre l'*Amm. clypeiformis*, d'Orb.   Deux autres localités seulement méritent particulièrement d'être mentionnées.   Sur le ruisseau au-dessus de l'église de Cerniat, on rencontre avec les mêmes fossiles les assises plus argileuses qui ont été mentionnées dans la zone précédente (p. 175).   Il paraît que c'est là le gisement principal de l'*Amm. Astierianus*, d'Orb.   Au sud-ouest de Cerniat, sur un autre ruisseau, j'ai trouvé immédiatement sous le calcaire oolithique *Bel. pistilliformis*, Bl., *Amm. Thetys*, d'Orb., *Ancyloceras villiersianum*, (d'Orb.) Ast.   C'est un des points qui montrent qu'il y a des fossiles du néocomien méditerranéen dans toute la hauteur de la formation.

La présence du calcaire oolitique dans cette zone est une preuve que la série des assises néocomiennes y est complète, tandis qu'elle ne l'est probablement pas dans les précédentes.   Une ligne en indique le parcours sur la carte.   Il commence à se montrer subitement, par des débris, sur la rive gauche du ruisseau ouest du Mont.   On peut le suivre de là presque sans aucune interruption en allant vers l'est-nord-est; ordinairement on ne voit que des fragments à la surface du sol, quelquefois pourtant on peut reconnaître que la roche est en place.   Le point où il affleure le mieux est le ruisseau au sud-ouest de Cerniat.   De là il change un peu de direction; sud de *ni* (Cerniat) il se montre stratifié en couches assez minces, et se termine bientôt en formant un petit rocher, car au ruisseau qui est plus au nord-est il n'y en a plus de trace.

Dans cette zone, je n'ai vu le calcaire noir qui surmonte cette division que sur le ruisseau de la Boverasse; la végétation le recouvre ailleurs s'il y existe.   Si le sous-sol géologique était plus à jour, on trouverait probablement sur quelques points le calcaire oolithique recourbé en U comme le reste de la formation.   Je n'ai rencontré quelque chose d'approchant qu'à Cerniat, à l'endroit où la zone se termine; ailleurs il semble n'appartenir qu'à un jambage de l'U néocomien.

Zone du Javrex.

Ce dernier massif néocomien commence dans un pli du jura supérieur au sud du Bifé, et va en s'élargissant du côté du nord-est, où il se perd sous les dépôts quaternaires et les éboulis du flysch.

Les assises en U qui sont à l'ouest sont passablement visibles; mais elles sont bouleversées, et on n'y peut guère étudier une série régulière. Je n'y ai pas trouvé de fossiles spéciaux aux couches de Berrias; mais il y a des fragments qui indiquent la présence du calcaire à *Ostreæ*. Des fossiles pyriteux indéterminables et un exemplaire de *Bel. latus*, ne laissent pas de doutes sur l'existence de la zone à *Bel. latus*. Le manque d'affleurements bien à jour ne permet guère de constater la continuation de cette division inférieure le long de la voûte jurassique méridionale. On peut mieux la voir le long du massif du Bifé. Au sud du col qui est à l'ouest de la colline *1439*, on y remarque un lambeau de calcaire dur du jura supérieur, qui a trente mètres de longueur et qui semble engagé dans les assises du néocomien; ce peut être un bloc exotique, mais il y a aussi possibilité qu'il soit éboulé. Près de là j'ai rencontré une petite Ammonite pyriteuse du genre *Phylloceras*. En descendant au nord-est du Commun Der, la continuation de ces couches est très peu visible, si ce n'est lorsqu'on arrive au ruisseau du Javrex; mais je n'ai trouvé là que des Térébratules indéterminables.

La carte indique au sud de *la Rosseneyre* les endroits où l'on peut le plus facilement trouver des fossiles dans le néocomien bleu. Outre les *Aptychus* déjà souvent cités j'y ai recueilli l'*Amm. angulicostatus*, d'Orb. et l'*Amm. occitanus*, Pictet. Dans la partie orientale du massif, il y a aussi sur l'un des petits cours d'eau qui viennent se réunir au Javrex un affleurement où l'on trouve beaucoup d'*Aptychus*. Mais dans cette région les couches ne sont bien visibles que le long du ruisseau le plus oriental, où des éboulements les ont mises à jour; on y trouverait probablement des fossiles en s'y arrêtant plus longtemps que je n'ai pu le faire. Au passage du néocomien bleu aux couches à *Bel. latus*, il y a une faille bien à jour, et un peu plus haut un lambeau de calcaire sableux qui se trouve placé irrégulièrement au-dessus, les a encore forcées de se plier en zigzags. Des accidents semblables se répètent sans doute souvent dans la partie des zones néocomiennes que la végétation recouvre presque entièrement; cela nous explique pourquoi on ne parvient pas à reconnaître à la surface quelque chose de régulier dans la succession des calcaires sableux et des compactes. La faille mentionnée se continue probablement plus au sud-ouest entre le jura et le néocomien, car, quand on voit ce dernier près du point de contact, il se trouve que la roche appartient plutôt à la division supérieure qu'à l'une des inférieures.

C'est dans ce massif qu'on peut le mieux se rendre compte de la position du calcaire oolithique. Une zone de cette roche commence sud de *ey* (Chevaleyre), en formant un petit rocher; on y voit 5 ou 6 mètres de couches stratifiées, plongeant au sud-est, et reposant sur le néocomien bleu qui est en place à peu de distance; le calcaire noir qui est peut-être au-dessus n'est pas visible; les fossiles sont très rares à cet endroit. Du côté du nord-est on peut suivre la zone par des débris, rarement par des couches en place; elle donne un sol assez pauvre pour qu'on ait permis à quelques bouquets de sapins de s'y établir au milieu des pâturages. Bientôt elle se partage en deux, sans que l'on voie les couches au point où la division s'opère; mais un peu plus loin, au sud-sud-ouest de *le* (*le* Javrex), la disposition des assises est bien à jour (pl. 6, fig. 8). Entre les deux bandes de calcaire oolithique, il se forme un ravin où le calcaire noir est en forme d'U; toutes les couches plongent au sud-est; immédiatement au sud de la branche méridionale du calcaire oolithique, on trouve un second ravin profond, qui a aussi été creusé dans les couches tendres des calcaires et schistes noirs. Ces deux ravins se rejoignent, et au point de réunion on voit très clairement les calcaires noirs tourner au plongement est, pour former un revêtement à la branche méridionale du calcaire oolithique qui se termine là. La branche septentrionale au contraire se prolonge du côté du Javrex. Un lambeau de crétacé supérieur, qui est un peu plus au sud, est enveloppé par le calcaire noir; on devrait donc trouver une troisième zone de calcaire oolithique du côté des Covayes, si les plissements étaient réguliers; mais il ne paraît pas que ce soit le cas.

Après une interruption par les dépôts quaternaires, on retrouve le calcaire oolithique à deux endroits au point de réunion des ruisseaux du Javrex. On le voit très bien et on y recueille facilement des fossiles au nord-est de *9* (*954*), parce qu'il est coupé par le torrent; il n'y présente que des traces de stratification et il est fissuré en tous sens; le calcaire noir le surmonte, mais dessous le néocomien bleu n'est pas visible. On est fort étonné de n'en pas trouver la continuation sur les ruisseaux qui arrivent tout près de là un peu plus à l'est; c'est le néocomien bleu qui y est seul en place. En revanche on a un autre lambeau de calcaire oolithique au point où tous les ruisseaux sont réunis; il ne peut pas être envisagé comme la continuation directe du premier; les couches qui le bordent n'étant pas à jour, on ne peut pas dire non plus s'il forme un U avec l'autre lambeau, ou s'il n'en est qu'une portion déplacée par une faille.

Une dernière zone de calcaire oolithique se montre aux Places, plus au nord-est, où elle forme un petit crêt; le néocomien bleu est visible à peu de distance et plonge dessous; mais le calcaire noir, qui doit la séparer du crétacé supérieur, n'est pas à jour.

Lambeaux isolés.

Je n'ai presque rien à dire d'un lambeau néocomien près du Pressot au sud du Monsalvens; je n'ai fait qu'en constater la présence, et il est du reste peu accessible. Il est un peu en fond de bateau comme le tithonique qu'il surmonte, mais il occupe si peu de place qu'il n'était pas possible de le représenter sous cette forme sur la carte.

Dans le C jurassique du flanc nord-ouest du Bifé, on a une bande de néocomien, où l'on ne voit que çà et là un petit affleurement de couches en place, parce qu'elle est recouverte par les débris des rochers voisins. J'y ai pu constater pourtant la présence du calcaire à *Ostreæ*.

Enfin sous le lambeau de crétacé supérieur des Communs loués, au nord du Monsalvens, on trouve à l'est de *Creux bourgeois* le néocomien bleu avec ses calcaires compactes ou sableux et ses marnes schisteuses; j'y ai recueilli un exemplaire bien caractérisé de l'*Apt. angulocostatus*, Peters. Le passage au crétacé supérieur n'est pas visible; mais il n'est pas probable que le calcaire oolithique existe dans cet endroit, car sur le ruisseau il n'y a qu'un espace de 7 ou 8 mètres de débris entre les deux formations.

Crétacé supérieur.

§ 102. Le terrain crétacé supérieur se trouve des deux côtés de la partie nord du Monsalvens; mais il n'y en a qu'une zone qui occupe un espace un peu considérable.

Versant nord-est.

Sur ce versant le crétacé supérieur borde la grande faille qui a amené à jour les formations jurassiques ; il se rattache donc mieux au flysch du massif des Paquiers qu'au Monsalvens proprement dit. Cependant il ne paraît pas non plus passer régulièrement sous ce flysch, car à Bimont et à Lachiat il doit être en contact avec des couches de grès qui ne peuvent guère appartenir à la base de la formation; en outre ces assises plongent au sud-est, de sorte que leur tranche doit plutôt venir butter contre le crétacé supérieur (pl. 4, fig. 2). Dans la partie sud-ouest de la zone, on ne voit que des affleurements fort restreints; ils suffisent cependant pour faire reconnaître la continuation de la formation. Il est probable qu'elle se prolonge encore plus au sud, sous les débris qui couvrent le pied de la chaîne. C'est en suivant les ruisseaux à l'est et à l'ouest de la Bodevenaz qu'on voit la plus grande quantité de couches; mais il y a toujours beaucoup d'interruptions causées par la végétation, ou les éboulis descendus des hauteurs voisines. Le plongement est très variable; on y voit des zigzags, et c'est à peine si l'on peut dire qu'il est le plus souvent sud-est.

Du côté de l'est, le crétacé supérieur disparaît tout à fait sous les éboulis du flysch pour se remontrer par places aux Communs loués. Une interruption de 7 à 8 mètres, où l'on ne voit rien, le sépare d'un lambeau néocomien, dont la présence montre qu'il n'est pas en relation régulière avec le flysch voisin. J'ai vu dans cette région un peu de calcaire rouge rappelant tout à fait le facies de la même formation dans les chaînes plus intérieures.

A la Grô Gitte, un lambeau où il y a plus de calcaire blanc qu'ailleurs plonge fortement à l'est comme le flysch voisin, ce qui le relie plus à cette formation qu'au néocomien, auquel il doit toucher de l'autre côté.

Lambeaux du Javrex.

Près du hameau du Javrex, vers le bord est de la carte, le crétacé supérieur se montre en deux lambeaux qui appartiennent sans doute à une même zone, mais qui sont séparés par un massif de graviers glaciaires. Celui du sud-ouest est peu visible; l'autre ne se voit bien que le long du ruisseau. Outre le calcaire blanchâtre, on y trouve des couches verdâtres et des intercalations de schistes bleus, tachés de noir, tout à fait semblables à ceux qui se montrent au même niveau dans les chaînes du Ganterist et du Stockhorn. Le plongement est variable; les bancs sont parfois verticaux.

Flysch.

§ 103. Dans le territoire de notre carte il n'y a qu'une seule zone de flysch. Les terrains secondaires du Monsalvens ne l'interrompent qu'en partie, car elle se continue en les suivant à l'ouest. Il est vrai qu'elle disparaît bientôt sous les éboulis et les dépôts glaciaires; mais les lambeaux qui se montrent à Morlon, sur les bords de la Sarine et dans la gorge des Moulins de Broc, n'en sont évidemment que la continuation.

Massif des Paquiers.

Cette région de flysch, qui est au nord-est de la carte, ne mérite guère à elle seule le nom de massif, car elle ne forme pas un tout distinct; ce n'est que la continuation du Cousinbert.

Malgré la largeur de cette zone il n'y a pas de points où l'on voie plus de 40 mètres d'épaisseur de couches à la fois, et la plupart des affleurements sont extrêmement restreints.

Dans l'ensemble le plongement des couches est sud-est, le plus souvent il est faible et n'atteint que rarement 50°. S'il n'y a pas de failles (il serait aussi téméraire de l'affirmer que de le nier), on traverse donc des couches de plus en plus modernes, en allant du nord-ouest au sud-est. Je dirai quelques mots des grandes subdivisions que l'on trouve successivement en marchant dans ce sens.

1°) Dans la partie nord-ouest ce sont les schistes argileux et marneux qui prédominent; mais on n'en voit guère d'affleurement de 10 mètres de puissance où il ne s'intercale pas des couches de grès, soit par bancs isolés, soit par massifs de quelques mètres. Ces grès sont ordinairement à grains fins; ceux où les parties composantes atteignent la grosseur d'un grain de blé sont rares. Cependant dans la région des débris, au chalet du Gros-Maroz, j'ai vu un fragment de granit rouge qui indique qu'il y a aussi des conglomérats dans cette partie.

2°) L'arête culminante de la chaîne est formée par un massif puissant, où dominent les grès ou calcaires gréseux. Le plongement en est au-dessous de la moyenne; quelquefois il est plus faible que la pente sud-est, alors on peut voir la tranche des mêmes bancs sur les deux versants; mais le plus souvent il a à peu près l'inclinaison de la pente; aussi lorsque celle-ci diminue le massif disparaît dans la profondeur. A l'est de Villarsvolard, l'arête s'abaisse vers la plaine en subissant une inflexion; le plongement devient sud-sud-est; en même temps elle se divise, et l'on voit là que le massif gréseux renferme une zone plus schisteuse qui a occasionné une petite combe.

3°) A Lachiat et au Bimont, ce sont probablement ces massifs de grès qui vont butter contre le crétacé supérieur. Plus au sud-ouest, au Petit-Mont, ce sont les schistes qui prédominent, mais ils sont peu visibles. Du côté du nord-est, en Allires, on constate aussi la présence de ce troisième massif plus schisteux; on ne le voit bien que vis-à-vis du chalet, le plongement y est sud-est, comme dans les grès de l'arête culminante; ainsi il leur paraît supérieur.

4°) Du sud d'Allires jusqu'à la Grô Gitte, on trouve du calcaire ressemblant au néocomien (p. 132), avec des schistes ordinaires du flysch et un conglomérat plus visible par ses débris que par des couches en place; des fragments de granit rouge atteignent dans ce dernier la grosseur de la tête, il y a aussi d'autres roches cristallines et des calcaires de diverses natures. Il n'est pas possible de tirer une conclusion des plongements qu'on observe dans cette région, car ils varient à chaque instant. Le contact avec le néocomien voisin n'est pas à jour; mais on voit le flysch en place très près d'un lambeau de crétacé supérieur; le plongement des deux formations est à l'est, en sorte qu'il paraît y avoir concordance entre elles. Cette circonstance peut faire penser que cette quatrième série d'assises est inférieure aux autres; mais cette conclusion n'est pas appuyée par d'autres observations. On peut envisager comme plus certain qu'il y a, au-dessus d'Allires, une continuation de la faille qui sépare la craie du flysch plus à l'ouest.

Quelques lambeaux isolés se rattachent au massif des Paquiers. Au Chêne, nord-est de Villarsvolard, le flysch est bien en place; il y plonge sud-sud-est. Aux Planches, à l'est de Corbières, près des dépôts glaciaires, on voit sur le ruisseau des schistes qui y sont peut-être en place; mais on ne peut pas affirmer non plus que ce ne soit pas des masses éboulées. D'autres lambeaux se trouvent conservés sur le crétacé supérieur au pied du Bifé. Ils sont très peu visibles, et ce n'est que dans celui de la Goutte qu'on voit des tranches de couches qui paraissent verticales; ailleurs ils ne sont accusés que par des blocs de grès ou des débris de schistes.

Lambeaux de flysch sur les rives de la Sarine et au midi du Monsalvens.

La chaîne de flysch de la Berra n'est point interrompue complètement par la vallée de la Sarine. La région d'éboulis à l'est de Villarsbeney est presque uniquement couverte de débris jurassiques et néocomiens; mais çà et là on y rencontre un fragment qui appartient au flysch, et qui ne peut provenir que d'une continuation de la formation par dessous les éboulis. Plus au sud-ouest, on trouve des lambeaux de flysch qui continuent à établir une liaison entre les massifs du Cousinbert et du Niremont. La plupart de ces affleurements se trouvent sur notre carte.

Morlon. Dans cette région, c'est sur le chemin qui descend au nord du village et au bord du ruisseau que l'on voit le mieux les couches. Le plongement est variable. On y remarque un ou deux massifs de grès, dont une partie est très grossière et se décompose assez facilement à l'air. Il y a pour le moins autant de schistes argileux, dont les feuillets sont un peu lustrés et couverts de taches noires plus ou moins dendritiques. Cette variété de flysch est rare dans la chaîne de la Berra; elle est au contraire fréquente dans les montagnes du flanc droit du Simmenthal; elle ne contient pas de Fucoïdes.

Contravau. A l'est de Contravau, près du chalet de Rauloz et sur les deux rives de la Sarine, on reconnaît très bien la présence du flysch. Il y a des schistes tout à fait semblables à ceux de Morlon; mais la roche la plus visible est un grès d'un gris clair, analogue à la molasse, mais plus dur. Il est fendillé en tout sens et souvent de manière que les blocs détachés ont des surfaces arrondies; ainsi il est fort difficile d'y reconnaître une stratification, en outre les schistes sont souvent brouillés; cependant dans l'ensemble on distingue assez bien un plongement très fort vers l'est. Nord de *n* (Contravau), les grès renferment des empreintes végétales indistinctes et plongent fortement sud. Sur les bords de la Sarine, on voit très bien ce flysch à quelques mètres des affleurements de schistes à nodules sur la rive gauche, et des couches de la zone à *Amm. Humphriesianus* sur la rive droite.

Bolossy. Sur la rive droite de la Sarine, à Bolossy, il y a des grès et des schistes plus semblables à ceux de la chaîne de la Berra; je n'y ai pourtant pas trouvé, non plus que dans les précédents, de Fucoïdes caractéristiques, mais des empreintes charbonneuses; le plongement y varie.

Ouest de Broc. Le lambeau de Contravau est très probablement en communication, par dessous les graviers quaternaires, avec le flysch qui se montre plus au sud, aussi sur les bords de la Sarine. Ici en effet nous retrouvons les mêmes couches sans restes organiques distincts; mais il y en a d'autres qui renferment les Fucoïdes ordinaires de la formation; ainsi sur la route de la Tour de Trême, tout près du contact avec les schistes calloviens, et sur la rive droite de la rivière en aval du pont; la présence de ces Fucoïdes confirme la détermination de la formation, dont les roches ne peuvent du reste guère laisser de doute. Ce sont les grès mal stratifiés qui, en resserrant le lit de la rivière, ont facilité l'établissement d'un pont et d'un château fort; mais sauf en ce point la présence du flysch ne modifie que très peu le relief de la contrée.

Du côté de l'ouest ce lambeau touche aux schistes calloviens. Sur le petit ruisseau de la rive gauche, près du pont de Broc, on voit les formations à 2 m. l'une de l'autre, sans que le contact immédiat soit visible; toutes deux plongent ouest-sud-ouest, mais les schistes à nodules plus que le flysch. A la pointe nord de *B* (Broc), on les voit de même très près et très distinctes l'une de l'autre, parce que les schistes du flysch sont moins foncés et à feuillets beaucoup plus réguliers que ceux du callovien; mais le contact n'est pas non plus à découvert. On ne peut pas indiquer un plongement général dans l'ensemble de ce flysch, tant il y a de variations à cet égard dans les différents affleurements.

Gorge des Moulins.

Un des lambeaux de flysch les plus remarquables par sa position entre des couches plus anciennes, est celui que l'on observe au débouché et dans l'intérieur de la gorge des Moulins.

Sur la route qui monte au nord, à partir du pont, on voit la formation sur quelques mètres de longueur; elle y est certainement en place, quoique les couches y soient recouvertes de leurs propres débris. On y reconnaît les principales roches du flysch: grès, conglomérat de fragments de roches variées, schistes-ardoises, etc.; ce mélange caractérise à lui seul cette formation, mais on y trouve de plus des Fucoïdes. En amont du pont, ce sont d'abord les schistes à nodules qui sont en place sur la rive droite; mais plus loin le flysch se montre de nouveau dans les mêmes conditions que ci-dessus et aussi avec ses Fucoïdes; le plus souvent on ne voit pas de plongement sûr; à un point il paraît être est-sud-est. Sur la rive gauche, immédiatement au-dessus du pont, les couches en place sont maintenues à jour par la rivière, qui en emporte les débris; il y a des parties horizontales, d'autres plongent est-sud-est.

Au fond de la gorge, sur le ruisseau qui descend au sud de Favaoulaz, on observe ce qui est représenté pl. 5, fig. 3 et 4. Là le lambeau de flysch touche au sud au calcaire tithonique; au nord, où il disparaît sous le glaciaire, il ne peut être en contact qu'avec les schistes à nodules. La direction des bancs est à peu près celle de la gorge elle-même, et il est probable que ce lambeau se rattache à ceux que l'on voit vers les Moulins, et que ce sont les éboulis et les dépôts glaciaires qui empêchent de suivre la formation entre ces deux points. Cette supposition est appuyée par d'assez nombreux fragments et blocs de flysch tout à fait anguleux, qui se trouvent au sud et à l'est de Bataille, sur le flanc droit de la gorge. On ne peut pas les rattacher au glaciaire, dont tous les fragments sont arrondis dans cette région; ce sont probablement les restes de couches continues qui ont été détruites par l'érosion.

Dépôts quaternaires.

§ 104. Le Monsalvens sépare deux régions quaternaires: celle de la plaine et celle des vallées de la Jogne et du Javrex.

Région de la plaine.

La description générale du terrain quaternaire donnée ci-dessus (p. 148), se rapporte surtout à cette région, et il n'y a que peu de choses à y ajouter, à moins d'entrer dans des détails fastidieux.

Un des dépôts qui attirent le plus l'attention, ce sont les graviers de Broc, qui semblent placés en travers du cours naturel de la Sarine et l'avoir rejetée à l'ouest. Ils se terminent de trois côtés par des pentes rapides et régulières, qui sont évidemment d'anciennes berges de cette rivière et de la Jogne ou de leurs bras. Au-dessus de ces pentes on trouve une plaine très unie, dont l'inclinaison du nord au sud est si faible qu'on ne la reconnaît qu'en examinant la région à distance, et d'un point favorable pour cela. Toutes les déchirures du sol sur les anciennes berges, indiquent la présence de graviers dont les galets n'ont plus que des traces de stries fort rares ; mais il n'y a que deux endroits où ils soient assez à découvert pour que l'on puisse y voir une stratification : c'est à une gravière au sud-est du village (pl. 5, fig. 9), et près de là, le long du petit ruisseau ouest de Tzutenas ; on ne peut donc pas affirmer qu'il n'y ait pas quelque part des dépôts informes.

La régularité de la plaine, qui semble avoir été égalisée par des cours d'eau, peut faire penser que ces graviers sont des dépôts post-glaciaires de la Sarine et de la Jogne ; on est d'autant plus porté à le croire que nord de *Vers les* (*Vers les Moulins*), il y a une plaine un peu inférieure, qui forme une terrasse secondaire bien marquée. Mais comme je l'ai déjà dit plus haut (p. 154), il n'est pas possible d'admettre que ces graviers aient été déposés après le retrait définitif des glaciers de cette région. On comprend mieux la formation de ce dépôt, en se reportant à une phase de l'époque glaciaire où la région jurassique à l'est de la Tour de Trême aurait été recouverte par le glacier du Rhône formant une barrière élevée, et où la Sarine, la Jogne et les eaux du glacier auraient amené les graviers.

Il est très probable que le lambeau de quaternaire stratifié qui est sur la rive gauche de la Sarine, à l'ouest de *Vers les Moulins*, est de la même époque que les graviers de Broc. Les schistes calloviens y sont ablationnés horizontalement sous les graviers, et ceux-ci s'élèvent en formant un mamelon au-dessus de la plaine. Du côté du nord-ouest cette élévation a été isolée par un fossé artificiel, et a probablement servi de forteresse à une peuplade primitive, car on n'y voit absolument aucun reste de construction avec mortier.

Le chemin qui monte des Moulins de Broc vers *sa* (Monsalvens), montre de grands talus de graviers toujours en éboulement; on peut les indiquer comme un type des dépôts qui sont intermédiaires entre le quaternaire informe et le stratifié: on y trouve quelques stries sur les galets, mais non pas partout; à quelques places on croit voir une stratification fort confuse, d'autrefois il n'y en a point.

L'absence de travaux d'art qui mettent artificiellement à jour les surfaces sur lesquelles repose le glaciaire informe, fait que l'on n'a guère l'occasion dans nos régions d'observer des roches polies et striées en place. Cependant j'ai vu des sillons distincts sur une formation qui n'est du reste guère propre à les conserver, c'est sur la molasse qui affleure immédiatement à l'est de Vuippens.

Comme localités où l'on voit le plus de blocs erratiques, je citerai Cudrez, au nord-nord-est de Bulle, et les deux flancs de la colline molassique de Champotey. Pour bien voir les rapports et le mélange des deux sortes de quaternaire, il faut suivre les ravins de la Sionge et du Gérignoz, au nord de Vuippens.

Vallée de la Jogne et du Javroz.

Pour la nature des matériaux cette région ne diffère guère de l'autre; car si les roches cristallines y sont rares, elles y existent pourtant, et cela montre bien que les dépôts sont dus, au moins en partie, à un bras du glacier du Rhône qui pénétrait dans la vallée.

La proportion des dépôts stratifiés et du glaciaire informe bien caractérisé, paraît être aussi à peu près la même. Mais dans le nord on voit beaucoup de graviers desquels on ne peut dire avec certitude s'ils sont stratifiés ou pas; je n'ai marqué comme tels que ceux qui le sont distinctement. Au-dessous il y a des boues avec peu de galets.

Sur le flanc sud des gorges des Moulins et de Chesallet, on ne voit que des dépôts informes. Le plateau de Lienson montre dans le haut une douzaine de mètres de gravier et de sable, où des bancs de ces derniers, épais de deux mètres, sont brusquement tronqués; dessous les dépôts informes sont bien distincts. Le plateau au nord-ouest de Charmey renferme probablement plus de quaternaire stratifié qu'il n'y en a de marqué sur la carte; on voit des graviers dans le ravin du ruisseau de la Maulaz, mais on ne peut savoir s'ils sont disposés en couches ou pas. Aux pentes éboulées nord de *Rio de la*, on observe un massif épais de gravier, qui est soutenu et surmonté par du glaciaire informe; c'est un des points qui montrent le mieux que les parties divisées en couches ne sont qu'un facies des dépôts de l'époque quaternaire.

Sur les terrains crétacés et jurassiques du flanc droit de la vallée, il est resté de petits lambeaux de quaternaire qui n'ont pas pu être marqués sur la carte; il y en a sur le flysch de la gorge des Moulins, à Bataille et surtout à Chesallet; ici on voit au haut de l'escarpement du gravier et du sable lavés, ainsi que des dépôts boueux. Sous Châtel, la construction récente d'une route a mis à jour le néocomien raboté et strié sous du glaciaire informe. A es Prix la même variété de quaternaire forme une nappe épaisse et continue, qui a pu être indiquée sur la carte; on n'y voit de traces de stratification que dans le nord, à un contour de la route. Dans les environs de Cerniat et du Javrex, ce sont les dépôts très pierreux qui dominent.

CHAPITRE IV.

STRUCTURE DU MASSIF.

§ 105. Dans la description géologique spéciale, j'ai été conduit à parler de la manière dont les formations se présentent en les considérant chacune à part. Il y a lieu maintenant de voir d'une manière plus générale quels sont les différents accidents de dislocation que nous présente le Monsalvens, comme résultat final des mouvements répétés du sol dont cette région a été le théâtre à différentes époques. Il serait encore plus intéressant de pouvoir faire l'*histoire* de ces vicissitudes; mais les documents sont insuffisants pour cela.

Depuis longtemps et à diverses reprises, M. Studer a fait remarquer que c'est au bord des Alpes que se sont produits les bouleversements les plus compliqués; malgré ses modestes dimensions, le Monsalvens ne contredit pas cette règle. Nous y trouvons des *failles* considérables, des *voûtes* verticales ou couchées, des *contournements en C* dont la convexité est tournée vers les Alpes, et des *refoulements* de couches les unes sur les autres.

FAILLES.

1°) Une première faille se montre sur les bords de la Sarine, entre les couches jurassiques inférieures et moyennes à l'ouest, et le flysch à l'est. A peu près au centre elle est compliquée d'une faille secondaire, qui sépare les assises de la zone de l'*Amm. Humphriesianus* des schistes calloviens. Rien ne la trahit dans le relief actuel du sol, et elle ne concorde pas avec la direction générale de la chaîne de la Berra. Elle s'arque un peu du côté du sud, et sans doute davantage au nord, car elle doit passer entre le flysch de Morlon et le jura moyen qui est plus au sud. La convexité de cet arc est tournée du côté des Alpes. Cette faille serait beaucoup moins considérable, si, ce qui n'est pas sans quelque probabilité, la région du jura moyen et inférieur du côté de l'ouest a été émergée plus ou moins longtemps avant le dépôt du flysch.

2°) La seconde faille est plus importante, car elle a fait surgir le Monsalvens, dont elle suit le pied nord-ouest. Elle sépare le jura du crétacé supérieur ou du flysch. Au sud elle contourne le massif en suivant à peu près le cours de la Jogne, car un lambeau de flysch qui n'a presque pas pu être marqué, indique encore sa présence sud-sud-est de *F* (*Favaoulaz*). Il est assez probable que ce lambeau se relie à celui des Moulins (p. 186). On est même obligé de se représenter ici deux failles, puisque ce flysch est entre le tithonique et le calcaire à ciment, ou bien d'admettre qu'il est tombé dans la crevasse lors de la formation de la rupture.

Au nord des Moulins on ne peut déterminer la direction exacte de cette faille, qui est partout cachée sous les débris; mais les lambeaux de flysch le long de la Sarine montrent qu'elle doit exister dans cette région. A partir du Rosez elle tourne au nord-est, et sépare la craie du jura en décrivant un arc; si sa direction continue à être marquée par les affleurements du jura moyen et supérieur, elle se courbe ensuite en sens contraire, et se termine à la Grô Gitte. Dans cette dernière région, son effet a été fort irrégulier et compliqué de ruptures secondaires, comme le montre la disposition des formations sur la carte.

Dans son ensemble cette faille décrit un arc dont la convexité est tournée à l'opposite des Alpes. C'est un accident analogue qui a amené au jour le néocomien et la craie dans la partie septentrionale du massif du Niremont (p. 54).

3°) Une troisième faille est celle qui a fait surgir la zone de jura supérieur de Chesallet (p. 166). Elle commence d'une manière tout à fait brusque sous la ruine du Monsalvens. En effet, soit qu'on monte à l'ouest de la ruine, soit qu'on suive le chemin qui va en lacets depuis les Moulins, on traverse une série régulière d'assises jurassiques et néocomiennes et on trouve ensuite, sur la route, le calcaire à ciment et le calcaire concrétionné, dont le plongement est à peu près le même que celui du néocomien (pl. 5, fig. 1—3). Cette faille est légèrement arquée, avec la convexité tournée du côté des Alpes.

4°) Une quatrième faille, cachée sous les dépôts quaternaires, est celle qui sépare d'un bout à l'autre les chaînes du Ganterist et de la Berra. Dans la région du Monsalvens elle décrit probablement aussi un arc, en passant par l'angle du titre de la carte, où il y a un gisement de lias qui appartient à la chaîne du Ganterist. Elle doit passer au sud du lambeau de tithonique et de néocomien qui est sur la rive gauche de la Jogne, pour le séparer du rhétien qui est plus au midi. Les deux autres failles de la gorge des Moulins et de Chesallet viennent probablement la rejoindre.

CONTOURNEMENTS EN C.

Ce genre d'accidents est fréquent dans les Alpes suisses. M. Studer à distingué les C dont la convexité est tournée du côté opposé à l'axe des Alpes, et ceux où elle est tournée vers cet axe[1]. Le Monsalvens nous offre deux miniatures de cette dernière sorte de contournements. En *Bataille*, au sud-ouest de la ruine du Monsalvens, le jura supérieur se replie sur lui-même pour former un C aplati, dans l'intérieur duquel se trouve le néocomien (pl. 5, fig. 2 et 3). Plus au nord-est, sur le flanc gauche de la gorge de Chesallet, on ne voit que la partie supérieure du C recouvrant le néocomien (pl. 5, fig. 5, 6 et 7).

L'autre C est formé par le repliement sur lui-même du flanc de la voûte du Bifé (pl. 4, fig. 2); il se prolonge du côté du nord-ouest, et la forme en est de moins en moins accusée (pl. 7, fig. 6); mais quand même il ne renferme plus de néocomien, le pli jurassique continue à se montrer jusqu'à ce que la voûte tout entière ne fasse presque plus saillie.

VOUTES.

Dans la fig. 1, pl. 4, qui représente l'aspect de l'arête du Monsalvens entre la Jogne et Villarsbeney, on remarque cinq voûtes du jura supérieur, qui forment comme le squelette de la montagne. Les deux qui sont à l'abrupte de Villarsbeney ne sont pas parvenues à soulever le manteau néocomien qui les recouvre, et elles n'arrivent pas jusqu'à l'arête supérieure: les trois autres y forment des accidents assez marqués; mais dès qu'elles ont quitté l'arête pour aller à l'est, elles ne jouent plus qu'un rôle orographique assez médiocre, et elles finissent par se perdre sous le néocomien, avant d'arriver au bord oriental de la chaîne. Leur direction présente quelque chose de remarquable: elles vont d'abord presque droit à l'est, et celles qui se prolongent assez tournent au nord-est pour prendre la direction de la chaîne du Ganterist. Les allures de ces trois voûtes du *Crésuz*, du *Pessot* et de *Cerniat* ont été décrites p. 168 et 171.

Plus au nord, la voûte du Bifé, qui se dirige du sud-ouest au nord-est, est d'abord compliquée d'une combe intérieure et d'un C sur le flanc nord-ouest, (pl. 1, fig. 2); mais ces accidents s'atténuent peu à peu: la combe se ferme, le C s'efface, la voûte elle-même s'aplatit, et à l'est de *la Goutte* on n'a plus qu'un

---

[1] Les couches en forme de C dans les Alpes. Archives des sciences, 1861.

massif de jura supérieur plongeant sud-est et laissant apparaître un peu le jura moyen, au bord de la faille qui le sépare du crétacé supérieur. On remarque la même disposition dans les couches jurassiques qui apparaissent au nord-est du Javrex, au delà d'une région de débris.

REFOULEMENTS.

La formation de voûtes à pans collés l'un contre l'autre comme celles du Monsalvens, ne peut être expliquée que par des pressions latérales ; la même action est encore mieux démontrée par les refoulements qui ont fait passer des couches plus anciennes sur de plus modernes. On en voit de tels le long des failles. Sur le flanc droit de la gorge de Chesallet, le néocomien pénètre distinctement sous le jura moyen et supérieur (pl. 5, fig. 6 et 7). Au nord du Bifé, à la faille qui a fait surgir le Monsalvens, le calcaire concrétionné a été refoulé sur le crétacé supérieur (pl. 7, fig. 8). Le refoulement de Chesallet ne peut pas s'étendre bien loin ; celui du Bifé est probablement plus considérable : si les débris ne formaient pas une nappe aussi continue, on verrait peut-être le C jurassique reposer tout entier sur le crétacé supérieur, et ce dernier toucher au jura moyen un peu plus au sud-ouest.

CONSIDÉRATIONS GÉNÉRALES.

§ 106. A cause de leur complication ces accidents ne peuvent être le résultat d'une action unique, qui aurait été en activité une seule fois. Nous avons d'un côté les failles qui supposent des forces agissant dans le sens vertical, et de l'autre les voûtes et les refoulements qui supposent des pressions latérales, et des pressions qui se sont exercées dans différents sens, puisque les directions n'en sont pas les mêmes.

Il faut, je crois, assigner à la faille qui a produit le principal relief du Monsalvens une date postérieure à la formation des voûtes et des autres plissements de couches. Les voûtes sont très élevées à l'ouest, et elles s'enfoncent rapidement à l'est ; il est plus naturel de penser qu'immédiatement après leur formation leur axe était horizontal, et que c'est la faille qui les a élevées plus tard à une plus grande hauteur du côté de l'ouest. De même les refoulements n'ont guère pu avoir lieu en même temps que les failles, ils sont probablement postérieurs.

La formation d'un sol émergé au Monsalvens a déjà dû se produire avant la fin de l'époque jurassique (§ 75). Il est même probable qu'il faut reculer cette date pour la contrée à l'est de la Tour de Trême, qui aurait été mise hors de l'eau avant le dépôt du jura supérieur : cette dernière formation est en effet très résistante, et on ne conçoit pas facilement qu'elle ait pu être enlevée de tout cet espace par une érosion quelconque qui aurait épargné les schistes du jura moyen. Les derniers soulèvements connus se sont produits, comme dans le reste des Alpes, après le dépôt de la molasse. Il serait fort difficile d'arriver à un résultat, si nous voulions rechercher quelle a pu être l'histoire de la contrée entre ces deux dates : le Monsalvens a peut-être formé une île pendant le dépôt du crétacé supérieur et du flysch ; peut-être aussi que ces formations y ont été déposées, et que c'est l'érosion qui a enlevé les lambeaux qui ont pu y rester après le soulèvement final.

Les observations que j'ai faites dans les Alpes et dans la plaine du canton de Fribourg, me portent à attribuer un très grand rôle à l'érosion, soit avant, soit après la période glaciaire ; mais ce n'est pas le lieu d'entrer dans de plus grands détails sur ce sujet, pour lequel le Monsalvens lui-même ne fournit qu'un petit contingent d'observations[1].

Quand on ne veut pas se laisser dominer par une idée théorique exclusive et imparfaitement motivée, on arrive donc à reconnaître que la structure de nos montagnes est l'œuvre compliquée de beaucoup de facteurs, et que nous n'avons pas encore les moyens de déterminer la part qu'il faut assigner à chacun d'eux. Aussi, si nous cherchons à faire l'*histoire géologique* d'une région, nous sommes à peu près dans la position d'un écrivain qui voudrait retracer l'histoire d'un peuple uniquement d'après son état actuel et quelques documents incertains sur son passé ; il pourrait rencontrer quelques traits justes, mais il ne saurait faire dans l'ensemble qu'une œuvre d'imagination et non de vérité. L'*histoire paléontologique* rencontre un autre genre de difficultés : les documents sont précis quant à leur date pour une même région, mais ils manquent toujours de liaison entre eux ; il n'y a presque

---

[1] Voir sur ce point: *Rütimeyer*, Ueber Thal- und See-Bildung, 1869.

pas de faune dont nous puissions suivre l'histoire dans une seule et même contrée, parce que, par suite des migrations, cette histoire s'est poursuivie et terminée ailleurs (p. 125), et que les documents s'en sont conservés souvent dans des couches qui n'existent plus maintenant, ou qui sont ensevelies trop profondément dans l'écorce du globe. C'est ce qui a conduit à penser, dans une période de la science qui commence maintenant à être tout à fait derrière nous, que les faunes étaient le produit de créations successives.

CHAPITRE V.

PALÉONTOLOGIE DU MONSALVENS.

Ce chapitre contient la description de quelques espèces nouvelles, des remarques sur d'autres qui sont encore mal connues ou controversées, et des indications qui permettront, si on le juge à propos, de contrôler mes déterminations, autant que cela est possible sans avoir les exemplaires sous les yeux. Cette énumération ne comprend du reste pas les fossiles qui ne sont mentionnés que dans la première partie, mais seulement ceux qui ont été trouvés au Monsalvens. Quoique pour chaque espèce j'aie cherché à consulter tous les paléontologistes qui l'ont décrite et figurée, et que je sois toujours remonté à celui qui l'a établie lorsque cela m'a été possible, je ne cite que les ouvrages qui contiennent les meilleures descriptions et les meilleures figures, et pour pouvoir abréger cette synonymie je ne me suis pas toujours astreint à suivre l'ordre chronologique.

§ 107. Bélemnites jurassiques.

1. BELEMNITES BESSINUS, d'Orb.

Bel. bessinus, d'Orb., Céphal. jurass., p. 110, pl. 13, fig. 7—13. — Phillips, Monogr. Belemn., part. 4, p. 106, pl. 26, fig. 63.

Bel. canaliculatus, Quenst., Ceph., p. 436, tab. 29, fig. 1—6 (non 7).

D'après les auteurs cette Bélemnite a une très grande extension verticale. Comme les figures citées ne concordent pas sous tous les rapports, il se peut qu'on puisse distinguer plusieurs espèces en réunissant des matériaux suffisants. Toutefois une douzaine d'exemplaires de nos couches de Klaus ne tendent pas à appuyer la possibilité d'une séparation, car ils présentent des caractères intermédiaires entre ces figures. Ils sont comprimés à la région alvéolaire, déprimés dans la partie postérieure; mais cette dépression est moins grande que ne l'indiquent la description et la figure de d'Orbigny, et surtout celles de M. Phillips. Sous ce rapport ces exemplaires concordent tout à fait avec ceux de M. Quenstedt; mais ils s'en éloignent en revanche par une forme plus trapue, une largeur plus considérable par rapport à la longueur et un sillon un peu plus long; ces derniers caractères se retrouvent mieux dans les planches de d'Orbigny et de M. Phillips. Un seul de mes exemplaires a la forme légèrement hastée de la figure de d'Orbigny; d'après M. Phillips cette variété est aussi très exceptionnelle en Angleterre.

Il y a encore de l'incertitude sur le nom qu'il convient d'attribuer à cette espèce. Cela vient de ce que MM. Phillips et d'Orbigny d'un côté, Quenstedt et Oppel de l'autre, ne sont pas d'accord sur l'interprétation qu'il faut donner au *Bel. canaliculatus* de Schlotheim. Les premiers appliquent ce nom à une forme courte du toarcien et de la base de l'oolithe inférieure; les seconds l'emploient pour l'espèce dont nous nous occupons maintenant; du moins Oppel cite le *Bel. bessinus*, d'Orb. comme synonyme de son *Bel. canaliculatus*, et M. Phillips indique le *Bel. canaliculatus*, Quenst., comme synonyme de *Bel. bessinus*. Quant à la description de Schlotheim elle ne contient rien qui permette de décider entre les deux manières de voir. Le premier auteur qui l'ait interprêtée par une figure est Zieten, pl. 21, fig. 3; il a représenté une Bélemnite déprimée dans toute sa longueur, qui ne peut guère être celle dont nous cherchons le nom. Oppel a aussi été de cette opinion, car il ne cite pas cette figure parmi ses synonymes du *Bel. canaliculatus*, mais bien une autre de la même planche à laquelle Zieten avait attribué le nom de *Bel. acutus*, Bl. En présence de toutes ces incertitudes, il me paraît que la dénomination de d'Orbigny doit être préférée.

Gisement. Couches de Klaus à Perreyre et au Hohberg.

2. BELEMNITES ARIPISTILLUM, Llwyd.

Bel. aripistillum, Phillips, Mon. Belemn., part. 4, p. 107, pl. 26, fig. 64.
Bel. canaliculatus, Quenst., Ceph., p. 438 (pars), tab. 29, fig. 7.

M. Phillips a restitué le nom de *Bel. aripistillum* à l'espèce qui était désignée sous celui de *Bel. fusiformis*, Park. J'en ai quelques exemplaires dont l'un est très bien conservé; il concorde parfaitement avec la fig. VIII de M. Phillips, et avec celle que M. Quenstedt donne d'un individu qui vient de la même localité anglaise. La longueur du sillon et d'autres détails distinguent cette Bélemnite du *Bel. wurtembergicus*, Oppel (*fusiformis*, Quenst.), dont j'ai sous les yeux une bonne série du musée de Bâle.

Gisement. Couches de Klaus à Perreyre.

3. BELEMNITES ESCHERI, Mayer.
(Pl. 8, fig. 2.)
Bel. Escheri, Mayer, Liste des Bélemnites, p. 191 (12).

Les couches de Klaus de Perreyre et du Hohberg ont fourni quatre exemplaires de cette espèce, dont l'un a été déterminé par M. Mayer; ils se rapportent bien à la diagnose citée, mais aucun n'approche des dimensions indiquées par l'auteur. Cette Bélemnite n'ayant pas été figurée, je donne le dessin d'un rostre; il présente à la pointe quelques stries espacées qu'on ne voit pas sur un autre, où cette partie est tout aussi bien conservée.

Gisement. Couches de Klaus à Perreyre et au Hohberg.

4. BELEMNITES GILLIERONI, Mayer.
(Pl. 8, fig. 1.)
Bel. Gillieroni, Mayer, Journal de Conchyliologie, vol. 14 (1866), p. 365.

Des exemplaires de Perreyre forment une partie des originaux de cette espèce. Comme elle n'a pas été figurée, je donne un dessin du meilleur et j'y ajoute la diagnose de M. Mayer, qui paraît avoir été faite sur des individus mieux conservés; car ceux de Perreyre n'ont pas la partie alvéolaire.

„*B. testa parva vel mediocri, clavata, plus minusve depressa, linea laterali utrin-*

que gemina, antice canaliculum humilem efformante canalique ventrali, antico, pro-
fundo, brevi, $^1/_3$ testæ longitudinis paulo superante, apice repente acuminato, spinato,
ventrali; diametro transverso; antico quadrato, postico ovato vel subrotundo; alveolo parum profundo, centrali, angulo circiter 16 graduum. — Longit. 70,
lat. 11 $^1/_2$ mill."

Les exemplaires de Perreyre ont tous un aplatissement assez sensible du côté dorsal; dans la partie plus renflée la ligne apiciale est placée de façon à faire penser que le sillon est dorsal, tandis que dans la partie antérieure la position de cette ligne indique plutôt qu'il est ventral (voir les coupes).

Gisement. Couches de Klaus de Perreyre.

<h3 style="text-align:center">5. BELEMNITES CF. DIDAYANUS, d'Orb.</h3>

(Pl. 8, fig. 3 et 4.)

Voir Bel. Didayanus, d'Orb., Céphal. jurass., p. 126, pl. 20, fig. 1—5.

Il est possible que mes exemplaires appartiennent à l'espèce que d'Orbigny a eue en vue; mais je n'ai pu arriver à une certitude à cet égard. Cet auteur a représenté un rostre de grande taille, il n'a pas connu l'alvéole, et il ne dit rien du jeune âge. J'ai trouvé une trentaine d'échantillons qui seraient tous des jeunes par rapport à l'original de la planche. Le musée de Zurich en possède deux de Châtel St.-Denis, qui sont complets et de plus grande taille que les miens; ils approchent du diamètre de la figure de d'Orbigny, mais le plus allongé est au moins d'un tiers plus court. La figure 3 représente un de mes plus grands rostres, qui diffère de celui de d'Orbigny par sa région antérieure moins atténuée et son sillon plus court; les exemplaires du musée de Zurich sont dans le même cas; l'individu de la fig. 4 s'en rapproche davantage par sa forme, mais il est plus comprimé; la pointe est aussi moins excentrique et le sillon plus court. Ce dernier caractère se retrouve dans tous les rostres sauf dans un du musée de Bâle. Les paléontologistes qui ont entre les mains des exemplaires authentiques des jeunes du *Bel. Didayanus,* peuvent seuls apprécier la valeur de ces différences.

D'Orbigny qualifie de ventral le sillon de son espèce; la position de la ligne apiciale dans ses figures 4 et 5 justifie assez cette manière de voir, mais cela ne s'accorde pas avec les indications de sa figure 2 ; car si l'on suppose le sillon du côté *b*, la Bélemnite aurait une forme exceptionnelle, et le rapprochement que je fais ici ne serait plus fondé. Dans la plupart des exemplaires du Monsalvens l'extrêmité de l'alvéole est excentrique du côté opposé au sillon, ce qui indique que celui-ci est plutôt dorsal ; seulement la partie renflée s'étant accrue plus rapidement du côté ventral, la ligne apiciale s'y trouve souvent plus près de la région dorsale que de l'autre (voir les figures).

Les lignes latérales sont très variables ; tantôt il n'y a qu'une dépression longitudinale peu marquée, tantôt il s'y ajoute de fines lignes simples ou doubles, semblables à celles qu'on creuserait avec un burin.

Gisement. C'est le fossile qu'on trouve le plus fréquemment dans le calcaire à ciment.

6. BELEMNITES SEMIHASTATUS, Blainv.

Bel. semihastatus, Blainville, Mém. sur les Bélemn., p. 72, pl. 2, fig. 5. — Bronn, Lethaea geognost., erste Ausg., Bd. 1, p. 416, tab. 21, fig. 19 et 22.

Bel. semihastatus depressus, Quenst., Ceph., p. 440, tab. 29, fig. 14 et 15.

Cette espèce est réunie au *Bel. hastatus* par quelques auteurs ; elle me paraît s'en distinguer par sa forme et son sillon plus large. Elle commence déjà à se montrer déprimée dans la région alvéolaire, tandis que le *Bel. hastatus* reste comprimé beaucoup plus loin.

Je prends Blainville pour point de départ, quoique ses figures indiquent une dépression moins grande que celle de la plupart de mes exemplaires. C'est parce que les caractères différentiels qu'il assigne à *Bel. hastatus* (p. 71) ne laissent pas de doute sur l'espèce qu'il a eue en vue, et qu'elle a été très bien interprêtée par les auteurs qui l'ont suivi. C'est sans doute l'incertitude dans laquelle laisse la figure qui a conduit d'Orbigny et Oppel à réunir le *Bel. semihastatus* de Blainville à son *hastatus*, et à donner ensuite chacun un nom différent à l'espèce dont nous nous occupons. En effet d'Orbigny l'a décrite (Paléont. univers., p. 301) sous le nom de *latesulcatus*, sans rappeler Voltz qui s'en est servi le premier ; Oppel (Jura, p. 546) lui a donné le nom de *calloviensis*, en citant la figure des Céphalopodes de Quenstedt.

Gisement. Schistes à nodules (callovien).

7. BELEMNITES HASTATUS, (Montf.) Blainv.

Bel. hastatus, d'Orbigny, Céphal. jurass., p. 121, pl. 18 et 19.
Bel. hastatus rotundus, Quenst., Ceph., p. 440, tab. 29, fig. 8—10.

Cette espèce est assez commune au Monsalvens et plus encore dans la chaîne du Ganterist; aussi on la trouve avec toutes les variations de taille. Elle ne diffère pas des figures citées, si ce n'est en ce que la hauteur des loges du phragmocône y est plus considérable, savoir environ $^1/_3$ du diamètre; les figures de d'Orbigny et de M. Quenstedt présentent du reste des variations sous ce rapport. Je n'ai pas trouvé d'exemple des déformations que figure d'Orbigny, et qu'Oppel était disposé à regarder comme appartenant à d'autres espèces (Zone de l'*Amm. transversarius*, p. 277).

Gisement. Schistes à nodules, calcaire à ciment, calcaire concrétionné et calcaire schisteux. (Du callovien jusqu'au-dessus de la zone de l'*Amm. transversarius*).

8. BELEMNITES CF. SEMISULCATUS, Münster.

Voir *Bel. unicanaliculatus*, Zieten, p. 32, pl. 24, fig. 8.
Bel. semisulcatus, Münster, Bemerk. zur näheren Kenntniss der Belemn., p. 5, pl. 2, fig. 1—8 und 15.
Bel. hastatus, Quenst., Ceph. (pars), p. 442, pl. 29, fig. 31—33.
Bel. cf. semisulcatus, Zittel, Aelt. Tithonb., p. 30, pl. 1, fig. 5.

On trouve en assez grande quantité dans le tithonique, et plus rarement en dessous, des Bélemnites hastées qui doivent être séparées du *Bel. hastatus*, parce que la coupe en est plus régulièrement circulaire dans toute leur longueur. Elles ne présentent entre elles que quelques variations qui concordent peu avec les différences de gisement, et il serait difficile de séparer, par exemple, les exemplaires du calcaire concrétionné de ceux du tithonique.

On n'est pas moins embarrassé pour distinguer des espèces d'après les auteurs qui ont parlé des individus semblables que l'on trouve dans le jura blanc d'Allemagne. M. Quenstedt les réunit à *Bel. hastatus*. Dans son *Jura* (p. 688 et 716), Oppel était disposé à réunir les *Bel. unicanaliculatus* et *semisulcatus*, tandis que dans ses derniers ouvrages il les cite comme différentes: la première s'étendant de la zone de l'*Amm. transversarius* à celle de l'*Amm. tenuilobatus* (Mitth. p. 181, 312, 313, 314), et la seconde appartenant à l'étage tithonique (Tithon. Etage, p. 545). Mais d'un côté la figure du *Bel. unicanaliculatus* dans Zieten est insuffisante pour caractériser une espèce, et de l'autre côté les individus représentés par Münster sous le nom de *semisulcatus*, ne peuvent pas se séparer de ceux de Quenstedt qui appartiennent à un niveau où Oppel ne cite que le *Bel. unicanaliculatus*. Il faudrait donc de nouveaux renseignements pour savoir si la distinction des espèces est fondée sur autre chose que sur les différences de gisement.

Gisement. Du haut de la zone à *Amm. transversarius* (calcaire concrétionné) au tithonique inclusivement.

9. BELEMNITES ARGOVIANUS, Mayer.

Bel. argovianus, Mayer, Liste des Bélemn., p. 193 (14).

Bel. hastatus impressæ, Quenst., Ceph., p. 447 (pars), tab. 29, fig. 36 et 37.

Quelques-uns de mes exemplaires ont été déterminés par M. Mayer lui-même. La plupart se rapportent bien aux figures de M. Quenstedt qui ont été prises pour types par l'auteur de l'espèce; il y a seulement quelques légères variations dans la longueur du sillon; d'autres s'en éloignent quelque peu en prenant un diamètre un peu plus considérable par rapport à la longueur; mais il n'y en a point qui puissent être rapprochés des figures de d'Orbigny que M. Mayer rapporte à son espèce, et qui sont plutôt des déformations du *Bel. Sauvanausus* (Céphal. jurass., pl. 21, fig. 4 et 5). En revanche le *Bel. sp. nov.*, Pictet, Porte-de-France, pl. 36, fig. 6, me semble appartenir au *Bel. argovianus*.

Gisement. Calcaire concrétionné (zone de l'*Amm. transversarius*) et calcaire en grumeaux.

10. BELEMNITES DUMORTIERI, Oppel.

Bel. Dumortieri, Oppel, Geogn. Studien in dem Ardèche-Departement. Mitth., p. 313.

Bel. latus, Quenst., Cephal., p. 452 (pars), tab. 30, fig. 13.

L'identification des exemplaires du Monsalvens avec cette espèce n'est pas hors de tout doute, parce qu'elle est encore incomplètement connue. Oppel s'en réfère à la figure citée sans la prendre formellement pour type; il dit seulement que ses exemplaires n'en diffèrent que par un sillon un peu plus court. M. Quenstedt dit de l'original de la figure qu'il a été trouvé en compagnie de l'*Amm. tortisulcatus,* et qu'il est quelque peu en forme de massue. Mes exemplaires n'ont pas ce dernier caractère, qui est d'ailleurs à peine sensible dans la figure ; la pointe en est habituellement un peu plus effilée et parfois mucronée, et le diamètre entre les deux faces latérales est, proportionnellement à l'autre, un peu plus grand que dans la fig. 13 *b*; mais cette dernière différence est atténuée par le fait qu'en comparant cette fig. 13 *b* avec 13 *a*, on voit que le dessinateur y a fait peut-être ce diamètre un peu trop petit. Mes exemplaires ont du reste le sillon plus court de ceux d'Oppel, et les différences signalées sont trop peu de chose pour que l'identité spécifique admise ne soit pas très vraisemblable, et qu'il soit possible d'établir une nouvelle espèce.

Gisement. Calcaire concrétionné (zone de l'*Amm. transversarius*).

11. BELEMNITES MONSALVENSIS, nov. sp.
(Pl. 8, fig. 5—7.)

Description. Rostre assez court, renflé dans la partie centrale et postérieure; coupe en ellipse aplatie sur les flancs ; pointe plus ou moins acuminée, centrale. Sillon dorsal étroit, mais bien accusé, atteignant à peu près la moitié du rostre. Flancs plats, pourvus d'une dépression longitudinale plus ou moins large et irrégulière, où se trouvent ordinairement une ou deux stries, souvent infléchies et marquées surtout à la partie renflée. Alvéole médiocrement profonde, dont l'angle ventro-dorsal est de 19 à 21°. Ligne apiciale presque centrale.

Variations. L'accroissement en longueur de cette espèce est peu considérable en proportion de celui en épaisseur; aussi les exemplaires âgés (fig. 6) sont moins effilés et ont une pointe plus obtuse que les jeunes (fig. 5). La présence des dépressions latérales n'est constante que dans la partie postérieure.

Rapports et différences. Peut-être cette espèce est-elle celle qu'on cite à Châtel St. Denis sous le nom de *Bel. Coquandus,* d'Orb.; mais ce rapprochement ne me paraît guère possible, car d'Orbigny parle plusieurs fois dans sa description de sillons latéraux très profonds (Céphal. jurass., vol. 1, p. 130, pl. 21, fig. 11—18). La ressemblance de *Bel. monsalvensis* et de *Bel. Zeuschneri*, Oppel (Zittel, Aelt. Tithonb., p. 28; pl. 1, fig. 9) est grande; la physionomie générale est la même; mais le *Bel. monsalvensis* est plus trapu, la partie antérieure y est moins atténuée, et il y a moins de différence entre les deux diamètres; l'exemplaire de la figure 7 fait seul exception à cet égard; dans la figure de M. Zittel le rapport des deux diamètres est de 61 : 100; il est environ de 80 : 100 dans la plupart de mes exemplaires.

Gisement. C'est l'espèce de Bélemnite qu'on trouve le plus fréquemment dans le calcaire concrétionné (zone de l'*Amm. transversarius*).

12. BELEMNITES SPISSUS, nov. sp.
(Pl. 8, fig. 10.)

Description. Rostre court, cylindrique, légèrement renflé vers l'extrémité de l'alvéole et se terminant brusquement par une surface arrondie, sur laquelle s'élève une pointe comprimée. Sillon à bords anguleux et assez profond, se prolongeant jusque près de la pointe. Cavité alvéolaire occupant la moitié du rostre, en formant un angle de 15°. Comme cette cavité est tout à fait centrale et qu'on ne voit pas de traces du siphon, on ne peut dire si le sillon est ventral ou dorsal.

Rapports et différences. Je n'ai de cette espèce que l'exemplaire figuré. Par sa forme il se rapproche tout à fait du *Bel. conophorus*, Oppel, dans Zittel, Stramberg, p. 34, pl. 1, fig. 1 à 5, surtout de la figure 5; mais il s'en distingue par sa pointe mucronée. Le *Bel. Orbignyanus* est aussi à peu près cylindrique et pourvu d'une pointe mucronée, mais le diamètre en est plus faible par rapport à la longueur. J'avoue que ces différences sont bien peu de chose pour caractériser une espèce dont on ne possède qu'un exemplaire. J'aurais passé celle-ci sous silence, si une erreur dans la mesure de l'angle alvéolaire ne m'avait fait croire qu'il différait beaucoup de celui des *Bel. Orbignyanus* et *conophorus*. Maintenant qu'elle est figurée je la laisse sous un nom nouveau, car la grande différence de gisement rend probable que les exemplaires que l'on trouvera plus tard permettront de la mieux caractériser.

Gisement. Calcaire concrétionné (zone de l'*Amm. transversarius*).

13. BELEMNITES MULLERI, nov. sp.
(Pl. 8, fig. 8 et 9.)

Description. Rostre assez court, subquadrangulaire, à coupe presque carrée, le côté ventral étant pourtant arrondi ; le diamètre est le même jusqu'à la pointe, qui est peu effilée et excentrique du côté dorsal. Sillon dorsal, s'étendant jusqu'à l'endroit où la pointe commence à se former. Alvéole excentrique formant un angle de 18°.

Variations. J'ai quatre exemplaires de cette espèce; ils sont plus ou moins élancés comme l'indiquent les figures; dans l'un deux (fig. 8) le côté ventral est moins large que les autres.

Rapports et différences. Cette Bélemnite se distingue de *Bel. argovianus*, Mayer par sa coupe quadrangulaire et son sillon plus long. Elle a la forme de *Bel. Pilleti*, Pictet (Porte-de-France, p. 219, pl. 36, fig. 7—9), mais elle n'a pas plusieurs sillons.

Gisement. Calcaire concrétionné (zone de l'*Amm. transversarius*) et calcaire en grumeaux.

14. BELEMNITES ENSIFER, Oppel.

Bel. ensifer, Zittel, Stramberg, p. 36, pl. 1, fig. 9—11.

Deux exemplaires de l'escarpement de la Chervasse ne sont pas complets, mais ne peuvent appartenir à aucune autre espèce connue. Un rostre de la chaîne du Ganterist appartient sûrement à cette espèce.

Gisement. Tithonique.

§ 108.   Bélemnites crétacées.

1. BELEMNITES ORBIGNYANUS, Duval.
(Pl. 8, fig. 11.)

Bel. Orbignyanus, Duval-Jouve, Bélemn., p. 65, pl. 8, fig. 4—9. — D'Orbigny, Céphal. crét., Suppl., p. 8, pl. 4, fig. 10—16. — Pictet et de Loriol, Voirons, p. 8, pl. 1 bis, fig. 6—7. — Pictet, Berrias, p. 54, pl. 8, fig. 2.

Cette espèce n'est pas encore bien définie. M. Pictet fait ressortir des différences entre les figures de M. Duval-Jouve et celles de d'Orbigny. Tous les auteurs cités s'accordent à dire que le rostre est déprimé dans sa partie postérieure; cependant les coupes 13 et 14 de d'Orbigny n'ont pas ce caractère.

Tous mes échantillons sont à peu près cylindriques; la pointe est formée par un amincissement successif comme ceux de d'Orbigny, mais elle n'a pas la légère excentricité qu'on remarque dans les figures; le sillon en revanche atteint la longueur de ceux de Duval-Jouve et de Pictet, ces exemplaires semblent donc relier les deux variétés, d'autant plus que j'ai un fragment de la partie postérieure qui a dû appartenir à un individu avec le sillon court de d'Orbigny.

Ces exemplaires ont aussi de la ressemblance avec *Bel. conophorus*, Oppel (Zittel, Stramberg, p. 34, pl. 1, fig. 1—6. — Aelt. Tithonb., p. 26). M. Zittel indique comme caractère distinctif que le siphon est opposé au canal, et que ce dernier est plus long dans le *conophorus*. Dans mes exemplaires je n'ai pu observer le premier de ces caractères, qui est sans contredit d'une importance fondamentale. Quant au second le canal du *Bel. Orbignyanus* n'est plus court que celui du *conophorus* que dans les figures de d'Orbigny; il est plutôt plus long dans celles de M. Duval-Jouve et dans la plupart de mes échantillons.

Pour fournir un élément de comparaison j'ai fait figurer un rostre des couches de Berrias; il est remarquable par son canal bien marqué quoique étroit, et il est subfusiforme comme l'échantillon de Berrias représenté par M. Pictet. Il y en a de tout semblables dans la couche à *Bel. latus*.

Gisement. Couches de Berrias et couches à *Bel. latus*.

2. BELEMNITES CONICUS, Bl.

Bel. conicus, d'Orbigny, Céphal. crét., Suppl., p. 14, pl. 6, fig. 9—16. — Pictet et de Loriol, Voirons, p. 10, pl. 1, fig. 5.

Je n'ai trouvé au Monsalvens qu'un seul exemplaire de grande taille; il est complet et bien caractérisé par un sillon très large et la profondeur de l'alvéole.

Gisement. Cet exemplaire provient d'un fragment de Botterens dont la roche est néocomienne, mais n'est pas suffisamment caractérisée pour qu'on puisse la rapporter à une couche spéciale. D'après le gisement de l'espèce près de Montbovon, dans la chaîne du Ganterist, elle appartiendrait plutôt au néocomien bleu.

3. BELEMNITES MAYERI, nov. sp.
(Pl. 9, fig. 1 et 2.)

Description. Rostre assez court, trapu, comprimé, la compression est plus considérable dans la partie antérieure, ce qui lui donne un peu la forme d'une massue quand on regarde le dos ou le ventre. Coupe subrectangulaire à angles arrondis; l'un ou l'autre des côtés dorsal ou ventral est plus plat que l'autre. Extrêmité postérieure brusquement atténuée, pourvue d'une pointe mucronée. Alvéole d'environ 10° dans le petit exemplaire de la fig. 2. Sillon ventral bien marqué, mais étroit et peu profond, occupant à peu près la moitié du rostre. Les flancs portent une dépression longitudinale large, qui ne montre pas de nervures.

Variations. Cette espèce paraît avoir des caractères assez constants, cependant il faut remarquer que je n'en ai pas d'individus adultes entiers. Un rostre de même taille que celui de la fig. 3 est plus complet, mais il n'a pas de sillon et sa surface est bosselée; c'est une monstruosité qui n'a évidemment pas pour cause la fossilisation.

Rapports et différences. Par sa forme générale cette espèce a des rapports avec d'autres types tithoniques et néocomiens, mais ne risque pas d'être confondue avec eux.

Gisement. Couches de Berrias.

4. BELEMNITES LATUS, Bl.

Bel. latus, d'Orbigny, Céph. crét., p. 48, pl. 4, fig. 1 à 8. Suppl., p. 7, pl. 4, fig. 1—9. — Quenstedt, Cephal., p. 61, tab. 30, fig. 14 (non 13). — Duval-Jouve, Bélemn., p. 61, pl. 6. — Pictet et de Loriol, Voirons, p. 11, pl. 1, fig. 9 à 11. — Pictet, Porte-de-France, p. 216, pl. 36, fig. 1.

La plupart des exemplaires du Monsalvens sont de petite et de moyenne taille, et ne présentent que des variations sans importance, sauf deux fragments incomplets, qui sont moins larges dans la région alvéolaire et dont la coupe est à peu près en losange; ils ont le sillon trop long pour qu'on puisse les rattacher au *Bel. dilatatus.*

Gisement. Au Monsalvens cette espèce n'a été trouvée ni dans les couches

de Berrias, ni dans le néocomien bleu; elle paraît donc y caractériser la zone
à laquelle Pictet a donné le nom de ce fossile.

5. BELEMNITES PISTILLIFORMIS, Bl.

Bel. pistilliformis et *subfusiformis*, d'Orbigny, Céph. crét. p. 50, pl. 4, fig. 9 à 16;
p. 53, pl. 6, fig. 1 à 4. Suppl. p. 11, pl. 5. — Duval-Jouve, Bél., p. 66, pl. 9 et 10;
p. 72, pl. 8, fig. 10 à 16.

Bel. pistilliformis, Pictet et de Loriol, Voirons, p. 5, pl. 1, fig. 1 à 4

Les couches du Monsalvens ne présentent que la variété distinguée d'abord
comme espèce spéciale sous le nom de *subfusiformis;* dans la chaîne du Ganterist
on trouve de rares exemplaires qui sont plus claviformes.   Les actinocamax sont
très fréquents; je n'ai pas rencontré d'autres déformations, si ce n'est celles où le
sillon manque; souvent alors les lignes latérales sont plus visibles que dans les autres
exemplaires.

Gisement.   Cette espèce commence dans la zone à *Bel. latus* et monte jusqu'au
haut du néocomien.

6. BELEMNITES BIPARTITUS, (Bl.) Cat.

Bel. bipartitus, d'Orbigny, Céph. crét., p. 45, pl. 3, fig. 6—12. — Duval-Jouve,
Bélemn., p. 41, pl. 1, fig. 1—8. — Pictet et de Loriol, Voirons, p. 2, pl. 1 bis,
fig. 1—5.

Cette espèce varie beaucoup dans la partie postérieure: tantôt elle s'aplatit considérablement, tantôt les deux diamètres sont égaux jusqu'à la pointe.   On est
tenté de rapporter les exemplaires qui ont ce dernier caractère à l'espèce à laquelle
d'Orbigny applique le nom de *bicanaliculatus* (Céph. crét., p. 47, pl. 3,
fig. 13—16), mais les sillons latéraux y sont trop longs pour qu'on puisse faire ce
rapprochement, et il y a des passages qui rendraient difficile la séparation en deux
espèces.   Du reste les deux variétés se trouvent ensemble; mais dans la partie
supérieure du néocomien la forme à coupe plus carrée est rare, tandis qu'elle
domine dans la zone à *Bel. latus.*

Gisement.   Couches à *Bel. latus* et néocomien bleu.

§ 109. Ammonites jurassiques.

1. AMMONITES ZIGNODIANUS, d'Orb.

Amm. Zignodianus, d'Orb., Terrains jurass., vol. 1, p. 493 (pars), pl. 182.

Phylloceras Zignoanum, Neumayr, Phyll. des Dogger und Malm, p. 339, pl. 17, fig. 1. Verhandl. Reichsanst., 1871, p. 352.

En se fondant surtout sur le dessin des cloisons donné par d'Orbigny, M. Neumayr applique le nom d'*Amm. Zignodianus,* si souvent employé pour une espèce des régions moyennes et supérieures des terrains jurassiques, à une forme beaucoup plus rare de l'oolithe inférieure. J'en ai trouvé trois exemplaires qui ont été déterminés par M. Neumayr.

Gisement. Zone de l'*Amm. Humphriesianus* à Broc.

2. AMMONITES DISPUTABILIS, Zittel.

Phylloceras disputabile, Zittel, Jahrb. Reichsanst., Bd. 19, p. 63. — Neumayr, Phylloceras des Dogger und Malm, p. 332, tab. 14, fig. 7.

Ammonites tatricus, Kudern. (non Pusch), Zwinitza, p. 4, tab. 1, fig. 1 à 4.

Les couches de Perreyre ont fourni plusieurs moules d'une Hétérophylle qui sont mal conservés, mais dans l'un desquels M. Neumayr a pu reconnaître cette espèce. Les autres y appartiennent probablement.

Gisement. Couches de Klaus de la Perreyre.

3. AMMONITES TORTISULCATUS, d'Orb.

Ammonites tortisulcatus, d'Orb., Céph. crét., p. 51, pl. 162. Céph. jurass., p. 506, pl. 189.

Phylloceras tortisulcatum, Zittel, Aelt. Tithonb., p. 42, pl. 1, fig. 14.

Cette espèce d'Ammonite est la plus répandue dans toutes les couches où elle se trouve. La plupart des exemplaires recueillis sont de petite taille; on n'en rencontre de la grandeur de l'original de la planche 189 de d'Orb. qu'au haut du calcaire à ciment et dans le calcaire en grumeaux. Les exemplaires du callovien ont ordinairement le test conservé, les autres sont à l'état de moule. Je n'ai pu trouver aucune autre différence entre les échantillons des différents niveaux.

Gisement. Schistes à nodules (callovien), calcaire à ciment, calcaire concrétionné, calcaire en grumeaux (zone de l'*Amm. tenuilobatus?*).

4. AMMONITES MEDITERRANEUS, Neum.

Phylloceras mediterraneum, Neum., Phylloc. des Dogger und Malm, p. 340, tab. 17, fig. 2—5.

Phylloceras Zignodianum, Zittel, Aelt. Tithonb., p. 40, tab. 1, fig. 15, tab. 2, fig. 1.

Cette espèce a été citée jusqu'à présent sous le nom d'*Amm. Zignodianus*, d'Orbigny. Les localités indiquées dans la Paléontologie française montrent que l'auteur l'avait aussi en vue dans sa description; mais M. Neumayr ayant reconnu que les figures en représentent une autre de l'oolithe inférieure, c'est à celle-ci qu'il a réservé le nom de *Zignoanus*, et il a nommé à nouveau l'espèce du jura moyen et supérieur.

Mes exemplaires sont petits; l'un deux montre la division en trois feuilles de la première selle latérale, ce qui est le principal caractère pour la distinction d'avec l'*Amm. Zignodianus.*

Gisement. Schistes à nodules du Hohberg et calcaire concrétionné (zone de l'*Amm. transversarius*).

5. AMMONITES KUNTHI, Neum.

Phylloceras Kunthi, Neumayr, Phyll. des Dogger und Malm, p. 312, tab. 12, fig. 6, tab. 13, fig. 1.

Un seul exemplaire déterminé par M. Neumayr.

Gisement. Schistes à nodules (callovien) du Hohberg.

6. AMMONITES SUBOBTUSUS, Kudern.

Amm. subobtusus, Kudernatsch, Swinitza, p. 7, tab. 2, fig. 1—3. — Ooster, Céphal., part. 4, p. 69, pl. 17, fig. 4—8.

Un seul exemplaire parfaitement caractérisé.

Gisement. Schistes à nodules des bords de la Trême.

7. AMMONITES VIATOR, d'Orb.

Amm. viator, d'Orb., Céphal. jurass., p. 471, pl. 172, fig. 1 et 2.

Cette espèce n'est pas rare dans la chaîne du Ganterist; ici je n'ai proprement à en citer qu'un exemplaire mal conservé des couches de Klaus du Hohberg, mais il me paraît assez distinct pour ne pouvoir appartenir à une autre Hétérophylle connue. Les géologues autrichiens présument que l'*Amm. viator* des Alpes françaises pourrait bien être l'*Amm. subobtusus*, Kud.[1] Il y a certainement dans le canton de Fribourg une espèce qui diffère de cette dernière, et qui se rapporte assez bien à la figure de d'Orbigny; mais mes exemplaires ne permettent pas de caractériser l'espèce mieux qu'elle ne l'est à présent.

Gisement. Couches de Klaus du Hohberg.

8. AMMONITES MANFREDI, Oppel.

Amm. Manfredi, Oppel, Mitth., p. 215, tab. 57, fig. 2.

Phylloceras Manfredi, Neum., Phyll. des Dogger und Malm, p. 333, tab. 14, fig. 8.

Le calcaire concrétionné a fourni sept moules de cette espèce, qui sont pour la plupart petits, et où le nombre des sillons est presque toujours de 5. M. Neumayr en a déterminé deux.

Gisement. Calcaire concrétionné (zone de l'*Amm. transversarius*) et probablement aussi le calcaire à ciment.

9. AMMONITES SAXONICUS, Neum.

Phylloceras saxonicum, Neumayr, Phylloc. des Dogger und Malm, p. 315, tab. 13, fig. 4, tab. 14, fig. 1 et 2.

Le meilleur de mes exemplaires a été déterminé par M. Neumayr lui-même.

Gisement. Calcaire concrétionné (zone de l'*Amm. transversarius*).

10. AMMONITES ADELOÏDES, Kudern.?

Amm. adeloïdes, Kudernatsch, Swinitza, p. 9, tab. 2, fig. 14—16.

Je ne connais que deux moules de cette espèce, dont l'un de la collection de

---

[1] *Neumayr*, Phylloc. des Dogger und Malm, p. 346. Verh. Reichsanst., 1872, p. 105.

M. Castella à Bulle.　　Ils portent de fines côtes plus rapprochées que dans l'*Amm. Adelæ*, d'Orb. (Céphal. jurassiques, p. 494, pl. 183).　　On ne peut affirmer qu'ils n'appartiennent pas à l'*Amm. Eudesianus*, d'Orb., Céph. jurass., p. 386, pl. 128 ; toutefois un reste de test vers l'ombilic a des côtes un peu irrégulières, dans lesquelles on ne voit pas les sinus proprement dits qui caractérisent cette dernière espèce et qui sont moins nombreux dans l'*Amm. adeloïdes.*

Gisement.　　Couches de Klaus de la Perreyre et du Hohberg.

11. AMMONITES TRIPARTITUS, Rasp.

Amm. tripartitus, d'Orbigny, Céphal. jurass., p. 496, pl. 197, fig. 1—4. — Ooster, Céphal., part. 4, p. 66, pl. 17, fig. 1—3.

Amm. polystoma, Quenstedt, Céphal., p. 270, pl. 20, fig. 8.

Cette Ammonite, qui ne peut être confondue avec aucune autre espèce, est le fossile qu'on trouve le plus fréquemment dans la chaîne du Ganterist, tandis qu'à Perreyre je n'en ai rencontré qu'un exemplaire.

Gisement.　　Couches de Klaus.

12. AMMONITES ELIMATUS, Oppel.

Amm. elimatus, Zittel, Stramberg, p. 79, tab. 13, fig. 1—7. — Aelt. Tithonb. p. 51, tab. 3, fig. 7.

Je n'ai qu'un moule incomplet où l'on peut voir la grandeur de l'ombilic et la forme du tour ; il concorde sous ce dernier rapport si complètement avec la figure des Aeltere Tithonbildungen que je crois pouvoir citer l'espèce avec passablement de vraisemblance.

Gisement.　　Tithonique.

13. AMMONITES CORDATUS, Sow.

Amm. cordatus, d'Orbigny, Céphal. jurass., p. 514, pl. 193 et 194.

Amm. Lamberti, Quenstedt, Ceph., p. 97 (pars), tab. 5, fig. 9.

Je n'ai qu'un fragment de cette espèce, mais la détermination n'en est point douteuse ; il appartient à la variété sans tubercules sur les flancs, et se rapporte à la figure 1, pl. 194 de d'Orbigny, et encore mieux à la figure de M. Quenstedt, à laquelle il est absolument identique.

Gisement. Schistes à nodules du Hohberg.

14. AMMONITES ROMANI, Oppel.

Amm. Romani, Oppel, Mitth., p. 145, tab. 46, fig. 2.

J'ai trouvé deux moules de cette espèce au bord de la Sarine, nord de Broc; l'un est bien conservé et s'accorde tout à fait avec la description et la figure citées, surtout si l'on fait à cette dernière les corrections qu'Oppel indique lui-même. Il aurait pu en ajouter une autre encore : la figure n'a que quelques côtes infléchies, tandis que le texte porte qu'elles sont en forme de faucilles; ce caractère se montre bien dans mon meilleur exemplaire, mais elles ne sont pourtant pas aussi recourbées sur les flancs que dans l'*Amm. Murchisonæ*, par exemple.

Gisement. Zone de l'*Amm. Humphriesianus* à Broc.

15. AMMONITES LUNULA, (Rein.) Zieten.

Nautilus lunula, Rein., Maris protog. Naut. et Argon., p. 69, tab. 4, fig. 35 et 36.
Amm. lunula, Zieten, Würt., p. 14, tab. 10, fig. 11.

Cette espèce n'a pas encore été bien circonscrite et plusieurs auteurs la rattachent à l'*Amm. hecticus.* Je n'ai qu'un exemplaire incomplet; il ne se rapporte pas entièrement aux figures citées, mais bien à des individus de Laufen (Würtemberg) et de Palente, près Besançon, conservés au musée de Bâle, en sorte qu'il peut en tout cas servir de document pour la comparaison des couches.

Gisement. Schistes à nodules du Hohberg.

16. AMMONITES PUNCTATUS, Stahl.

Amm. punctatus, Stahl, Verstein. Würt., p. 48, fig. 8 im Correspondenzblatt des würtemb. landw. Vereins, 1824. — Zieten, Würtemb., p. 13, tab. 10, fig. 4.
Amm. lunula, d'Orbigny, Céph. jurass., p. 437, pl. 157.

Mes deux exemplaires ont les côtes un peu plus faibles que dans les figures citées; les tours sont aussi un peu plus plats; quoique petits ils prennent déjà la forme des figures 1 et 2 de d'Orbigny, qui représentent un individu âgé. Malgré ces petites différences je rapporte ces exemplaires à l'*Amm. punctatus*; Oppel (Jura, p. 553) y joint des formes de M. Quenstedt encore plus aplaties.

Gisement. Schistes à nodules (callovien).

17. AMMONITES STENORHYNCUS, Oppel.

Amm. stenorhyncus, Oppel, Mitth., p. 189, tab. 52, fig. 1.

J'ai de cette espèce deux jeunes exemplaires qui n'avaient pas encore de côtes; on reconnaît les trois carènes sur l'un d'eux, et dans tous deux le déroulement est bien marqué; il commence plus tôt que dans des individus du musée de Bâle que j'ai sous les yeux.

Gisement. Calcaire concrétionné (zone de l'*Amm. transversarius*).

18. AMMONITES OCULATUS, Phill.

Amm. oculatus, d'Orb., Céphal. jurass., p. 528 (pars), pl. 200, fig. 3 et 4.

Les exemplaires du Monsalvens sont identiques à plusieurs de ceux que l'on rencontre dans les marnes calloviennes du Jura, et que l'on cite ordinairement sous ce nom. Ils n'ont de tubercules que sur le siphon. Ils ne se rapportent entièrement à aucune des trois espèces de ce groupe établies par Oppel (Jura, p. 561); aussi je les laisse sous le nom d'*oculatus*, sans être pourtant bien sûr que cette dénomination leur appartienne à bon droit; la figure de Phillips (Illustr. of the Geol. of Yorkshire, partie 1, pl. 5, fig. 16) laisse dans l'incertitude à cet égard; mais ce qui n'est pas douteux c'est leur identité avec les exemplaires du Jura.

Gisement. Schistes à nodules (callovien).

19. AMMONITES AUDAX, Oppel.

Amm. audax, Oppel, Mitth., p. 204.

Le seul exemplaire que j'aie trouvé appartient certainement à cause de ses dents aux Ammonites citées par les auteurs sous les noms de *crenatus* et de *dentatus*. Oppel a distingué quatre espèces dans ce groupe; l'exemplaire en question se rapporte mieux à l'*Amm. audax* qu'aux autres; mais l'ombilic est trop peu visible pour qu'on puisse affirmer qu'il n'appartient pas à une des trois autres espèces.

Gisement.   Schistes à nodules de la Chervasse.

20. AMMONITES ŒGIR, Oppel.

Amm. Oegir, Oppel, Mitth., p. 226, tab. 63, fig. 2.
Aspidoceras Oegir, Neumayr, Jahrb. Reichsanst., Bd. 21, p. 372, tab. 20, fig. 2, tab. 21, fig. 2.

Je n'ai que deux exemplaires de cette espèce qui sont de petite taille; l'un d'eux montre le caractère des tubercules ombilicaux commençant plus tôt que dans l'*Amm. perarmatus*; les tubercules du pourtour y sont plus gros et plus saillants que dans les figures de l'espèce et dans des exemplaires de Birmensdorf du musée de Bâle.

Gisement.   Calcaire concrétionné (zone de l'*Amm. transversarius*).

21. AMMONITES HUMPHRIESIANUS, Sow.

Amm. Humphriesianus, d'Orbigny, Céphal. jurass., p. 398 (pars), pl. 134 et 135, fig. 1.
— Zieten, Würtemb., p. 89, tab. 67, fig. 2.

Deux exemplaires appartiennent bien à la forme normale de cette espèce. Dans l'un les côtes sont plus rapprochées et elles se divisent en trois; dans l'autre elles sont plus éloignées, elles se divisent aussi en trois, mais il s'en intercale une quatrième. Les tubercules sont placés au tiers interne de la largeur des tours, ce qui fait que, pour la physionomie générale, ces deux exemplaires sont plus rapprochés de la figure de Zieten que de celles de d'Orbigny.

Gisement.   Zone de l'*Amm. Humphriesianus*.

22. AMMONITES BAYLEANUS, Oppel.

Amm. Bayleanus, Oppel, Jura, p. 377.
Amm. Humphriesianus, d'Orb., Céphal. jurass., p. 398 (pars), pl. 133.

Oppel a démembré l'*Amm. Bayleanus* de l'*Amm. Humphriesianus*, en prenant pour type du premier la planche 133 de la Paléontologie française et en lui assignant un gisement un peu inférieur. La distinction des deux espèces paraît très

facile d'après les planches; elle l'est beaucoup moins dans la nature. Au musée
de Bâle, qui possède beaucoup de fossiles de l'oolithe inférieure des environs, je ne
trouve pas d'exemplaires qui puissent rigoureusement se rapporter à la planche
133 de d'Orbigny, parce qu'ils ont un accroissement plus rapide; mais si l'on veut
faire abstraction de ce caractère et de celui des cloisons, il y en a plusieurs auxquels on attribuera le nom de *Bayleanus*, à cause du peu de profondeur de l'ombilic et de la forme de leurs tours, qui sont presque aussi larges que hauts et recouvrent peu ceux qui les précèdent.   Quant aux cloisons on y reconnaît celles
d'*Humphriesianus* (pl. 135), et non celles de *Bayleanus* (pl. 133); la selle siphonale en particulier y est très divisée.

Les exemplaires de Broc sont plus rapprochés de l'*Amm. Bayleanus*; ils n'en
diffèrent que par la rapidité de l'accroissement.   Dans un individu de 242 mm. de
diamètre la hauteur du dernier tour est de $^{22}/_{100}$ du diamètre, tandis que dans
l'original de la planche 133 de d'Orbigny, elle n'est que de $^{15}/_{100}$.   Les cloisons
sont peu visibles; mais on y voit bien au lobe latéral supérieur des branches qui
s'en séparent à angle droit, comme dans celui de l'*Amm. Bayleanus*.   La forme
des tours est rigoureusement la même.   Le nombre des côtes présente quelque
variation: il est en général un peu inférieur à celui de la figure citée; le plus
souvent il y a 2 ou 3 côtes secondaires pour une principale; dans un exemplaire
c'est le nombre 4 qui domine.   Dans des fragments d'individus d'un très grand
diamètre, les côtes s'élargissent et s'effacent au dernier tour, mais les tubercules
persistent.   A la région siphonale des exemplaires de grande taille, on voit
souvent deux côtes de l'un des flancs se réunir pour n'en former qu'une sur l'autre
flanc.

L'allure des côtes et leur nombre plus considérable distinguent cette espèce du
Perisphinctes tyrannus, Neumayr (Jahrb. Reichsanst., Bd. 20, p. 150, tab. 9),
avec lequel elle a quelque ressemblance.

Gisement. Zone de l'*Amm. Humphriesianus* à Broc.

23. AMMONITES GERWILLI, Sow.

Amm. Gerwilli, Sow., vol. 2, p. 189, pl. 184 A, fig. 3.

Amm. Brongniarti, d'Orb., Céphal. jurass., p. 403 (pars), pl. 137, fig. 3 et 4 (non 1 et 2).

Sur la planche de Sowerby les noms des *Amm. Brongniarti* et *Gerwilli* sont transposés; d'Orbigny a reproduit cette erreur en appliquant ces dénominations. M. Waagen (Zone des *Amm. Sowerbyi*, p. 601) a divisé les deux espèces en un plus grand nombre. J'ai trois exemplaires qui appartiennent bien à la forme à laquelle il a laissé le nom de *Gerwilli*.

Gisement. Zone de l'*Amm. Humphriesianus.*

24. AMMONITES RECTELOBATUS, Hauer.

Amm. rectelobatus, Hauer, Sitzungsb. Acad. Wien, Bd. 24, p. 156, tab. 1, fig. 5, tab. 2, fig. 10.

Amm. Humphriesianus var., Kudernatsch, Swinitza, p. 13, tab. 3, fig. 5 et 6.

A la Perreyre j'ai recueilli de cette espèce 8 exemplaires, dont le diamètre ne dépasse pas 30 mm. Les cloisons ne sont presque pas visibles; cependant on distingue au lobe siphonal deux branches latérales, dont l'antérieure est plus longue et plus large comme dans la figure de M. de Hauer. La région siphonale presque plate, les côtes fines au pourtour, les côtes internes très fortes dans le jeune âge et par conséquent moins nombreuses, éloignent ces échantillons des espèces voisines (*Amm. Humphriesianus*, Sow. et *Amm. Deslongchampsi*, d'Orb.). Ces caractères sont peu marqués dans les figures des auteurs cités, qui représentent de plus grands individus que les miens. M. Zittel mentionne la dernière différence (Paläont. Notizen, p. 606) comme motif de séparation, contrairement à l'opinion de U. Schlœnbach (Jurass. Amm., p. 172), qui réunit l'*Amm. rectelobatus* à l'*Amm. Deslongchampsi.*

Gisement. Couches de Klaus à la Perreyre.

25. AMMONITES GOLIATHUS, d'Orb.

Ammonites Goliathus, d'Orbigny, Céphal. jurass., p. 519, pl. 195 et 196.

Je n'ai qu'un exemplaire de 30 mm. de diamètre, qui a déjà les tours très épais. L'ombilic est un peu plus étroit que dans les figures de d'Orbigny, et les côtes ne s'élèvent pas autant autour de cet ombilic; mais ce sont là les seules différences, et cet individu est du reste bien distinct des espèces voisines.

Gisement. Schistes à nodules du Hohberg. ·

26. AMMONITES CONTORTUS, Neum.

Simoceras contortum, Neumayr, Jahrb. der Reichsanst., Bd. 21, p. 369, tab. 21, fig. 1.

Je rapporte à cette espèce deux exemplaires, dont l'un à 60 mm. de diamètre et l'autre 23. Pour la forme des tours, l'enroulement et la rapidité de l'accroissement, ils s'accordent tout à fait avec la description et la figure de M. Neumayr. Les côtes s'infléchissent un peu en avant pour s'interrompre à la région siphonale; dans le dernier tour du grand exemplaire elles y laissent une bande lisse assez large; dans le petit l'interruption a lieu de manière à ne laisser qu'un petit espace qui figure un sillon étroit. Les sillons de bouches provisoires s'infléchissent plus fortement que les côtes. Quant aux cloisons on ne les voit un peu que dans le petit exemplaire: le lobe siphonal n'a pas de ramifications profondes, ce qui fait que la selle siphonale reste large dans toute sa longueur. Pour le nombre des côtes cet exemplaire offre une différence assez notable, il n'y en a que 58 au lieu de 80; ce n'est qu'avec une plus grande quantité d'individus qu'on pourra juger de la valeur de cette différence; un peu plus du quart de ces côtes sont bifurquées.

Gisement. Ces exemplaires ont été trouvés dans des blocs détachés que je crois pouvoir attribuer au calcaire concrétionné (zone de l'*Amm. transversarius*).

27. AMMONITES PROCERUS, Seebach.

Amm. procerus, Schlœnbach, Jurass. Ammon., p. 184, tab. 29, fig. 6, tab. 30, fig. 1, tab. 31, fig. 5.

Perisphinctes procerus, Neumayr, Ceph. von Balin, p. 39 (21), tab. 10, fig. 1, tab. 11, fig. 1.

Les couches de Klaus à la Tour de Trême m'ont fourni 7 exemplaires de cette espèce. Ils se rapportent parfaitement aux figures citées par la forme des tours, l'enroulement, la grandeur de l'ombilic et le rapport entre les côtes principales et celles du pourtour ; l'un d'eux montre des cloisons dont les détails ne sont pas bien visibles, mais dont l'ensemble présente tout à fait la disposition de la fig. 5, tab. 30 de M. Schlœnbach. Cette espèce ne paraît varier que pour le nombre des côtes, qui est tantôt plus grand, tantôt moindre que dans la figure 1, pl. 30.

J'ai comparé mes exemplaires avec une bonne série de l'*Amm. triplicatus,* Quenst. (non Sow.), ou *Amm. funatus,* Oppel[1], du musée de Bâle. Les différences sont très marquées: l'accroissement de l'*Amm. procerus* est plus rapide, en sorte qu'au même diamètre les tours en sont plus hauts et l'ombilic plus petit; les jeunes ont des tubercules à la bifurcation des côtes. Dans l'*Amm. funatus* le lobe siphonal est constamment un peu plus court que le latéral supérieur, c'est le contraire dans notre espèce ; le lobe sutural est presque toujours beaucoup plus court et moins ramifié dans l'*Amm. funatus,* cependant quelques exemplaires qu'on ne peut guère séparer des autres font exception, en sorte qu'on ne peut insister sur cette différence.

Si j'inscris l'espèce de la Tour de Trême sous le nom d'*Amm. procerus,* Seebach, c'est sur l'autorité de MM. Brauns et Schlœnbach, qui ont eu entre les mains des exemplaires de la localité où les originaux ont été recueillis; car la figure et la courte description de M. de Seebach (der hannoversche Jura, p. 155, tab. 10, fig. 1), semblent sous bien des rapports se rapporter à une espèce différente.

Gisement. Couches de Klaus de la Perreyre.

---

[1] La dénomination d'Oppel peut-elle être conservée? Sowerby a déjà un *Ellipsolithes funatus* (pl. 83), qui figure dans les tables sous le nom d'*Ammonites funatus.*

28. AMMONITES BANATICUS, Zittel.

Amm. banaticus, Zittel, Paläont. Notizen, p. 605.

Amm. triplicatus var. banatica, Kudernatsch, Swinitza, p. 15 (pars), tab. 4, fig. 3 et 4 (non fig. 1 et 2).

M. Zittel a donné le nom d'*Amm. banaticus* aux fossiles décrits par M. Kudernatsch sous le nom d'*Amm. triplicatus var. banatica*, et il y a joint des exemplaires d'autres localités. M. Neumayr (Jahrb. der Reichsanst., Bd. 20, p. 148) sépare deux espèces de cet ensemble, et il distingue dans les *Planulati* de Swinitza deux autres espèces, les *Perisphinctes procerus* et *banaticus* (p. 150). Il est maintenant assez difficile de savoir ce qu'il faut comprendre sous ce dernier nom. Dans la planche 4 de M. Kudernatsch, les figures 3 et 4 me paraissent représenter une espèce bien caractérisée, et comme j'ai deux exemplaires de la Tour de Trême qui ne pourraient pas en être séparés, je les mentionne sous le nom de *banaticus*. En admettant que l'original de la figure porte des côtes, et non pas des sillons creusés sur une surface plane comme le dessin semblerait l'indiquer, mes exemplaires ne présentent d'autres différences que d'avoir les tours intérieurs un peu plus plats sur les flancs. L'un d'eux a 45 côtes principales comme dans le tour correspondant de la figure; l'autre atteint le diamètre de 230 millim. et il est lisse sur $1^1/_3$ de tour; la dernière loge qui n'est peut-être pas entièrement conservée occupait 1 tour; les côtes y sont un peu moins rapprochées que dans l'autre exemplaire, et cessent un peu plus tôt.

Dans le jeune âge cette espèce est très difficile à distinguer de l'*Amm. funatus*, Oppel; elle a seulement les côtes généralement plus droites. A partir du diamètre de 100 mm. la différence s'accentue: les tours n'augmentent plus que très peu en épaisseur, en sorte que la coquille devient plus plate et que l'ombilic ne paraît un peu profond qu'au centre. MM. Zittel et Kudernatsch mentionnent d'autres différences dans les cloisons. Un de mes exemplaires montre de même le lobe latéral supérieur plus court, la selle latérale moins découpée et le lobe sutural profond, avec plusieurs branches latérales presque perpendiculaires à la suture; mais on ne peut insister sur ce dernier caractère qui se retrouve dans quelques exemplaires de l'*Amm. funatus*.

Gisement. Couches de Klaus de la Perreyre.

29. AMMONITES CF. GARANTIANUS, d'Orb.

Amm. Garantianus, d'Orb., Céph. jurass., vol. 1, p. 377, pl. 123.

Il y a dans les chaînes centrales du canton de Fribourg une Ammonite qu'on ne peut pas séparer de l'*Amm. Garantianus*, quoiqu'elle ait des côtes un peu plus fines que l'original de la figure 1 de d'Orbigny. Des fragments des couches de Klaus du Hohberg présentent les mêmes caractères; cependant ils sont fort incomplets, et il n'est pas impossible qu'ils appartiennent à une espèce nouvelle qui serait très voisine de l'*Amm. Garantianus*.

Gisement. Couches de Klaus du Hohberg.

30. AMMONITES SULCIFERUS, Oppel.

Amm. sulciferus, Oppel, Jura, p. 555.

Amm. convolutus ornati, Quenstedt, Ceph., p. 169, tab. 13, fig. 1. — Jura, p. 541, tab. 71, fig. 9.

Les exemplaires du Monsalvens sont identiques à ceux des Ornatenthone du Jura suisse, et cette identité s'étend aux détails des cloisons. Comme le remarque Oppel, la taille plus petite distingue cette espèce de celles qui sont voisines. Les cloisons sont moins ramifiées que dans l'*Amm. biplex*, Quenst.

D'après la courte description de l'*Amm. convolutus*, Schlotheim, Petrefaktenkunde, p. 69, il est probable que c'est cette espèce qu'il a eue en vue; toutefois les figures qu'il cite ne peuvent donner de certitude à cet égard. Par les listes de fossiles des auteurs, on voit que le nom a été appliqué à des choses différentes; aussi à défaut d'interprétation authentique j'ai préféré la dénomination d'Oppel.

Gisement. Schistes à nodules (callovien).

31. AMMONITES ARDUENNENSIS, d'Orb.

Amm. arduennensis, d'Orbigny, Céphal. jurass., p. 500, pl. 185, fig. 4—7. — F. Rœmer, Oberschlesien, p. 243, tab. 22, fig. 1 et 2.

Les figures citées présentent quelques légères différences. Dans celle de d'Orbigny les côtes ont un infléchissement plus marqué sur les flancs, et elles se renflent davantage au pourtour. Mes exemplaires des schistes à nodules varient sous ce dernier rapport, mais ils ont les côtes presque droites de ceux de M. Rœmer. A un niveau plus élevé, dans la zone de l'*Amm. transversarius* de la chaîne du Ganterist, on trouve des échantillons tout à fait semblables à ceux de la Haute-Silésie.

Gisement. Schistes à nodules (callovien).

32. AMMONITES PLICATILIS, Sow.

Amm. plicatilis, Sowerby, Mineral Conchology, vol. 2, pl. 166. — d'Orbigny, Céph. jurass., p. 509, pl. 191 et 192.

M. de Seebach (der hannoversche Jura, p. 156) a comparé les originaux de Sowerby avec les figures de la Paléontologie française, et a constaté que ces dernières caractérisent parfaitement l'espèce. D'un autre côté Oppel (Mitth., p. 247) a séparé le grand exemplaire de la planche 191 de d'Orbigny sous le nom de *Martelli*, mais sans démontrer suffisamment que ce soit une espèce à part et non l'âge avancé de *plicatilis*; aussi depuis lors la nouvelle dénomination est appliquée à tort dans les collections à des exemplaires qui ne peuvent absolument pas se séparer de ceux de la planche 192.

Les échantillons du Monsalvens sont identiques à ceux de la zone de l'*Amm. transversarius* dans le Jura suisse et souabe. Il y en a quelques-uns qui tendent à prendre la forme des tours de *Perisphinctes contiguus*, Cat. sp. (Zittel, Aelt. Tithonb., p. 110, tab. 11, fig. 1 et 2), mais ce qu'on voit des cloisons appartient plutôt à *plicatilis*.

Gisement. Calcaire concrétionné (zone de l'*Amm. transversarius*).

33. AMMONITES BIPLEX, Quenst. (non Sow.)

Amm. biplex, α et β, Quenstedt, Ceph., p. 162, tab. 12, fig. 6 et 7. — Jura, p. 570 (fig.).

Je cite sous ce nom l'Ammonite la plus fréquente dans le calcaire concrétionné; elle se distingue de *plicatilis* par ses tours plus circulaires. Les exemplaires de taille moyenne s'accordent tout à fait avec les figures citées de M. Quenstedt; mais il y en a qui atteignent 120 mm. de diamètre et dont les tours finissent par prendre la forme de ceux de *biplex,* Sow., pl. 293, fig. 1 et 2. Il est très probable que notre espèce est l'*Amm. Tiziani,* Oppel, Mitth., p. 246; elle se rapporte bien à la description, sauf en ce point que le nombre des côtes y est parfois plus grand, car il va jusqu'à 57 par tour.

Gisement. Calcaire concrétionné (zone de l'*Amm. transversarius*).

34. AMMONITES COLUBRINUS, Rein. sp.

Nautilus colubrinus, Rein., Maris protogæi Naut. et Argonautes, p. 88, fig. 72.
Amm. colubrinus, Quenstedt, Ceph., p. 163, tab. 12, fig. 10.
Perisphinctes colubrinus, Zittel, Aelt. Tithonb., p. 107, tab. 9, fig. 6 ; tab. 10, fig. 4—6.

Je n'ai qu'un exemplaire de cette espèce, qui est remarquable en ce qu'elle se trouve à la fois dans l'Europe centrale et le bassin méditerranéen. Elle se distingue bien de l'*Amm. biplex,* Quenst., du même gisement, par ses tours plus régulièrement circulaires et par ses côtes en ligne droite.

Gisement. Calcaire concrétionné (zone de l'*Amm. transversarius*).

35. AMMONITES BIRMENSDORFENSIS, Mœsch.

Amm. birmensdorfensis, Mœsch, Aargauer Jura, p. 291, tab. 1, fig. 3.

La comparaison des exemplaires du Monsalvens avec ceux que le musée de Bâle a reçus de M. Mœsch, ne me laisse pas de doutes sur l'identité avec l'espèce du Jura argovien. Le nombre des côtes est de 52 à 56 par tour. Entre 3 ou 4 côtes qui se bifurquent en arrivant à la région siphonale, il y a chaque fois une côte simple.

Gisement. Calcaire concrétionné (zone de l'*Amm. transversarius*).

36. AMMONITES WITTEANUS, Oppel.

Amm. Witteanus, Oppel, Jura, p. 687, n° 188.
Amm. biplex bifurcatus, Quenstedt, Cephal., p. 164, tab. 12, fig. 12 (non fig. 11). Non Quenstedt, Jura, p. 593, pl. 74, fig. 2 et 3.

Oppel a établi cette espèce sur la figure citée de M. Quenstedt; mais il ne la reproduit pas dans les listes de ses Mittheilungen. Elle me paraît se distinguer de *biplex*, Quenst., par ses côtes plus éloignées, élevées, tranchantes, bifurquées au milieu des flancs en formant souvent un tubercule.   On voit quelquefois une côte simple d'un côté passer sur la région siphonale pour aller figurer sur l'autre flanc comme bifurcation postérieure d'une autre côte ; alors la bifurcation antérieure de cette dernière devient postérieure sur le flanc opposé ; ainsi les côtes forment un zigzag qui se continue plus ou moins loin.   Cette particularité se présente bien rarement dans l'*Amm. biplex*, Quenst.

Gisement.   Calcaire en grumeaux (zone de l'*Amm. tenuilobatus?*).

37. AMMONITES ULMENSIS, Oppel.

Amm. ulmensis, Oppel, Mitth., p. 261, tab. 74.

J'ai deux exemplaires qui s'accordent parfaitement avec les figures et la description d'Oppel ; cependant les tours internes ne sont pas visibles.   L'un, qui provient de Châtel St.-Denis, est un peu plus grand que la figure 1 ; il montre la dernière loge, qui occupait un tour ; une partie de la dernière cloison y est visible : les deux premiers lobes latéraux sont un peu plus larges que la selle qui les sépare, et le second se divise en trois parties d'égale longueur.

Gisement.   Calcaire en grumeaux (zone de l'*Amm. tenuilobatus?*).

38. AMMONITES RICHTERI, Oppel.

Perisphinctes Richteri, Zittel, Stramberg, p. 108, tab. 20, fig. 9—12. — Aelt. Tithonb., p. 109, tab. 9, fig. 4—5.

Je n'ai qu'un exemplaire incomplet déterminé par M. Zittel.   Il se rapporte bien à la variété à côtes rapprochées représentée par la figure 4 des Aelt. Tithonbildungen.   J'ai en outre des fragments où la forme et la physionomie des côtes sont exactement celles qu'on trouve dans les exemplaires de Stramberg.

Gisement.   Tithonique de l'escarpement de la Chervasse.   Blocs exotiques de Tarraillonnaz.

§ 110. **Ammonitides crétacées.**

1. AMMONITES THETYS, d'Orb.

Amm. Thetys et *semistriatus*, d'Orbigny, Céph. crét., p. 136, pl. 41; p. 174, pl. 53. — Pictet et de Loriol, Voirons, p. 17, pl. 3, fig. 1.

Cette espèce n'est pas fréquente au Monsalvens. Les cloisons de mes exemplaires sont trop confuses pour pouvoir servir à confirmer ou à rectifier le dessin de d'Orbigny, sur l'authenticité duquel on a émis des doutes. Un exemplaire de la couche à *Bel. latus* montre que les stries se prolongent parfois jusque dans le voisinage de l'ombilic.

Gisement. Commence dans la couche à *Bel. latus* et monte jusqu'au haut du néocomien.

2. AMMONITES CALYPSO, d'Orb.

(Pl. 9, fig. 10.)

Amm. Calypso, d'Orbigny, Céph. crét., p. 167, pl. 52, fig. 7—9. — Pictet, Porte-de-France, p. 225, pl. 38, fig. 2 (d'après Zittel, Aelt. Tithonb., p. 39, la fig. 1 appartient à l'*Amm. silesiacus*).

Les couches à *Bel. latus* m'ont fourni quatre exemplaires pyriteux de cette espèce. Ils ne dépassent pas la taille de ceux des figures citées. Pictet fait remarquer que les cloisons ne sont pas tout à fait telles que d'Orbigny les a figurées, et il en donne une description avec laquelle mes exemplaires concordent. Ils montrent dans la première selle latérale une autre différence qui est d'une certaine importance depuis que MM. Zittel et Neumayr ont tiré de cette partie des caractères distinctifs pour les *Phylloceras*: elle est terminée par trois feuilles (voir la figure). Les cloisons se trouvent ainsi si rapprochées de celles de l'*Amm. silesiacus* dans Zittel, Stramb., p. 62, tab. 5, que les dissemblances que l'on y remarque peuvent être attribuées à la différence de taille des individus. Mes exemplaires présentent un autre rapport entre les deux espèces, savoir un sillon siphonal qui est marqué par une forte entaille au croisement avec les sillons transversaux, et qui est à peine visible ailleurs. Cependant la distinction de deux espèces ne me paraît pas impossible d'après un des exemplaires qui paraît avoir conservé un test lisse et mince, laissant parfaitement voir les sillons sur les flancs, ce qui n'est pas le cas dans l'*Amm. silesiacus*. Il faut en tout cas attendre pour les réunir d'avoir trouvé des individus de taille et de conservation semblables.

Gisement. Couches à *Bel. latus.*

3. AMMONITES PTYCHOICUS, Quenst.

Amm. ptychoicus, Quenstedt, Ceph., p. 219, tab. 17, fig. 12. — Pictet, Porte-de-France, p. 222, pl. 37 bis, fig. 1. — Zittel, Stramberg, p. 59, tab. 4, fig. 3—9. — Aelt. Tithonb., p. 35, tab. 25, fig. 11—13.

Dans les couches de Berrias j'ai trouvé un exemplaire et une demi-douzaine de fragments qui appartiennent à cette espèce, car ils ont des bourrelets au pourtour au diamètre de 15 mm., tandis que l'*Amm. semisulcatus*, tel qu'on le connaît jusqu'à présent, ne les a que beaucoup plus tard. Les sillons ombilicaux sont visibles.

Gisement. Cette espèce se trouve dans les couches de Berrias à l'abrupte de Villarsbeney et dans la gorge de Chesallet; mais il y a lieu d'admettre que ce n'est pas son gisement primitif (p. 106).

4. AMMONITES SEMISULCATUS, d'Orb.

Amm. semisulcatus, d'Orbigny, Céph. crét., p. 172, pl. 53, fig. 4—6. — Pictet, Berrias, p. 67, pl. 11, fig. 3 et 4. — Porte-de-France, p. 222.

Cette Ammonite est la plus fréquente dans les couches à *Bel. latus*; on la trouve surtout en exemplaires qui ne dépassent pas la taille de ceux de d'Orbigny : les plus petits n'ont pas encore les sillons ombilicaux. Les tours ont exactement la coupe plus circulaire des figures de Pictet; la hauteur n'y dépasse pas autant la largeur que dans la figure 6 de d'Orbigny.

Quant aux cloisons il y a de légères différences à signaler : le lobe siphonal est sensiblement plus court que le premier latéral; la première selle latérale a les deux feuilles terminales plus allongées et plus profondément divisées que dans les figures de d'Orbigny et de Pictet, en sorte que l'on peut dire qu'il y a quatre feuilles, ainsi que le remarque M. Zittel (Aelt. Tithonb., p. 38). Ce plus grand prolongement de la selle brise davantage la ligne qui passe par l'extrémité des selles.

Si M. Zittel ne s'était pas assuré par de nombreux exemplaires (Stramberg, p. 61 ; Aelt. Tithonb., p. 37) que les moules des couches à *Bel. latus* appartiennent bien à la même espèce que les individus plus grands des couches de Berrias qui ont des bourrelets droits au pourtour, on pourrait attacher plus d'importance à des sillons rapprochés, fortement recourbés en avant qui se montrent à la région siphonale d'un moule très frais, et dont plusieurs se réunissent irrégulièrement à un même sillon ombilical.

Gisement. Couches à *Bel. latus.*

5. AMMONITES QUADRISULCATUS, d'Orb.
(Pl. 8, fig. 11).

Amm. quadrisulcatus, d'Orbigny, Céph. crét., p. 151, pl. 49, fig. 1—3. — Pictet, Berrias, p. 72, pl. 12, fig. 3.

Lytoceras quadrisulcatum, Zittel, Stramberg, p. 71, pl. 9, fig. 1—5.

Mes exemplaires viennent de la zone à *Bel. latus* de l'abrupte de Villarsbeney ; ce sont des moules pyriteux qui ont des restes de test où l'on ne voit ni ornements, ni stries d'accroissement. Il n'est pas possible de les séparer de l'*Amm. quadrisulcatus*, d'Orb., espèce que son auteur a cru plus tard à tort devoir joindre à l'*Amm. tripartitus.* Cependant la comparaison avec les ouvrages cités donne lieu à quelques remarques. Les tours sont légèrement plus larges que hauts, ce qui les rapproche des exemplaires de Stramberg. Les cloisons, qui sont bien conservées (voir la fig.), ne s'accordent complètement avec aucune des figures données par les auteurs ci-dessus ; celle de d'Orbigny est un grossissement d'un moule usé ; dans celles de MM. Pictet et Zittel le lobe siphonal est divisé par une feuille moins longue, et le latéral supérieur est plus large à son origine. Sous ce rapport mes exemplaires concordent avec l'*Amm. quadrisulcatus*, Quenst., Ceph., tab. 20, fig. 6 ; mais cette figure indique une rapidité d'accroissement qui rend douteuse l'application du nom à cet exemplaire. Le lobe anti-siphonal, qui n'est pas représenté par les auteurs, est en forme de croix comme dans les autres *Lytoceras.*

Gisement. Couches à *Bel. latus.* Deux exemplaires des couches de Berrias sont douteux.

6. AMMONITES MUNICIPALIS, Oppel.

Lytoceras municipale, Zittel, Stramberg, p. 72, tab. 8, fig. 1—5.

D'après un exemplaire du néocomien d'Escragnolles M. Zittel ne regarde pas comme invraisemblable que l'*Amm. municipalis*, Oppel, des couches de Stramberg soit spécifiquement le même que l'*Amm. Honnoratianus*, d'Orb., du néocomien; dans ce cas la figure de d'Orbigny (Terr. crét., p. 124, pl. 37) caractériserait assez mal l'espèce. Mes exemplaires sont écrasés en sorte qu'ils ne montrent pas la forme des tours; on voit seulement que ces derniers ne s'embrassaient pas les uns les autres. L'un de ces échantillons présente sur la dernière loge les petits bourrelets de bouches provisoires et les fines stries d'accroissement que figure M. Zittel, et non les bourrelets plus gros de d'Orbigny; un autre montre un lobe latéral supérieur qui se rapporte bien à la figure 2 de la planche citée. Enfin ils s'accordent bien aussi pour ce qui regarde la rapidité de l'accroissement. La figure de d'Orbigny est-elle inexacte et le nom d'*Honnoratianus* doit-il malgré cela avoir la priorité? C'est ce qui n'a pas encore été tiré au clair. (Voir: Hébert, Bull. France, vol. 26, p. 592 et Zittel, Aelt. Tithonb., p. 184).

Gisement. Couches à *Bel. latus.*

7. AMMONITES GRASIANUS, d'Orb.

Amm. Grasianus, d'Orb., Céph. crét., p. 141, pl. 44. — Pictet, Berrias, p. 74, pl. 13, fig. 1.

Je n'ai point d'observation à faire sur cette espèce, dont la forme est très caractéristique et très constante à tous les âges, si ce n'est que le dessin des cloisons dans d'Orbigny est grossi d'après un jeune individu; dans un de mes exemplaires adultes les ramifications des lobes principaux et les lobes auxiliaires sont plus étroits.

Gisement. Couches de Berrias et zone de la *Bel. latus.*

8. AMMONITES INTERMEDIUS, d'Orb.

Amm. intermedius, d'Orbigny, Céph. crét., p. 128, pl. 38, fig. 5 et 6.

Je n'ai qu'un exemplaire qui n'est pas bien conservé, et qui est d'une taille surpassant un peu celle de la figure ; on y voit bien les sillons arqués et le facies des côtes, et il ne peut être rapproché d'aucune autre espèce.

Gisement. Un peu plus haut que les couches à *Bel. latus.*

9. AMMONITES CLYPEIFORMIS, d'Orb.

Amm. clypeiformis, d'Orb., Céph. crét., p. 137, pl. 42, fig. 1 et 2.

Je n'ai qu'un exemplaire de 60 mm. de diamètre seulement, qui montre cependant le commencement de la dernière loge. Les cloisons de cette espèce n'ont été ni décrites, ni dessinées ; dans cet exemplaire on ne voit bien que le premier lobe latéral: il est très étalé et envoie une branche presque transversale du côté du pourtour.

Gisement. Néocomien bleu.

10. AMMONITES ASTIERIANUS, d'Orb.

Amm. Astierianus, d'Orbigny, Céph. crét., p. 115, pl. 28. — Pictet, Céph. Ste-Croix, p. 296, pl. 43. — Berrias, p. 85, pl. 17, fig. 3 et 4.

Pictet a particulièrement étudié les grandes variations de cette espèce. Mes exemplaires du Monsalvens et de la chaîne du Ganterist sont tous à côtes serrées ; il y en a qui approchent sous ce rapport de la figure 1 de d'Orbigny, mais point de celles de la Paléontologie de Ste-Croix. Cela confirme la remarque que M. Zittel fait à cet égard (Stramberg, p. 91). Du reste ils appartiennent à la variété discoïdale et à la renflée.

M. Zittel est disposé à rapporter à l'*Amm. Groteanus,* Oppel, du tithonique, un exemplaire du néocomien de Berrias que figure M. Pictet (Berrias, pl. 18, fig. 3. — Stramberg, p. 91). Je n'ai pas d'individus pour lesquels on soit tenté de faire le même rapprochement, même parmi ceux de la base du néocomien. Un exemplaire des couches que je parallélise avec celles de Berrias a l'ombilic plus étroit, les côtes fines d'*Astierianus* et un sillon de bouche provisoire moins profond que ceux de *Groteanus.* De petits exemplaires renflés de la zone à *Bel. latus* ont les cloisons que figure Pictet dans la Paléontologie de Ste-Croix ; elles diffèrent soit

de celles des exemplaires du Thibet (Oppel, Mitth., tab. 80, fig. 4), soit de celles
des échantillons de Koniakau (Stramberg, tab. 16, fig. 4).

La fig. 1, pl. 10, représente un exemplaire incomplet et tout à fait aplati, qui
renferme une des valves d'un Aptychus et l'empreinte de l'autre; la manière dont
les côtes du moule passent sur cet Aptychus montre qu'il était dans l'Ammonite
avant sa fossilisation; mais les deux valves ont été séparées et déplacées; l'empreinte recouvre en partie celle qui est conservée, et ne laisse pas voir la grandeur
de l'angle apicial.   Il ne me paraît pas douteux que cet Aptychus ne soit celui
auquel M. Winkler a donné le nom de *noricus* (Neocomformation des Urschlauerachenthales, p. 27, tab. 4, fig. 14), et qui est l'un de ceux que l'on rencontre le
plus fréquemment dans le néocomien du Monsalvens.   Je ne puis pas séparer cette
espèce de l'*Apt. Serranonis* tel qu'il est décrit et figuré par Pictet (Berrias, p. 123,
pl. 28, fig. 8—10).   Dans les exemplaires que leur petite taille fait rapporter à
noricus, on en trouve où les côtes externes s'éloignent les unes des autres plus que
dans la figure de M. Winkler, et c'est le cas dans l'empreinte que j'ai fait figurer;
dans les individus qui s'accordent entièrement avec les figures de Pictet on n'aurait
qu'à enlever le pourtour externe pour avoir un *Apt. noricus.*

Gisement.   Tout le néocomien.

11. AMMONITES NEOCOMIENSIS, d'Orb.

Amm. neocomiensis, d'Orbigny, Céph. crét., p. 202, pl. 59, fig. 8—10.

Cette espèce est représentée par deux exemplaires, dont l'un dépasse un peu la
taille indiquée par d'Orbigny.   Ils s'accordent très bien avec les figures pour la
forme et les dimensions des tours, le nombre des côtes et leur bifurcation irrégulière;
mais les petits tubercules à l'ombilic y sont tout à fait exceptionnels, ce qui les
éloigne encore plus des grands exemplaires figurés par Pictet, Céph. Ste-Croix,
p. 247, pl. 33, fig. 1—3.   Les côtes s'épaississent graduellement avant de s'interrompre au pourtour, mais ne forment pas de tubercules.

Gisement.   Couches à *Bel. latus.*

12. AMMONITES ANGULICOSTATUS, d'Orb.

Amm. angulicostatus, d'Orbigny, Céph. crét., p. 146, pl. 46, fig. 3 et 4. — Pictet et de Loriol, Voirons, p. 23, pl. 4, fig. 3. — Pictet, Mél. paléont., p. 11, pl. 1 bis.

Mes exemplaires sont aplatis et mal conservés, et ne me permettraient guère de citer cette espèce, si le musée de Bâle n'en possédait pas un meilleur, qui vient du confluent de la Jogne et du Javroz. Les tours internes ont des côtes rapprochées comme dans les exemplaires des Voirons; dans la figure de d'Orbigny elles sont plus éloignées.

Gisement. Néocomien bleu.

13. AMMONITES OCCITANUS, Pictet.

Amm. occitanus, Pictet, Berrias, p. 81, pl. 16, fig. 1. — Porte-de-France, p. 248, pl. 39, fig. 1.

J'ai deux exemplaires qui ne laissent aucun doute. Un fragment d'un tour de grande taille provenant des couches de Berrias est moins sûr: il montre des côtes qui ont tout à fait le facies de celles de l'espèce, mais le bord ombilical n'étant pas conservé on ne peut pas y constater la présence des tubercules. En revanche les cloisons sur les flancs sont visibles, et leur ensemble correspond à celles de la figure 1, pl. 16, citée ci-dessus. Toutefois l'identité n'est pas complète, ce qui tient peut-être à la différence d'usure des deux exemplaires: dans celui du Monsalvens les lobes ont un tronc un peu plus large, les selles sont plus finement découpées à leurs extrémités, et la siphonale est légèrement plus longue que la suivante.

Gisement. Couches de Berrias et néocomien bleu.

14. AMMONITES BOISSIERI, Pictet.

Amm. Boissieri, Pictet, Berrias, p. 79, pl. 15.

Je n'ai trouvé d'exemplaires sûrs de cette espèce que dans les couches à *Bel. latus.* Le meilleur a le pourtour de l'ombilic encroûté, mais on y voit pourtant deux tubercules. Au commencement du dernier tour les côtes passent sur la région siphonale en s'atténuant un peu ; plus loin elles sont complètement interrompues par une surface lisse, tandis qu'à la fin du tour c'est à peine si l'on y remarque un léger affaiblissement.

Un exemplaire du néocomien bleu a les tubercules ombilicaux et les côtes avec double bifurcation ; mais il est tout à fait écrasé et ne peut être rapporté à l'espèce qu'avec doute.

Gisement. Néocomien bleu ? Couches à *Bel. latus.*

15. AMMONITES RAREFURCATUS, Pictet.

Amm. rarefurcatus, Pictet, Berrias, p. 82, pl. 16, fig. 2. — Porte-de-France, p. 249.

Les individus que je rapporte à cette espèce sont des fragments pyriteux bien conservés et des exemplaires calcaires aplatis. Par leur réunion ils permettent de reconnaître un ensemble de caractères suffisant pour la détermination. L'absence complète de tubercules et la grandeur de l'ombilic empêchent de les rapprocher de l'*Amm. occitanus*, Pictet, tandis qu'ils ne présentent d'autres différences d'avec *rare- furcatus* que celle d'avoir un plus grand nombre de côtes bifurquées. L'un des exemplaires montre des cloisons qui s'accordent avec la description de Pictet.

Gisement. Couches à *Bel. latus.*

16. AMMONITES PRIVASENSIS, Pictet.

Amm. privasensis, Pictet, Berrias, p. 84, pl. 18, fig. 1 et 2. — Porte-de-France, p. 245.

Cette espèce n'est représentée que par deux exemplaires, dont l'un a les côtes plus éloignées de la figure 2, avec l'inflexion de celles qui sont avant l'extrémité du dernier tour de la figure 1 ; dans l'autre les côtes sont plus rapprochées, mais à peu près droites comme dans la figure 2.

Gisement. Couches à *Bel. latus.*

17. ANCYLOCERAS VILLIERSIANUM, (d'Orb.) Astier.

Ancyloceras Villiersianum, Ooster, Céphal., 5me partie, p. 51, pl. 43, fig. 2 et 3.
Crioceras Villiersianum, d'Orb., Céph., p. 462, pl. 114, fig. 1, 2.

Cette espèce est plus commune dans le néocomien du Niremont que dans celui du Monsalvens. Un exemplaire a les longues pointes figurées par M. Ooster, plutôt que celles de d'Orbigny qui sont plus courtes.

Gisement. Néocomien bleu.

§ 111.   **Aptychus.**

1. APTYCHUS GIGANTIS, Quenst.

Apt. gigantis, Quenstedt, Ceph., p. 310 et 311, tab. 22, fig. 7.
Apt. latus, Pictet, Porte-de-France, p. 283, pl. 43, fig. 1—4.

Une vingtaine de valves d'Aptychus du Monsalvens, dont quelques-unes forment la paire, sont parfaitement identiques à celles que M. Pictet a décrites de la Porte-de-France; une seule est aussi allongée que l'original de la figure 4. Elles ne sont pas moins semblables à des Aptychus des couches de Baden appartenant au musée de Bâle.

Je crois aussi ne pas me tromper en appliquant à ces fossiles le nom d'*Apt. gigantis*, que M. Quenstedt donne à une espèce qu'il rattache à l'*Amm. gigas*, et dont il a figuré le plus grand de ses exemplaires. Un de mes fragments indique une taille plus grande encore; il porte aussi sur la face externe, le long du bord extérieur, un bourrelet élevé que mentionne M. Quenstedt, et qui est représenté aussi dans la figure 1 de M. Pictet. Les exemplaires plus petits n'ont pas ce caractère, mais c'est au milieu de la valve qu'ils sont le moins épais.

On peut, je crois, séparer ces Aptychus de toutes les espèces de Solenhofen qui ont été publiées. Ils se distinguent de ceux de l'*Amm. latus* et de l'*Amm. hoplisus*, Oppel (Mitth., p. 256 et 259, tab. 72, fig. 1 et tab. 73, fig. 4), par une épaisseur et une largeur moins grandes et d'autres détails. Ils sont moins épais du côté du bord sutural et d'une forme moins triangulaire que l'Aptychus de l'*Amm. Pipini* (p. 257, pl. 72, fig. 3). C'est de l'Aptychus de l'*Amm. aporus* (p. 258, pl. 72, fig. 3) qu'ils se distinguent le moins facilement, d'autant plus qu'ils ont aussi du côté interne une dépression longitudinale, formant un canal large et peu profond qui suit le bord sutural; cependant dans l'espèce de Solenhofen l'angle apicial est plus petit, le bord antérieur moins échancré, le bord externe plus droit dans la moitié postérieure; enfin dans l'*Apt. gigantis* le passage du bord antérieur au bord externe se fait presque toujours par un angle plus aigu, dont le sommet est bien marqué.

Gisement. Calcaire schisteux et calcaire en grumeaux (zone de l'*Amm. tenuilobatus?*).

2. APTYCHUS OBLIQUUS, Quenst.

Apt. obliquus, Quenstedt, Ceph., p. 312, tab. 22, fig. 15 (fig. 14?).
Trigonellites obliquus, Ooster, Céph., part. 2, p. 25, pl. 6, fig. 11—13.

Une expansion très grande du côté antérieur caractérise cette espèce. Tantôt cette expansion se fait du côté opposé à la pointe postérieure et alors l'angle apicial est très grand, tantôt elle se dirige plus latéralement et l'angle apicial est plus petit. Les exemplaires figurés par M. Ooster présentent les plus grandes variations sous ce rapport; les miens se laissent plus facilement considérer comme appartenant à un même type, quoiqu'ils varient aussi. Les passages empêchent de distinguer des espèces différentes.

Gisement. Calcaire en grumeaux.

3. APTYCHUS RETICULATUS, n. sp.

(Pl. 9, fig. 4 et 5.)

Description. Valve de grande taille dont la largeur est environ la moitié de la longueur, très peu et presque uniformément bombée, atteignant sa plus grande épaisseur au tiers de la distance entre le bord sutural et le bord externe. Bord sutural assez large au milieu, un peu canaliculé et s'amincissant considérablement du côté postérieur. Bord antérieur formant avec le bord sutural un angle de 117°, avec une échancrure peu profonde et régulièrement arquée; le passage au bord externe a aussi lieu par un arc régulier. Bord externe légèrement arqué, se recourbant plus fortement pour rejoindre le bord sutural à angle droit. Côtes nombreuses, très peu saillantes quoique tranchantes, fortement recourbées vers le bord antérieur, presque droites dans la plus grande partie de leur parcours; en dessous du sommet elles s'infléchissent un peu pour suivre le bord sutural, plus en arrière elles disparaissent vers ce bord, ou y arrivent sous un angle plus ouvert. Au milieu de la valve et vers la moitié postérieure du bord sutural, les ouvertures des tubes dessinent un réseau régulier ou irrégulier toujours très visible, et à peine interrompu par les lignes que forment les côtes.

Rapports et différences. Cette espèce se distingue par ses côtes peu saillantes et son réseau de pores toujours très visibles, même dans les exemplaires les plus intacts; par ces caractères elle forme un passage entre le groupe des *Lamellosi* et celui des *Cellulosi.*

Gisement. Calcaire concrétionné (zone de l'*Amm. transversarius*).

4. APTYCHUS PUNCTATUS, Voltz et cf. punctatus.

Apt. punctatus, Zittel, Stramberg, p. 52, tab. 1, fig. 15.

Ce fossile est le plus fréquent dans le tithonique des Alpes fribourgeoises après l'*Apt. Beyrichi.* On l'y rencontre avec et sans la couche externe et en exemplaires identiques à ceux d'autres contrées.

Dans le calcaire en grumeaux on trouve un Aptychus qui est entièrement semblable au *punctatus* dépouillé de sa couche externe. Il y a de légères variations dans le nombre des lamelles, l'épaisseur de la valve, la grandeur de l'angle apicial; mais elles se retrouvent de même dans les exemplaires tithoniques. Cependant comme je n'ai pas encore rencontré dans cette subdivision d'individus qui aient des restes de la couche externe, je les désigne sous le nom de *cf. punctatus.*

Gisement. L'*Apt. punctatus* est dans le tithonique, le *cf. punctatus* dans le calcaire en grumeaux.

5. APTYCHUS MALBOSI, Pictet.
(Pl. 10, fig. 2.)

Apt. Malbosi, Pictet, Berrias, p. 124, pl. 28, fig. 11.

Je n'ai que trois fragments de cette espèce, dont deux présentent le bord antérieur, qui manque dans l'exemplaire de la planche de Pictet. J'en ai fait figurer un où ce bord est creusé par un canal. Dans un autre cette partie présente tout à fait les détails que l'on observe dans l'*Apt. punctatus*, la surface externe est tronquée perpendiculairement, mais la surface interne se prolonge pour former une arête tranchante.

Sauf le canal de l'exemplaire figuré, je ne trouve point de caractère pour distinguer l'*Apt. Malbosi* du *punctatus*. D'après la figure de Pictet les trous de la couche externe seraient plus grands dans son espèce ; mais ce caractère n'existe pas dans mes exemplaires. Si je ne les cite pas sous le nom d'*Apt. punctatus*, c'est que ce ne sont que des fragments, et qu'il est encore possible que des échantillons complets fassent reconnaître des différences.

Gisement. Couches de Berrias et zone à *Bel. latus*.

6. APTYCHUS CRASSICAUDA, Quenst.

Apt. crassicauda, Quenstedt, Ceph., p. 314, tab. 22, fig. 15.
Apt. lamellosus crassicauda, Quenstedt, Jura, p. 596 et 623, tab. 17, fig. 9.

Cette espèce se distingue par l'épaississement considérable de l'extrémité postérieure. Les figures de M. Quenstedt, de nombreux exemplaires des musées de Bâle et de Zurich et ceux que j'ai recueillis au Monsalvens n'ont pas la partie antérieure conservée, parce qu'elle est très mince et très fragile; aussi l'espèce est-elle encore incomplètement connue. Deux exemplaires du calcaire schisteux concordent bien avec ceux du Jura argovien. Dans la description géologique je n'en ai pas cité d'autres qui proviennent du calcaire grumeleux et qui sont moins sûrs.

Gisement. Calcaire schisteux.

7. APTYCHUS LATICOSTATUS, Gümbel.
(Pl. 9, fig. 8.)

Apt. laticostatus, Gümbel, Bayer. Alpeng., p. 514.

M. Gümbel donne de son espèce la description suivante :

„C'est de l'*Apt. lamellosus* que cette espèce se rapproche le plus; mais elle s'en distingue par la minceur des valves, par sa forme aplatie et peu bombée, plus courte, par des dimensions en général moins considérables et par le petit nombre des côtes (18 à 24); près du bord interne ces côtes ne s'infléchissent que très peu du côté de l'extrémité postérieure, mais le parcours en est d'ailleurs le même que dans l'*Apt. alpinus*[1]. Il n'y en a cependant que de 4 à 6 qui arrivent au bord externe; 14 à 18 finissent au bord interne; ces côtes sont couchées, ce qui les fait paraître larges. Les espaces intermédiaires sont ponctués vers la base des côtes, là où apparaît la couche tubuleuse. La couche épidermale paraît lisse quand elle est conservée. Le bord externe, qui est étroit, montre une ponctuation plus grossière, parce que les tubes y sont relativement plus grands."

J'ai trois exemplaires auxquels cette description me semble convenir; pour faciliter une comparaison éventuelle, j'en fais figurer un où l'on voit la face externe de l'une des valves à peu près complète, et un fragment de l'autre valve qui présente la face interne.

Gisement. Calcaire schisteux.

8. APTYCHUS SPARSILAMELLOSUS, Gümbel.
(Pl. 9, fig. 6 et 7.)

Apt. sparsilamellosus, Gümbel, Bayer. Alpeng., p. 515.

Voici la description que M. Gümbel donne de cette espèce :

„L'*Apt. sparsilamellosus* est l'une des formes les plus caractérisées des couches où il se trouve. Les valves sont minces et les ouvertures des tubes très grandes; ces dernières sont bien visibles à l'œil nu au bord externe, qui s'abaisse presque perpendiculairement. Les dimensions sont de 12 à 18 lignes de longueur sur

---

[1] *Apt. punctatus*, Voltz.

7¹/₂ à 11¹/₂ lignes de largeur. Le bord externe est presque droit et il ne se courbe
en arc que pour passer au bord antérieur et à l'extrémité postérieure. Cela donne
à la valve une forme allongée, triangulaire, à trois côtés inégaux. Les côtes, qui
sont étroites, laissent entre elles des espaces larges; aussi elles paraissent être peu
nombreuses. Elles sont passablement parallèles au bord externe, et ne s'infléchissent
que peu près du bord interne."

Les exemplaires auxquels je crois pouvoir appliquer la description ci-dessus sont
au nombre de huit; mais aucun n'a le sommet conservé, parce qu'il est très mince.
Plusieurs dépassent les dimensions indiquées par M. Gümbel. Le bord sutural
est tranchant, et l'épaisseur va en augmentant jusqu'au bord externe. Pour donner
les moyens de contrôler le rapprochement que je fais ici j'en fais figurer deux.

Gisement. Calcaire schisteux.

9. APTYCHUS BEYRICHI, Oppel.

(Pl. 8, fig. 9.)

Apt. Beyrichi, Zittel, Stramberg, p. 54, pl. 1, fig. 16—19.

Ce fossile est le seul qui soit un peu fréquent dans le tithonique du Monsalvens.
La plupart des exemplaires concordent bien avec la description et les figures de
M. Zittel, sauf qu'il y en a qui atteignent une assez grande épaisseur. Sur aucun
on ne voit la couche externe. Quelques-uns ont les lamelles plus rapprochées;
ils sont en même temps plus étroits et le bord postérieur n'est pas aussi tronqué;
on ne peut du reste les séparer qu'à titre de simple variété; j'en fais figurer un qui
est en même temps très épais.

Gisement. Tithonique.

10. APTYCHUS DIDAYI, Coq.

Apt. Didayi, Coquand, Bull. France, vol. 12, p. 389, pl. 9, fig. 10. — Pictet et de
Loriol, Voirons, p. 49, pl. 10, fig. 1 et 2.

Je ne cite pas les figures de Pictet (Berrias) et de M. Winkler, parce que mes
exemplaires en diffèrent tous par un détail: la grande majorité des côtes se

recourbent pour revenir vers le sommet déjà à une certaine distance du bord sutural, tandis que M. Winkler, par exemple, dit qu'il n'y en a que quatre ou cinq dans ce cas. Dans la figure de M. Coquand il y en a un très grand nombre, et l'identité de mes grands exemplaires avec le type original est parfaitement sûre.

Gisement. Néocomien bleu.

11. APTYCHUS ANGULOCOSTATUS, Peters.

Apt. angulocostatus, Peters, Jahrb. Reichsanst., 1854, Bd. 5, p. 441. — Winkler, Neocomf. des Urschlauerachenthales, p. 30, tab. 4, fig. 17.

Apt. angulicostatus, Pictet et de Loriol, Voirons, p. 46, pl. 10, fig. 3 à 12.

Les originaux de M. Peters que j'ai sous les yeux me montrent que c'est bien la même espèce que MM. Pictet et de Loriol ont décrite en lui donnant le même nom, sans avoir connaissance de la diagnose du Jahrbuch de l'institut géologique. Dans un précédent travail (Crét. du Léman, p. 26) j'avais cru d'après la figure de M. Winkler que l'espèce de Peters pouvait se distinguer par des côtes plus fortes formant un angle moins aigu. Au moyen d'un plus grand nombre d'exemplaires je vois aujourd'hui que les individus que je citais sous le nom d'*angulocostatus*, Peters, se rattachent plutôt à l'*Apt. Gümbeli*, Winkler, espèce qu'il est fort difficile de séparer de *Didayi*.

Gisement. Néocomien bleu.

12. APTYCHUS APLANATUS, Peters.
(Pl. 10, fig. 3 et 4.)

Apt. aplanatus, Peters, Jahrb. Reichsanst., 1854, Bd. 5, p. 443.

J'ai eu entre les mains 7 exemplaires qui appartiennent aux originaux de M. Peters et dont deux surpassent les dimensions qu'il indique; ils ne sont qu'imparfaitement dégagés de la roche ou incomplets; cependant on en voit assez les caractères pour s'assurer que ceux du Monsalvens appartiennent à la même espèce.

Ce qui me paraît distinguer surtout cet Aptychus, c'est la minceur des valves, qui est très grande partout; le bord externe seul est parfois un peu plus épais; le bord sutural est tranchant. Il n'y a pas de dépression sur les flancs; aussi la forte courbure qui les sépare de la région voisine de la suture ne forme-t-elle pas de carène. Les côtes ne se recourbent que peu pour arriver au bord sutural; elles sont nombreuses, peu saillantes, et la distance entre elles augmente par une progression régulière.

Gisement. Néocomien bleu.

13. APTYCHUS UNDATOCOSTATUS, Peters.

Apt. undatocostatus, Peters, Jahrb. Reichsanst., 1854, Bd. 5, p. 441.
Apt. Mortilleti, Pictet et de Loriol, Voirons, p. 50, pl. 11, fig. 9—12.
Trigonellites Studeri, Ooster, Céph., part. 2, p. 26, pl. 7, fig. 1—7.

J'ai sous les yeux un des exemplaires originaux de M. Peters, qui est tout à fait semblable à la figure 1 du *Trigonellites Studeri* de M. Ooster; on ne peut pas le séparer non plus des figures 11 et 12 de MM. Pictet et de Loriol; il en a la carène et les ondulations des côtes, la forme en est seulement un peu plus rectangulaire.

Il y a du reste dans l'espèce deux variétés à distinguer: dans celle que M. Peters a eue surtout en vue, la dépression sur les flancs et la carène sont bien accusées; les côtes sont très ondulées, et elles se serrent davantage les unes contre les autres pour traverser la carène. Dans celle qui aurait pour type les figures 9 *a b d* de MM. Pictet et de Loriol, la dépression sur les flancs n'existe presque pas, les côtes sont moins ondulées et n'offrent pas des alternatives de rapprochement et d'éloignement; ces caractères se présentent dans de grands exemplaires, et non seulement dans de petits comme les originaux des figures citées. Des échantillons qui offrent des caractères intermédiaires m'empêchent de séparer ces deux variétés.

M. Ooster mentionne et figure une couche celluleuse externe qui se trouve dans des exemplaires de la variété à côtes ondulées. Je ne vois quelque chose de semblable dans aucun de mes individus de cette variété; mais dans l'un de ceux à côtes plus droites, il y a une couche externe dont les ponctuations ne sont pas en réseau comme dans la figure de M. Ooster; près du sommet elles forment une seule ligne droite entre les côtes, comme dans l'*Apt. punctatus*; plus à l'extérieur elles en forment deux. Ainsi l'espèce, ou tout au moins une de ses variétés, appartient au groupe des *Punctati*. Il est probable que, quand on connaîtra mieux les caractères de la couche externe, il y aura lieu de distinguer deux espèces.

Gisement.   Couches à *Bel. latus* et néocomien bleu.

14. APTYCHUS SERRANONIS, Coq. et APTYCHUS NORICUS, Winkler.

Ces *Aptychus*, qui sont fréquents dans le néocomien du Monsalvens, sont cités dans la description géologique sous le nom d'Aptychus de l'*Amm. Astierianus* (voir p. 229).

§ 112.   **Acéphales.**

1. POSIDONOMYA ALPINA, A. Gras.

Posid. alpina, A. Gras, Foss. de l'Isère, p. 48, pl. 1, fig. 1.

Cette espèce n'a pas encore été caractérisée et définie rigoureusement. J'en ai plusieurs exemplaires de la chaîne du Ganterist et un seul de la Perreyre. Pour le facies des côtes et la taille ils concordent parfaitement avec la figure citée, de même qu'avec des échantillons qu'Oppel a envoyés sous ce nom à M. Greppin, et qui proviennent des couches à Posidonomyes du Tyrol méridional.

Gisement.   Couches de Klaus de la Perreyre.

2. INOCERAMUS OOSTERI, Favre.

Inoc. Oosteri, E. Favre, Moléson, p. 33 (201).

Inoc. Brunneri, Ooster, Prot. helv., vol. 1, p. 38 (pars), fig. 7—10. (La figure 12 représente une espèce néocomienne qui n'est pas encore nommée).

M. Ooster a réuni sous le nom d'*Inoc. Brunneri* des fossiles de gisements très différents. M. Merian envisage ceux du crétacé supérieur comme appartenant à l'*Inoc. Brongniarti*; M. E. Favre a donné le nom d'*Inoc. Oosteri* à ceux du calcaire concrétionné. On ne connaît complètement les caractères ni des uns ni des autres; mais il n'est pas douteux qu'il ne faille les séparer: l'*Inoc. Oosteri* n'atteint jamais une aussi grande taille que l'*Inoc. Brongniarti*; ce dernier présente une série de gros bourrelets arrondis et de sillons concentriques qui tiennent à peu près autant de place les uns que les autres; l'*Inoc. Oosteri* a une surface plus unie; de distance en distance il y a des stries d'accroissement un peu plus saillantes que les autres, mais toujours très fines; ce qui les rend accusées c'est que le bord externe en est perpendiculaire à la surface de la coquille, sans qu'une seconde strie suive immédiatement après.

Gisement.   Calcaire concrétionné (zone de l'*Amm. transversarius*). Cette espèce a été omise par erreur dans la liste de la page 90.

3. INOCERAMUS BRONGNIARTI, Sow.

Inoc. Brongniarti, Sow., Min. Conch., pl. 441, fig. 2 et 3. — Goldf., Petr. Germ., vol. 2, p. 115, tab. 111, fig. 3. — Merian, Basler Verh., Theil 5, p. 389.

Inoc. Brunneri, Ooster, Prot. hèlv., vol. 1, p. 2, pl. 1, fig. 1—5, pl. 2, fig. 1 (non p. 38, pl. 13).

Un grand Inocérame dont on trouve au moins des fragments dans le crétacé supérieur des quatre chaînes du canton de Fribourg, était d'autant plus difficile à déterminer que les espèces auxquelles on peut le comparer sont elles-mêmes assez mal connues. Une charnière mieux conservée a permis à M. Merian de le rapporter à l'*Inoc. Brongniarti*, Goldf.

L'auteur de l'espèce est Mantell (the Fossils of the South Downs, p. 215); mais je prends Sowerby comme point de départ, la figure de Mantell ne s'accordant guère avec sa description.

Gisement.   Crétacé supérieur.

4. LIMA TOMBECKIANA, d'Orb.

Lima Tombeckiana, d'Orb., Lamellibr., p. 534, pl. 415, fig. 13 à 17. — de Loriol, Néoc. Sal., p. 95, pl. 11, fig. 11.

Tous les exemplaires sont des valves séparées, mais bien conservées et avec les stries concentriques; elles n'ont ni la forme plus aplatie ni les côtes plus fines de la *Lima Dupiniana*, d'Orbigny, qui est très voisine.

Gisement. Un exemplaire dans le calcaire à *Ostreæ* (partie inférieure). Un à la base du néocomien bleu. Dix dans le calcaire oolithique.

5. JANIRA ATAVA, (Rœmer) d'Orb.

Jan. atava, d'Orb., Lamellibr., p. 627, pl. 442, fig. 1—3 et 5. — Pictet et Campiche, Ste-Croix, Acéph. pleuroc., p. 237, pl. 180.

J'ai trouvé quatre exemplaires de la valve inférieure sans oreillettes visibles, mais du reste parfaitement conservés; ils sont de taille moyenne comme une série du néocomien du Landeron que j'ai sous les yeux, et leur correspondent parfaitement, ainsi qu'à la figure 6 de Pictet et Campiche. On ne pourrait pas si bien les rapprocher de la *Janira valangiensis,* Pict. et Camp., dont ils n'ont pas les côtes aussi arrondies, et ils diffèrent entièrement des espèces que l'on trouve plus haut dans les terrains crétacés.

Gisement. Calcaire oolithique de Cerniat.

6. OSTREA TUBERCULIFERA, (Koch et Dunker) Coq.

Ostrea Boussingaulti, d'Orb., Lamellibr., p. 702 (pars), pl. 468, fig. 4—9 (non 1—3).
Ostrea tuberculifera, Pict. et Camp., Acéph. pleuroc., p. 280, pl. 186, fig. 1—12.

Dans le calcaire à *Ostreæ* on trouve beaucoup de valves séparées dont les inférieures portent les plis de l'*Ostrea minor* et de l'*Ostrea tuberculifera;* dans plusieurs on peut voir la surface ligamentaire interne qui est étroite, en sorte qu'il y a certitude sur la détermination de ces exemplaires. Je cite sous le même nom trois valves plissées du calcaire oolitique de Cerniat, desquelles on ne peut affirmer qu'elles n'appartiennent pas à l'*Ostrea minor,* Coq., parce qu'on n'y voit pas ce caractère différentiel. Les deux espèces ayant, suivant Pictet et Campiche, exactement le même gisement dans le Jura suisse, il n'y a pas d'inconvénient au point de vue géologique à risquer une erreur de ce genre.

Gisement. Calcaire à *Ostreæ.* Calcaire oolithique de Cerniat?

§ 113.   **Brachiopodes.**

1. RHYNCHONELLA TREMENSIS, Mayer.

(Pl. 10, fig. 7 et 8.)

Description. Coquille dont la longueur et la largeur sont à peu près égales, médiocrement renflée, ornée sur chaque valve, à l'âge adulte, de dix grosses côtes et de quelques autres très frustes sur les flancs. Grande valve pourvue d'un sinus large, mais peu profond ; petite valve formant un lobe médian peu accusé, avec 3 à 5 côtes séparées des autres. Crochet assez grêle, recourbé. Deltidium large à sa base ; foramen indistinct dans mes exemplaires.

Variations. Je n'ai que quatre échantillons de cette espèce ; un seul présente une petite différence par son sinus un peu plus profond et ses lobes latéraux un peu plus marqués. Il faudrait un plus grand nombre d'exemplaires pour pouvoir affirmer qu'il n'y a pas d'autre déviation du type.

Rapports et différences. Cette Rhynchonelle appartient à un groupe dont toutes les espèces présentent de grandes variations, et sont par conséquent difficiles à circonscrire. Elle se sépare facilement du type normal de *Rhynch. Stuifensis*, Oppel (*Ter. quadriplicata*, Quenst.); mais il y a dans cette espèce des individus rares à grosses côtes et à sinus palléal peu profond dont il est difficile de la distinguer (Quenst., Brach., p. 81, tab. 38, fig. 42 et 43); cependant dans la *Rhynch. tremensis* la région cardinale de la grande valve dépasse moins la petite valve, et le deltidium est plus large et moins haut.

La *Rhynch. variabilis*, (Schl.) d'Orb., du lias, dont le musée de Bâle possède une grande série a généralement moins de côtes au lobe médian, le crochet y est rarement recourbé et le deltidium plus étroit.

Remarque. Il y a déjà fort longtemps que M. Mayer a donné le nom de *Rhynch. tremensis* aux exemplaires de ma collection ; je crois que l'espèce est encore inédite.

Gisement. Couches de Klaus de la Perreyre.

2. RHYNCHONELLA SUBTRIGONA, nov. sp.

(Pl. 10, fig. 9 et 10.)

Description. Coquille triangulaire, à angles arrondis, ordinairement plus longue que large, et dont l'épaisseur dépasse la moitié de la longueur; bord palléal le plus souvent droit, ne formant pas de limbe. Grande valve un peu moins renflée que l'autre, à crochet recourbé. Commissure des valves droite. Chaque valve porte 12 à 13 côtes, dont 6 ou 7 aboutissent au bord palléal.

Variations. Je n'ai de cette espèce que quatre exemplaires qui sont à peu près de la même taille. Trois sont tout à fait semblables entre eux, ce qui fait qu'on peut les envisager comme la forme typique de l'espèce; elle est représentée par la figure 9. L'original de cette figure a un côté un peu plus développé que l'autre; dans un autre exemplaire c'est le côté opposé qui présente cette particularité. La forme de la figure 10 diffère un peu des autres par son bord palléal, qui n'a pas de partie droite, et ses côtés presque concaves au lieu d'être convexes.

Rapports et différences. Par sa forme générale la *Rhynch. subtrigona* se rapproche de la *Rhynch. trigona*, Quenst. (Handb., p. 458, tab. 36, fig. 34. Brach., p. 145, tab. 40, fig. 70—74. — Deslongchamps, Brach. du Kelloway-Rock, p. 45, pl. 5, fig. 9, 10); mais elle en diffère en ce que les plis y sont moins nombreux et commencent plus près des crochets, et que le bord palléal n'est pas régulièrement arqué. Elle est un peu plus difficile à séparer de l'exemplaire de la Voulte que M. Deslongchamps figure aussi sous le nom de *trigona* (Brach. de la Voulte, p. 202, pl. 2, fig. 8), et qui a encore moins de plis que notre espèce; cependant le bord palléal présente les mêmes différences.

Gisement. Couches de Klaus de la Perreyre.

3. RHYNCHONELLA MONSALVENSIS, nov. sp.

(Pl. 10, fig. 11 et 12.)

Rhynch. acutiloba, Ooster, Brach., p. 49 (pars), pl. 16, fig. 4 et 5. (Non E. Desl.)

Description. Coquille suborbiculaire, à contours arrondis, légèrement plus large que longue, dont l'épaisseur surpasse un peu la moitié de la largeur, pourvue sur les flancs de deux ou trois plis très peu saillants et courts, un peu plus prolongés sur la grande valve que sur la petite. Stries d'accroissement marquées vers le bord palléal. Grande valve pourvue au bord palléal d'un sinus arrondi, qui se prolonge par une dépression jusque près du crochet; quelquefois ce sinus est sans plis, d'autre fois il forme un pli sur la grande valve et deux sur la petite. Petite valve uniformément arrondie, un peu plane dans le centre, sans saillie correspondant au sinus. Crochet recourbé et peu saillant; foramen petit, entamant également le crochet et le deltidium. Commissure droite à partir du crochet, puis sinueuse.

Variations. Cette espèce ne présente presque pas de variations si ce n'est dans les plis du sinus; le plus souvent il n'y en a point, et, quand ils existent, ils sont plus ou moins aigus et ordinairement au nombre de deux à la petite valve; un exemplaire du musée de Bâle en a trois.

Rapports et différences. Par ses plis peu marqués cette espèce se sépare assez facilement de toutes celles qui ont à peu près le même niveau géologique, par exemple de *Rhynch. sparsicosta*, Oppel. Elle est plus rapprochée de la *Rhynch. Bouchardii*, Daw.[1], du lias supérieur. Elle s'en distingue par le développement moindre de la région cardinale de la grande valve, par des plis moins nombreux et moins marqués, par sa taille plus grande, et surtout par son sinus plus profond et plus large.

Gisement. Calcaire à ciment.

4. RHYNCHONELLA FASTIGATA, nov. sp.

(Pl. 10, fig. 13 et 14.)

Description. Coquille subglobuleuse, trilobée, pourvue sur les flancs de deux plis peu saillants, qui ne s'étendent que jusqu'à mi-distance du crochet; stries d'accroissement assez marquées. Grande valve peu bombée, courbée à angle droit, et formant du côté palléal un large sinus, qui se prolonge par un sillon évasé jusque près du crochet. Petite valve bombée près du crochet, formant vers le bord palléal une arête peu aiguë, séparée de deux lobes latéraux par une dépression large et peu marquée. Crochet de la grande valve dépassant peu celui de la petite

---

[1] British ool. and liasic Brach., p. 82, pl. 15, fig. 3—5.

valve, et s'y appliquant dans les exemplaires âgés. Foramen et deltidium mal conservés dans mes exemplaires ; ils paraissent l'un et l'autre petits. Commissure latérale sinueuse.

Variations. Cette espèce dont j'ai dix exemplaires ne paraît pas présenter de grandes variations ; je n'en connais toutefois pas le jeune âge, et le bord palléal est presque toujours déformé. Deux exemplaires âgés ont le crochet de la grande valve appliqué contre celui de la petite (fig. 14), en sorte qu'il semble que l'animal ait dû finir par ne plus être fixé.

Rapports et différences. Par son grand sinus et le petit nombre de ses côtes, cette Rhynchonelle se rattache au groupe de la *Rhynch. acuta*, Sow. Elle diffère de la *Rhynch. acutiloba*, Desl. par une taille plus grande, l'absence constante de plis au bas du sinus, des côtes moins nombreuses, moins fortes et moins longues, et le crochet de la grande valve qui est moins saillant. Elle paraît aussi différer d'une Rhynchonelle du jura blanc d'Allemagne, que M. Quenstedt figure dans différents ouvrages sous le nom de *Terebratula lacunosa acuta*[1]; dans cette espèce les deux valves sont plus également renflées et les plis plus nombreux.

Parmi les échantillons que M. Ooster (Brach., p. 49, pl. 16, fig. 3—8) rapporte avec doute à la *Rhynch. acutiloba*, Desl., il en est au moins un (fig. 3) qui me paraît appartenir à la *Rhynch. fastigata*.

Gisement. Calcaire concrétionné (zone de l'*Amm. transversarius*).

5. RHYNCHONELLA CONTRACTA, (d'Hombre-Firmas) d'Orb.

Terebratula contracta, d'Hombre-Firmas, Mém. soc. linn. de Normandie, vol. 7, p. 96, pl. 10, fig. 53—63.

Rhynch. contracta, d'Orb., Brach., p. 24, pl. 494, fig. 6—12. — Pictet, Berrias, p. 110, pl. 26, fig. 5 à 9.

Trois exemplaires sont assez bien conservés pour ne pas laisser de doute sur la détermination. Deux d'entre eux ont la forme typique de la figure 5 de Pictet,

---

[1] Handb., p. 445, tab. 36, fig. 25. — Jura, p. 634, tab. 78, fig. 22, 23. — Brach. p. 126, tab. 39 fig. 89.

mais ils ont une côte de moins au milieu; l'autre a une sinuosité palléale plus faible que dans la fig. 9.

Gisement.   Couches de Berrias et couches à *Bel. latus.*

6. TEREBRATULA CURVICONCHA, Oppel.

Ter. curviconcha, Oppel, Posidonomyen-Gesteine, p. 206, tab. 5, fig. 6.

Je n'ai qu'un exemplaire de la taille de celui qu'Oppel a figuré et qui a bien les caractères distinctifs que cet auteur mentionne ; il est seulement un peu moins large, mais toujours plus qu'une série de *Ter. nucleata* du musée de Bâle que j'ai sous les yeux.

Gisement.   Couches de Klaus de la Perreyre.

7. TEREBRATULA (Waldheimia ?) circulata, nov. sp.
(Pl. 10, fig. 5 et 6.)

Description. Coquille suborbiculaire, légèrement plus longue que large, tronquée au bord palléal, déprimée. Valves renflées à peu près également partout, la grande l'étant un peu plus que l'autre. Crochet de la grande valve médiocrement recourbé, pourvu d'une carène assez accusée, mais qui ne se prolonge pas très loin. Foramen assez grand, entamant le deltidium sur un tiers de son pourtour. Deltidium bien visible, assez étroit à sa base. Commissure des valves droite dans un grand exemplaire, infléchie vers la petite valve dans un petit.

Variations. Je n'ai de cette espèce que les deux exemplaires figurés; ils sont parfaitement semblables sauf en ce qui concerne la commissure des valves.

Rapports et différences. Je ne connais d'espèces rapprochées de celle-ci que dans le lias. La *Ter. circulata* se distingue facilement de la *Ter. numismalis,* Lam., mais il est plus difficile de la séparer de la *Terebr. subnumismalis,* Daw. dans Deslongchamps, Pal. fr., Terr. jurass., Brach., p. 124, pl. 27, 28 et 29, cependant dans cette dernière le foramen est plus petit, la région cardinale de la grande valve dépasse davantage la petite valve, et la carène en est plus longue et plus accusée.

Il y a dans les couches de Klaus de l'Autriche une Térébratule qui est rapprochée de la nôtre, si toutefois ce n'est pas la même. M. F. von Hauer la cite sous le nom de *Terebr. Simonyi*, Suess (Jahrb. Reichsanst., Bd. 3, p. 185, n° 1. Bd. 4, p. 765), et il ajoute qu'elle est voisine de la *Ter. numismalis*. Mais le même nom est appliqué à des individus des couches de Hierlatz, et cela en partie d'après les déterminations de M. Suess lui-même (Jahrb. Reichsanst., Bd. 3, p. 92, n° 4 ; Bd. 4, p. 553).

Gisement. Couches de Klaus de la Perreyre.

8. TEREBRATULA JANITOR, Pictet.

Terebr. janitor, Pictet, Groupe de la Terebr. diphya, p. 161, pl. 29, fig. 4 à 6 et pl. 30.

Dans les couches jurassiques du Monsalvens je n'ai trouvé que deux Térébratules percées, encore l'une d'elles est-elle indéterminable. L'autre peut être rapportée avec assez de certitude à la *Terebr. janitor*, Pictet. C'est un individu à lobe disjoint dont la conservation laisse, il est vrai, à désirer : la disjonction commence trop loin du crochet pour que ce soit la *Ter. diphya*; le même caractère l'éloigne de la *Ter. sima*, et le sillon apicial de la petite valve n'a pas de trace des côtes de la *Ter. diphyoïdes*.

Gisement. L'exemplaire en question a été trouvé dans des débris dans la gorge des Moulins. C'est avec le calcaire en grumeaux que la roche a le plus de rapport, mais on ne peut pas affirmer qu'elle ne puisse provenir du tithonique.

J'ai cité (p. 105) sous le nom de *Ter. cf. janitor* trois exemplaires des couches de Berrias, qui sont bien conservés et qui se rattachent mieux à cette espèce qu'à une autre du même groupe, mais qui pourraient bien former un type nouveau. Ils sont petits, à lobes disjoints et s'écartant beaucoup l'un de l'autre (encore plus que dans l'échantillon de la *Ter. diphyoïdes* figuré par Pictet, Berrias, pl. 24, fig. 16). La dépression de la petite valve n'a pas les sillons de la *diphyoïdes*; le bourrelet de la grande valve n'est que faiblement marqué, mais il existe, et n'a pas non plus le caractère de celui de l'espèce néocomienne.

9. TEREBRATULA DIPHYOIDES, d'Orb.?

Terebr. diphyoides, d'Orb., Brach., p. 89, pl. 509. — Pictet, Berrias, p. 99, pl. 23 et 24. — Groupe de la Ter. diphya, p. 158, pl. 29, fig. 1—3.

Je n'ai trouvé au Monsalvens que deux exemplaires de cette espèce; ils viennent du néocomien bleu et ils sont trop mal conservés pour montrer les caractères qui la distinguent de la *Ter. janitor*.

Gisement. Néocomien bleu.

10. TEREBRATULA SUBTRIANGULATA, Gümbel.

Ter. subtriangulata, Gümbel, bayer. Alpengeb., p. 563.
Ter. euganeensis, Pictet, Groupe de la Ter. diphya, p. 182, pl. 34, fig. 5 à 12.

Je n'ai que les petites valves de deux exemplaires. L'une vient de la chaîne du Ganterist et a été déterminée par Pictet, elle reproduit presque identiquement la figure 10 de sa monographie; l'autre qui est du Monsalvens est un peu plus petite et non moins bien caractérisée. Toutes deux montrent que des deux côtés du crochet la grande valve empiétait sur la petite, et que la commissure était ainsi sinueuse dans cette partie : ce caractère est indiqué dans la fig. 5 de la planche citée.

C'est sur l'autorité de Pictet lui-même que j'adopte le nom de M. Gümbel.

Gisement. L'exemplaire du Monsalvens a été trouvé dans un bloc avec l'*Amm. Boissieri;* il vient très probablement de la couche à *Bel. latus.*

11. TEREBRATULA ACUTA, Quenst.

Ter. acuta, de Loriol, Néoc. du Salève, p. 115, pl. 15, fig. 1 à 10.
Ter. prælonga, d'Orb., Brach., p. 75, pl. 506, fig. 1—7.

Dans le calcaire oolithique j'ai recueilli quelques exemplaires complets et un grand nombre de valves isolées de cette espèce; on y reconnaît parfaitement les caractères distinctifs qui sont indiqués par M. de Loriol, et que je puis vérifier sur une nombreuse série du néocomien du Landeron; seulement les variations de formes y sont un peu moins nombreuses. Les ponctuations sont particulièrement bien visibles. Il n'est pas possible de rapporter ces exemplaires aux Térébratules à deux plis qui se trouvent dans l'urgonien et les étages supérieurs de la craie dans le Jura suisse.

Le nom de *Terebratula acuta*, Quenst. présente un certain inconvénient. M. Quenstedt a proprement appelé cette espèce *biplicata acuta* (Handb., p. 473. — Brach., p. 384); et il y a en outre une *Terebr. acuta*, Sow. (pl. 150, fig. 1 et 2), qui, il est vrai, est une Rhynchonelle, mais que M. Quenstedt continue à désigner sous ce nom (Brach., p. 64).

Gisement. Calcaire oolithique de Cerniat.

12. TEREBRATULA SELLA, Sow.

Ter. sella, d'Orb., Brach., p. 91, pl. 510, fig. 6—12. — de. Loriol, Néoc. du Salève p. 119, pl. 15, fig. 17.

Quoique je n'aie trouvé que cinq valves isolées de cette espèce, elles sont si bien caractérisées par leurs plis que je crois pouvoir la citer. Elles se rapportent aux formes du continent bien plus qu'à celles d'Angleterre qui sont plus variées.

Gisement. Calcaire oolithique de Cerniat.

13. TEREBRATULA TAMARINDUS, Sow.

Ter. tamarindus, d'Orb., Brach., p. 72, pl. 505, fig. 1—10. — Daw., British Cretaceous, Brachiopoda, p. 74, pl. 9, fig. 26—31. — Pictet, Berrias, p. 105, pl. 26, fig. 1 et 2. — de Loriol, Urgonien inf. du Landeron dans Nouv. mém. de la soc. helv., vol. 23, p. 34, pl. 2, fig. 14 à 17.

Cette espèce se présente au Monsalvens dans des couches différentes avec des variations de forme qui rentrent toutes dans celles des auteurs cités. La région cardinale est toujours la même. Trois exemplaires viennent des couches de Berrias: le plus grand dépasse la taille ordinaire de l'espèce, car il atteint 23 mm. de longueur; il correspond tout à fait aux figures 1 à 3 de d'Orbigny; il est seulement un peu plus allongé, cependant un peu moins que l'original de la fig. 2 de M. Pictet. Un second exemplaire plus petit, se rapporte à la fig. 27 de M. Dawidson; cependant la forme pentagonale y est plus accusée. J'ai trouvé dans le calcaire à *Ostreæ* un petit individu qui reproduit la fig. 9 de M. de Loriol, mais il n'est pas suffisant pour que j'aie pu citer l'espèce dans cette couche. Dans le calcaire oolithique on ne trouve que les formes de M. Dawidson: celle de la fig. 28 est la plus fréquente; mais j'ai peu d'exemplaires dont les valves ne soient pas séparées.

Gisement. Couches de Berrias et calcaire oolithique.

14. TEREBRATULA STROMBECKI, Schlœnb.

Ter. Strombecki, Schlœnbach, Brach. der norddeutschen Cenoman-Bildungen, in Benecke, geogn.-paläont. Beiträge, Bd. 1, p. 494.

Ter. hippopus, d'Orb., Brach., p. 85, pl. 508, fig. 15—18 (12—14?). — Pictet, Berrias, p. 108, pl. 26, fig. 3.

Au Monsalvens j'ai recueilli quelques échantillons qui ont la dépression de la petite valve aussi accusée que l'individu des fig. 15—17 de d'Orbigny, mais qui sont plus allongés. J'en trouve de tout semblables dans des exemplaires du néocomien des Basses-Alpes au musée de Bâle. Plusieurs paléontologistes allemands et M. de Loriol sont d'accord pour séparer la *Ter. hippopus*, d'Orb., de l'espèce de Rœmer (Verst. des Kreidegebirges, p. 114, tab. 16, fig. 28. — Credner, Zeitschr. der deutschen geol. Ges., 1864, p. 565, tab. 21, fig. 17—19). De petits exemplaires du Fontanil conservés au musée de Bâle, de la même taille que ceux de Rœmer, sont en effet différents; ils sont plus larges et le crochet de la grande valve est beaucoup moins développé.

Gisement. Couches à *Bel. latus.*

§ 114.   **Echinides.**

1. COLLYRITES GILLIERONI, Desor.

Coll. Gillieroni, Desor in man. — Cotteau, Paléont. française, Terr. jurass., Echinodermes, p. 45 et 105. — Desor et de Loriol, Echinol. helvétique, p. 352, pl. 57, fig. 1—3.

Cette espèce n'est encore connue que de la Perreyre près de la Tour de Trême.

Gisement. Couches de Klaus de la Perreyre. Une détermination inexacte d'une Ammonite, qui n'était du reste pas mon fait, a amené une erreur dans l'indication du gisement que j'ai donnée à M. Cotteau. C'est par oubli que cette méprise n'a pas été corrigée dans l'Echinologie helvétique.

2. COLLYRITES FRIBURGENSIS, Ooster.

Coll. friburgensis, Ooster, Echinod., p. 55, pl. 8, fig. 7—10. — Cotteau, Paléont. franç., Terr. jurass., Echinodermes, p. 86, pl. 19. — Desor et de Loriol, Echinologie helvétique, p. 375, pl. 60, fig. 1—3.

Mes exemplaires ont été déterminés par MM. Cotteau et de Loriol. M. Cotteau dans Zittel, Aelt. Tithonb., p. 152, pl. 15, fig. 5 et 6, donne le même nom à un *Collyrites* du tithonique inférieur, mais il fait remarquer qu'il y à des différences.

Gisement. Calcaire concrétionné (zone de l'*Amm. transversarius*).

Les originaux de M. Ooster viennent très probablement de cette couche, car je n'ai pas rencontré trace de l'espèce plus haut.

3. COLLYRITES VOLTZI, (Ag.) Desor.

Dysaster Voltzi, Desor, Monographie des Dysaster, p. 25, pl. 1, fig. 18—21.

Collyr. Voltzi, Desor, Synopsis, p. 207. — Cotteau, Paléont. franç., Terr. jurass., Echinodermes, p. 89, pl. 20. — Desor et de Loriol, Echinol. helvétique, p. 376, pl. 59, fig. 12.

Cette espèce n'est encore connue que par des exemplaires mal conservés; les miens ne le sont pas mieux; ils ont été déterminés par M. de Loriol.

Gisement. Calcaire concrétionné (zone de l'*Amm. transversarius*).

4. DYSASTER SUBELONGATA, (d'Orb.) Desor.

Collyr. subelongata, d'Orb., Paléont. franç., Terr. crét., vol. 6, p. 52, pl. 801, fig. 1—6.
Dysaster subelongata, Desor, Syn., p. 202.

Je n'ai trouvé que deux exemplaires qui ont été déterminés par M. de Loriol.

Gisement. Couches de Berrias.

5. CIDARIS PRETIOSA, Desor.

Cid. pretiosa, Desor, Syn., p. 10, pl. 5, fig. 3. — Cotteau, Paléont. franç., Echinides crét., p. 185, pl. 1041. — de Loriol, Monographie de l'étage valangien d'Arzier (Matériaux pour la Paléont. suisse, série 4) p. 79, pl. 7, fig. 18.

Un radiole entier de taille moyenne, mais avec le bouton usé, et deux autres fragments montrent bien les caractères de cette espèce.

Gisement. Calcaire à *Ostreæ.*

CHAPITRE VI.
GÉOLOGIE PRATIQUE.

§ 115. La description des formations du Monsalvens a pu déjà faire pressentir que le chapitre de la géologie pratique serait fort court. La nature de ce Mémoire m'engage d'ailleurs à me borner à quelques remarques générales.

Substances minérales utiles.

Au Monsalvens, et en général dans le canton de Fribourg, on n'exploite aucun *métal.* Il n'est pas tout à fait inutile d'ajouter qu'il n'y a aucune chance qu'on y trouve jamais des minerais exploitables ; car on rencontre assez souvent, dans le pays, des gens qui sont disposés à croire que ces montagnes renferment dans leur sein, ou dans la profondeur, des richesses métalliques encore inconnues, et qu'il serait bon de faire des recherches pour les découvrir.

Les différentes divisions du terrain jurassique supérieur du Monsalvens fournissent des *pierres de taille* assez belles; mais on ne les exploite que pour les besoins de la contrée. Les bancs qui sont propres à cet usage sont mêlés d'autres qui ne fournissent que de mauvais matériaux, en sorte que les frais d'extraction ne peuvent guère permettre de faire concurrence aux carrières d'autres contrées plus favorisées. Le néocomien ne peut fournir que des *moellons* pour la maçonnerie. A Champotey, on a ouvert des carrières d'une molasse bleue qui donne une bonne pierre de taille;

mais elle est plus dure que la molasse ordinaire, et le travail en est par conséquent plus difficile; en revanche elle paraît plus propre à supporter l'action de l'humidité.

Il y a aussi dans la même localité des bancs qui se divisent en dalles de 1 décimètre d'épaisseur et au-dessus; on les exploite surtout pour en faire des *meules à aiguiser,* qui sont l'objet d'un certain commerce; il paraît qu'il y a longtemps qu'on en fait usage, car toute l'arête de la colline présente des carrières très anciennes que l'on a successivement épuisées.

Les grès et calcaires gréseux du flysch pourraient fournir des pierres de taille de grandes dimensions; mais ils sont d'un travail trop difficile pour qu'il y ait avantage à en faire usage ailleurs que dans la contrée.

Les pierres et blocs erratiques sont employés pour les constructions; mais il y en a peu dans la région de la carte dont l'exploitation puisse faire l'objet d'une industrie, comme les granits du pied du Jura. On ne s'attaque guère aux poudingues de Valorsine que pour en débarrasser les champs; encore leur dureté leur donne-t-elle le privilége d'y rester plus longtemps que les autres roches plus tendres. Çà et là on s'est servi d'un bloc de calcaire noir veiné de blanc pour faire un bénitier ou un monument funéraire.

Le *tuf* n'est pas exploité dans le territoire de la carte, mais il y a plusieurs localités où il pourrait l'être (p. 158); cependant nulle part il n'est en aussi grandes masses qu'à la carrière de Corpataux, plus au nord, sur la Sarine.

Les couches décrites sous le nom de calcaire à ciment sont exploitées à Châtel St.-Denis pour la fabrication d'une *chaux hydraulique.* Celles du Monsalvens sont absolument du même aspect, et il est probable qu'on pourrait en tirer le même parti. Ce serait près des Moulins de Broc qu'on les exploiterait avec le plus d'avantages. L'industriel qui voudrait s'en occuper ferait bien d'analyser aussi les assises inférieures du néocomien, qui sont souvent composées du même calcaire argileux homogène. C'est le calcaire compact du jura supérieur qui fournit la chaux ordinaire pour les besoins de la contrée; mais on ne la fabrique pas d'une manière suivie.

La fréquence de la teinte *qd* sur la carte indique qu'il y a partout des *graviers* pour les routes et du *sable* pour la maçonnerie. Ce dernier n'est jamais en amas bien grands.

Les *argiles* ne sont guère employées qu'à la Tour-de-Trême pour la fabrication des briques et des tuiles; celles dont on se sert proviennent de la décomposition des schistes à nodules. Il y a dans la région de la carte beaucoup d'autres localités où l'on pourrait établir des industries de ce genre: les marais dans les terrains glaciaires ont presque toujours été d'anciens lacs, où il s'est déposé des argiles plastiques provenant du lavage des boues glaciaires; on peut les exploiter sur les bords du marais et sous la tourbe. Des argiles de même nature se trouvent dans les dépôts glaciaires stratifiés sur les bords de la Sionge et du Gérignoz.

En fait de combustible minéral je n'ai à mentionner que la *tourbe*. Elle ne pourrait guère être l'objet d'une exploitation un peu considérable qu'à l'est d'Echarlens. Çà et là les marnes de la molasse montrent un mince feuillet de charbon de 2 ou 3 millimètres d'épaisseur. Ces indices ont parfois engagé à faire des fouilles qui n'avaient aucune chance de succès. Aussi il ne sera peut-être pas inutile de dire ici que, quand il remarque quelque chose de semblable, le propriétaire du sol peut s'accorder la satisfaction de donner quelques coups de pioche à temps perdu, pour voir s'il y a quelque chose ou pas, mais qu'il doit se garder de croire que la couche devienne nécessairement plus épaisse dans le sein de la terre, et que s'il ne la trouve pas avec des dimensions qui puissent permettre de l'exploiter, c'est qu'il n'a pas encore creusé assez profondément. J'ai parfois entendu exprimer cette opinion à propos de fouilles qu'on avait entreprises.

Sources.

§ 116. Les calcaires compactes du jura supérieur seraient assez propres à laisser filtrer les eaux de manière à ce qu'elles formassent des sources *vauclusiennes* sur le calcaire à ciment; mais ils n'occupent pas d'assez grands espaces pour pouvoir produire des effets de ce genre. Les assises néocomiennes du versant oriental du Monsalvens, qui couvrent de plus grandes surfaces, ne peuvent pas jouer le même rôle à cause de leurs bancs plus ou moins argileux; en outre les pentes sont trop rapides pour que les eaux qu'elles reçoivent ne ressortent pas bientôt en petites sources disséminées çà et là, et par conséquent très dépendantes des alternatives de sécheresse et d'humidité.

Les meilleurs collecteurs pour les sources, ce sont les régions de débris de la pente occidentale du Monsalvens. Les ruisseaux qui descendent pendant les pluies et la fonte des neiges des escarpements de ce versant, ne manquent jamais de s'infiltrer peu à peu lorsqu'ils arrivent dans ces débris. Ce sont très probablement les terrains plus ou moins argileux du crétacé supérieur, du flysch et du glaciaire informe qui arrêtent leurs eaux ; réunies alors à celles qui sont tombées directement sur ces débris, elles ressortent plus bas en sources abondantes et fraîches, qui alimentent de nombreuses fontaines ou forment de petits ruisseaux.

Les villages de la plaine sont moins favorisés que le pied de la montagne ; les sources y sont moins abondantes et plus variables. Quand dans cette région les ruisseaux ont creusé des ravins profonds dans le quaternaire, les graviers ou les dépôts informes très pierreux servent de filtres pour les eaux, qui ressortent à la surface de dépôts inférieurs moins perméables. Les sources de ce genre sont particulièrement tuffeuses ; on en voit surtout sur les versants du plateau de Broc, sur les deux rives de la Sarine et près de Charmey.

Agriculture et économie forestière.

§ 117. Ce sont les dépôts glaciaires qui forment le sol arable de la plus grande partie de la plaine ; en y apportant une grande variété de matières minérales, ils ont en général contribué à la rendre fertile. Mais la compacité de ce sous-sol varie beaucoup. Il est quelquefois trop argileux et donne des terres trop fortes, d'un travail pénible sur les pentes, disposées à devenir marécageuses dans les endroits plats, surtout lorsque le gravier de régions supérieures y laisse écouler ses eaux. On observe souvent le contraire là où les matériaux stratifiés dominent: le terrain est sec et pauvre, à moins que les siècles n'aient accumulé une forte couche de terre végétale constamment entretenue par les engrais, comme c'est le cas sur le plateau de Broc.

Par sa nature calcaréo-argileuse et sa décomposition assez facile, le néocomien est propre à donner des terres productives. On peut le remarquer tout de suite sur les pentes douces ; mais la fertilité y est encore plus grande lorsque le glaciaire est venu s'y ajouter. En revanche, sur les pentes rapides, dans la région des pâturages au-dessus des villages de Châtel, de Crésuz et de Cerniat, le sol néocomien tend à devenir toujours plus pauvre. Il ne reçoit que peu d'engrais, et la décomposition naturelle de la roche ne tenant pas suffisamment tête au délavage par les eaux, la terre végétale n'y peut pas conserver une épaisseur suffisante. Il serait dans l'intérêt public que toutes les parties très inclinées des pâturages, où le pied des bestiaux met facilement à jour la tranche des couches calcaires, fussent convertis en forêts.

Le sol le moins approprié à toute espèce de production est certainement celui qui est fourni par le flysch; il est à peu près imperméable, et l'eau y séjourne constamment; aussi dans son état naturel ne produit-il que la végétation des terrains acides. A distance on se trompe facilement sur la nature de ce terrain; le tapis vert de la végétation recouvre entièrement la montagne, et on se figure volontiers que c'est là que se fabriquent les bons fromages de Gruyères. Ce n'est point du tout le cas. Il est très rare que l'on estive des vaches laitières sur les pâturages du flysch, on n'y fait paître que le menu bétail et les génisses; c'est pour cela que malgré leur proximité de la plaine, ils n'atteignent pas la valeur vénale de ceux des chaînes plus calcaires. Les sapins n'y prospèrent pas non plus dès que la pente est un peu douce; ils croissent lentement, finissent par se couvrir de lichens et la cîme meurt. Des travaux de draînage convenablement exécutés donneraient sans doute une plus grande valeur à ces sols peu productifs.

Les zones où affleure le jura supérieur devraient être entièrement réservées aux forêts, car les pâturages qui s'y trouvent sont d'une maigreur extrême, et presque improductifs dans les étés secs. Il est vrai que la plus grande partie de ces terrains est occupée jusqu'à un certain point par la végétation forestière. Dans les parcelles où le peuplement est dans un état normal, la terre végétale se conserve bien et tend même à augmenter; mais dans beaucoup d'endroits on exploite les arbres qui atteignent une certaine taille, par un jardinage pratiqué au hasard; le couvert de la forêt présentant alors de grandes lacunes, le sol en souffre beaucoup. Sur les pentes peu rapides on peut pratiquer des coupes rases sans grands inconvénients, et on ne s'en fait pas faute; mais il faudrait reboiser immédiatement le sol et y interdire le parcours du bétail. Ce n'est pas ce qui a lieu. Après l'enlèvement des bois exploités, la provision d'humus étant assez grande il y croît de l'herbe pendant quelques années, et on s'empresse d'y envoyer les chèvres. Mais ce sol exposé tantôt aux ardeurs du soleil tantôt à l'action des pluies, s'appauvrit rapidement, et les chèvres travaillent de leur mieux pour qu'il n'y vienne pas d'arbres. Les têtes de couches du calcaire apparaissent toujours plus nombreuses; de grandes parcelles deviennent complètement improductives; d'autres où la provision de terre végétale était un peu plus considérable se transforment en un mauvais pâturage boisé, quand quelques sapins sont parvenus, au bout de 20 à 30 ans, à mettre leur cîme à l'abri de la dent de leurs ennemies. Pour retirer tout de suite pendant quelques années un maigre revenu, on a dissipé son capital.

Les forêts occupent encore d'une manière assez continue un sol qui leur convient parfaitement, et qui ne pourrait guère être utilisé autrement; ce sont les régions de débris sur le versant occidental du Monsalvens. Mais elles ont beaucoup à souffrir des blocs plus ou moins gros qui se détachent des escarpements supérieurs. Il y a des régions où cet inconvénient ne peut guère être amoindri qu'en laissant subsister au haut de la forêt une lisière de forts arbres, qui arrêtent les pierres le plus possible. Mais dans plusieurs localités, par exemple au nord de *rens* (Botterens) et au-dessus de Prazdine, des travaux de peu d'importance préserveraient complètement les régions inférieures pour longtemps. Il y a là, dans la hauteur, des ravins néocomiens qui sont en éventail, et qui se terminent par un couloir très étroit, entre les couches en V du jura supérieur. Dans les fortes pluies, il s'y forme un ruisseau qui entraîne facilement des masses de pierres sur les pentes inférieures, et les répand même en éventail, après avoir franchi en cascade le V jurassique, ou un couloir analogue. Il serait facile et peu coûteux d'établir dans ce rétrécissement du ravin une digue transversale, dont on aurait les matériaux sur place, et on atteindrait ainsi deux buts : on préserverait la région inférieure de l'envahissement des pierres, et on faciliterait la consolidation et le reboisement du sol des ravins supérieurs.

La région de jura moyen à l'ouest de la Sarine est occupée par la grande forêt de Bouleyres qui appartient, je crois, à l'Etat, et qui court par conséquent moins que d'autres la chance d'être détruite. Cependant sauf sur les bords de la Sarine et sur quelques pentes rapides, il n'y aurait aucun inconvénient à ce que ce sol fût défriché. Il donnerait alors un produit pécuniaire plus élevé, car il est fertile. Peut-être conviendrait-il donc de le vendre peu à peu par parcelles, et d'appliquer le produit de ces aliénations à des achats de terrain et à des reboisements dans les montagnes. Les régions où cette dernière mesure est devenue indispensable ne sont pas difficiles à trouver.

RÉSUMÉ.

Alpes de Fribourg en général.

§ 118. Les Alpes de Fribourg sont divisées naturellement en quatre chaînes, séparées par des failles qui ont amené au jour la formation triasique : *chaîne de la Berra, chaîne du Ganterist, chaîne du Stockhorn* et *chaîne du Simmenthal* (p. 1). La direction de ces montagnes est plus ou moins en arc (p. 7). Les caractères des formations restent les mêmes dans une chaîne donnée, mais changent quand on passe de l'une à l'autre (p. 9).

Chaîne de la Berra.

Il y a dans cette chaîne quelques affleurements de *dolomie*, de *rhétien* et de *lias*, dont il est difficile de déterminer le rôle dans la composition de la montagne (p. 10). Le *néocomien* et le *crétacé supérieur* sont des membres constitutifs du massif du Niremont (p. 13); la dernière de ces formations n'a encore fourni que quelques fossiles de l'étage sénonien. Il est probable qu'il y a du *gypse* à la base du flysch (p. 14).

C'est le *flysch* qui prédomine dans cette chaîne; il y renferme des *blocs exotiques* provenant du lias et du terrain jurassique supérieur (p. 16).

Les *dépôts glaciaires* s'élèvent sur les flancs de la chaîne à des hauteurs variant de 1000 à 1350 mètres (p. 22).

Chaîne du Ganterist.

Cette chaîne est celle dont les assises se divisent le plus facilement pétrographiquement et paléontologiquement. La place du *gypse* dans la série géologique n'est pas encore hors de doute (p. 23). Sur un massif de *cargneule* on trouve le *rhétien* (p. 25), divisé en deux parties qui diffèrent entre elles.

Le *lias* (p. 27) ne se sépare pas pétrographiquement du rhétien; quelques Bélemnites indiquent le commencement de la formation; plus haut on a des fossiles du lias moyen; le reste de la division ne renferme que des Bélemnites qui sont du même niveau. Le *toarcien* (p. 28) se distingue bien du lias par sa roche; on y peut reconnaître deux zones de fossiles correspondant assez bien à celles de l'Europe centrale.

Le *bajocien* (p. 29) ne se sépare pas pétrographiquement de la division précédente, et il n'est pas caractérisé par beaucoup de fossiles. Les *couches de Klaus* (p. 30) n'ont que des fossiles méditerranéens. Le *callovien* (p. 32) a des fossiles de l'Europe centrale et de la région méditerranéenne. Le *jura supérieur* (p. 33) présente à sa base la faune de la zone de l'*Amm. transversarius* avec des espèces plus récentes, et plus haut de rares fossiles *tithoniques*.

Le passage du jura au *néocomien* est insensible (p. 34); dans ce dernier les fossiles sont tous du bassin méditerranéen. Le *crétacé supérieur* est très pauvre en restes organiques (p. 36).

Il ne reste qu'un lambeau de *flysch* dans toute la chaîne (p. 36).

Les dépôts laissés par d'anciens *glaciers* locaux sont encore très reconnaissables (p. 37).

Chaîne du Stockhorn.

Les formations sont les mêmes que dans la chaîne précédente, mais elles sont moins bien caractérisées et avec des limites moins précises (p. 37).

La *cargneule*, la *dolomie*, le *rhétien* et le *lias* sont à peu de choses près ce qu'ils sont dans la chaîne du Ganterist; le dernier est plus pauvre en fossiles.

Du lias on passe insensiblement à des couches qui doivent être *bajociennes*, sans qu'il y ait entre deux une zone *toarcienne* distincte. Les *couches de Klaus* (p. 39) n'ont presque pas de fossiles déterminables. Le *callovien* est mieux caractérisé.

Le *jura supérieur* (p. 40) a les caractères de la chaîne du Ganterist sur le versant nord-ouest, et ceux de la chaîne du Simmenthal sur le versant sud-est.

Dans le *néocomien* (p. 41) les Bélemnites prédominent; le *crétacé supérieur* a quelques fossiles.

Le *flysch* (p. 43) forme une zone régulière. Les phénomènes *glaciaires* ont laissé des traces.

Chaîne du Simmenthal.

L'uniformité est de plus en plus grande. La *cargneule*, la *dolomie* et le *rhétien* sont distincts (p. 44); le *lias* et le *jura inférieur* et *moyen* (p. 45) forment en revanche un massif de couches uniformes presque sans fossiles, au haut duquel il paraît exister par places du gypse, de la cargneule ou de la dolomie. Le *jura supérieur* (p. 47) comprend les *schistes à charbon*, le *calcaire kimméridien* et le *calcaire à facies corallien*. Les faunes de ces assises sont l'objet de discussions quant à leur rapport avec celles d'autres pays ; leur succession chronologique dans cette contrée est hors de tout doute.

Le *néocomien* manquant partout (p. 51), le *crétacé supérieur* succède aux terrains jurassiques, et est surmonté lui-même par le *flysch*. Les *dépôts glaciaires* existent.

Structure des chaînes.

La structure de la chaîne de la *Berra* est difficile à démêler; les failles y jouent certainement un rôle (p. 53).

La chaîne du *Ganterist* présente en général les formations anciennes sur ses flancs et les plus modernes dans les hauteurs; dans une de ses parties elle est en C; une autre région reproduit les accidents orographiques du Jura (p. 54).

La chaîne du *Stockhorn* varie moins; les formations plus modernes en forment le flanc sud-est (p. 56).

La chaîne du *Simmenthal* est tantôt simple, tantôt double (p. 58).

Monsalvens.

La carte géologique comprend le *Monsalvens*, une *région de la plaine* et le *massif des Paquiers.* Il convient de comprendre le *Hohberg* dans la description de cette contrée (p. 60).

Revue des travaux géologiques antérieurs, dont les plus importants sont ceux de M. Studer (p. 63).

Formations.

Le *jura inférieur* (p. 69) comprend deux niveaux fossilifères dont les relations ne peuvent être déterminées : la *zone de l'Amm. Humphriesianus*, à la fois de l'Europe centrale et des régions méditerranéennes, et les *couches de Klaus*, avec une faune presque uniquement méditerranéenne, dont la parallélisation avec une zone de l'Europe centrale soulève des objections. Les couches de Klaus ont été étudiées surtout dans les Alpes orientales, où leur position stratigraphique n'est pas déterminable ; elle l'est davantage dans les Alpes suisses et françaises.

Dans le *jura moyen* (p. 81) les *schistes à nodules* ont les fossiles du callovien de l'Europe centrale ; quelques-uns appartiennent au bassin méditerranéen et quelques autres à l'oxfordien ; le *calcaire à ciment* a un caractère plus méditerranéen. Ces deux couches ont surtout leurs analogues dans les Alpes françaises.

Le *jura supérieur* (p. 89) comprend le *calcaire concrétionné*, qui a la faune de la zone de l'*Amm. transversarius* avec des espèces plus récentes ; le *calcaire schisteux* et le *calcaire en grumeaux*, qui ont des rapports avec la zone de l'*Amm. tenuilobatus ;* le *tithonique inférieur*, dont un banc près de Semsales (p. 96) présente réunis des fossiles des deux divisions de cet étage. Les formations correspondantes dans les autres régions méditerranéennes nous offrent tantôt des analogies tantôt des différences (p. 98).

Le *néocomien* commence par des assises méditerranéennes qu'on peut paralléliser avec les *couches de Berrias* (p. 104). Elles renferment des fragments, des blocs et des fossiles tithoniques remaniés (p. 106).

Le tithonique a été émergé et a subi des érosions (p. 108) avant le dépôt du néocomien; il est certainement plus ancien que tous les terrains crétacés du Jura, car on en retrouve des fragments dans le purbeckien de cette dernière chaîne.

Les couches de Berrias sont surmontées par le *calcaire à Ostreæ* (p. 111), qui renferme une faunule émigrée du Jura voisin. Les couches à *Bel. latus* et le *néocomien bleu* qui viennent ensuite (p. 113) ont des faunes méditerranéennes; mais le *calcaire oolithique* (p. 117), qui leur a succédé, a conservé les restes d'une nouvelle émigration venue de l'Europe centrale. Les trois divisions à facies paléontologique méditerranéen ont de très grands rapports entre elles; les faunules émigrées ne se retrouvent pas telles quelles dans une des couches du néocomien du Jura. Un *calcaire noir*, peu puissant, ne peut pas être classé paléontologiquement (p. 120).

Les Alpes et les Carpathes (p. 120) nous présentent le néocomien tantôt avec un facies méditerranéen pur, tantôt avec le facies de l'Europe centrale, tantôt avec un mélange des deux facies; dans ce dernier cas les intercalations ont eu lieu d'une manière fort différente, et tel fossile donné ne saurait avoir partout la même signification chronologique.

Les couches désignées sous le nom de *crétacé supérieur* (p. 128) représentent la craie moyenne et supérieure, s'il n'y a pas eu interruption dans le dépôt.

On ne connaît encore du *flysch* du Monsalvens (p. 130) que les Fucoïdes et les Helminthoïdes; les roches en sont très variées; son rang dans la série géologique n'est pas douteux. Il renferme des massifs de roches plus anciennes et des *blocs exotiques*, dont la présence peut être expliquée par différentes hypothèses (p. 133).

Une seule localité a présenté des traces de la *formation sidérolitique* (p. 146).

La *molasse* constitue trois zones parallèles, dont deux sont semblables entre elles (p. 146).

Il n'a pas été reconnu de *dépôts quaternaires* (p. 148) qui n'appartiennent pas à la période *glaciaire*; ils sont *informes* ou *stratifiés* et accompagnés de *blocs erratiques*. D'autres glaciers que celui du Rhône paraissent avoir contribué à les former. Ils se sont élevés jusqu'à l'altitude de 1200 m.

Dans les *dépôts modernes* (p. 154) il y a lieu de distinguer les *alluvions des terrasses*.

Une description spéciale (p. 159) donne les détails qui n'ont qu'une importance locale.

Structure du massif.

Les dislocations ont produit au Monsalvens (p. 189) des *failles*, des *contourne-ments en C*, des *voûtes* et des *refoulements*. L'une des failles est probablement postérieure aux autres accidents (p. 193). La première émersion du sol·a eu lieu avant la fin de l'époque jurassique, peut-être déjà avant le dépôt du jura supérieur ; les derniers mouvements se sont produits après le dépôt de la molasse ; nous n'avons pas les moyens de faire l'*histoire géologique* de la région entre ces deux époques. L'*histoire paléontologique* générale n'est pas moins difficile à reconstruire, parce qu'il ne nous est pas encore possible de suivre les faunes dans leurs migrations.

Un chapitre sur la *paléontologie* (p. 195) contient la description des espèces nou-velles et des observations critiques sur les autres.

Quelques remarques relatives à la *géologie pratique* sont l'objet d'un chapitre particulier (p. 253).

INDICATION

du titre complet des ouvrages et des recueils cités en abrégé.

Actes suisses. — Actes de la société helvétique des sciences naturelles, ou Verhandlungen der schweizerischen naturforschenden Gesellschaft.

Arch. des sciences. — Bibliothèque universelle et Revue suisse. Archives des sciences physiques et naturelles, nouvelle période.

Bachmann, Glarus. — Ueber die Juraformation im Kanton Glarus. Mittheilungen der naturforschenden Gesellschaft in Bern aus dem Jahre 1863, p. 143.

Basler Verh. — Verhandlungen der naturforschenden Gesellschaft in Basel.

Benecke, Trias und Jura. — Ueber Trias und Jura in den Südalpen, 1865. Geognostisch-paläontologische Beiträge, herausgegeben von Dr. E. W. Benecke, Bd. 1, p. 1.

Berner Mitth. — Mittheilungen der naturforschenden Gesellschaft in Bern.

Brunner, Stockhorn. — Geognostische Beschreibung der Gebirgsmasse des Stockhorns. Neue Denkschr. der allgem. schweizerischen Gesellsch. für die Naturwissenschaften, Bd. 15, 1857.

Bull. France. — Bulletin de la société géologique de France. Deuxième série.

Bull. Vaud. — Bulletin de la société vaudoise des sciences naturelles.

Deslongchamps, Brach. de la Voulte. — Note sur les Brachiopodes du callovien de la Voulte. Bulletin de la société linnéenne de Normandie, tom. 4, 1859.

Deslongchamps, Brach. du Kelloway-Rock. — Mémoire sur les Brachiopodes du Kelloway-Rock dans le nord-ouest de la France, 1859. Mémoires de la société linnéenne de Normandie, vol. 11.

Desor et de Loriol, Echinol. helvét. — Echinologie helvétique, description des oursins fossiles de la Suisse. Echinides de la période jurassique. 1868—72.

Desor et Gressly, Jura neuchât. — Etudes géologiques sur le Jura neuchâtelois.

Desor, Synopsis. — Synopsis des Echinides fossiles, 1858.

Duval-Jouve, Bélemn. — Bélemnites des terrains crétacés inférieurs des environs de Castellane, 1841.

A. Favre, Géol. Savoie. — Recherches géologiques dans les parties de la Savoie, du Piémont et de la Suisse voisines du Mont-Blanc. 1867.

E. Favre, Moléson. — Le massif du Moléson et les montagnes environnantes dans le canton de Fribourg. Bibliothèque universelle, Archives des sciences physiques et naturelles, vol. 39, p. 169, 1870.

266

v. Fischer-Ooster, Prot. helvet. — Siehe Ooster.

Gilliéron, Crétacé du Léman. — Notice sur les terrains crétacés dans les chaînes extérieures des Alpes des deux côtés du Léman. Archives des sciences physiques et naturelles, 1870.

Goldfuss, Petref. Germ. — Petrefacta Germaniæ iconibus et descriptionibus illustrata.

A. Gras, Foss. de l'Isère. — Catalogue des corps organisés fossiles qui se rencontrent dans le département de l'Isère. Bulletin de la société de statistique de l'Isère, 1854, série 2, vol. 2, p. 1.

Greppin, Jura bernois. — Description géologique du Jura bernois et de quelques districts adjacents. 1870. Matériaux pour la carte géologique de la Suisse, 8me livraison.

Gümbel, bayer. Alpeng. — Geognostische Beschreibung des bayerischen Alpengebirges und seines Vorlandes. 1861.

F. v. Hauer, Uebersichts-Karte. — Geologische Uebersichtskarte der österreichisch-ungarischen Monarchie nach den Aufnahmen der k. k. geologischen Reichsanstalt. 1867—1871.

Hébert, Terr. jurass. de la Provence. — Du terrain jurassique de la Provence; sa division en étages, etc. Bulletin de la société géologique de France, série 2, vol. 19, p. 100.

Jaccard, Jura vaudois et neuch. — Matériaux pour la carte géologique de la Suisse, 6me et 7me livraison. 1869 et 1870.

Jahrb. Reichsanst. — Jahrbuch der k. k. geologischen Reichsanstalt. Wien.

Kaufmann, Pilatus. — Der Pilatus geologisch untersucht und beschrieben von F. J. Kaufmann. Beiträge zur geologischen Karte der Schweiz, 5te Lieferung. 1867.

Kudernatsch, Swinitza. — Die Ammoniten von Swinitza. Abhandlungen der k. k. geologischen Reichsanstalt, Band 1, Abth. 2. 1852.

de Loriol, Néoc. du Salève. — Description des animaux invertébrés fossiles contenus dans l'étage néocomien du Mont-Salève. 1861—63.

Lory, Dauphiné. — Description géologique du Dauphiné. 1860—64.

Mayer, Liste des Bélemn. — Liste des Bélemnites des terrains jurassiques et diagnoses des espèces nouvelles. Journal de Conchyliologie, vol. 11, p. 181. 1863.

Mœsch, Aargauer Jura. — Der Aargauer Jura. Beiträge zur geologischen Karte der Schweiz, vierte Lieferung. 1867.

Mœsch, Oestl. Schweiz. — Der Jura in den Alpen der Ost-Schweiz. 1872.

Müller, Basler Jura. — Geognostische Skizze des Kantons Basel und der angrenzenden Gebiete. Beiträge zur geologischen Karte der Schweiz, 1te Lieferung. 1862.

Neumayr, Ceph. von Balin. — Die Cephalopoden-Fauna der Oolithe von Balin bei Krakau. Abhandlungen der k. k. geolog. Reichsanstalt, Bd. 5, N° 2.

Neumayr, der penninische Klippenzug. — Jurastudien, 3te Folge. Jahrbuch der k. k. geologischen Reichsanstalt, Bd. 21, 1871, p. 451.

Neumayr, Phylloceraten des Dogger und Malm, und Vertretung der Oxfordgruppe. — Jurastudien, 2te Folge. Jahrbuch der k. k. geologischen Reichsanstalt, Bd. 21, 1871, p. 298.

Oppel, Jura. — Die Juraformation Englands, Frankreichs und des südwestl. Deutschlands.
1856—1858. Jahreshefte des Vereins für Naturkunde in Württemberg. Jahrg. 12—14.

Oppel, Mitth. — Paläontologische Mittheilungen aus dem Museum des k. bayer. Staates.
1862—63.

Oppel, Posidon.-Gesteine. — Ueber das Vorkommen von jurassischen Posidonomyen-Gesteinen
in den Alpen. Zeitschrift der deutschen geologischen Gesellschaft, 1863, vol. 13, p. 188.

Oppel, Tith. Etage. — Die tithonische Etage. Zeitschrift der deutschen geologischen Gesellschaft, 1865, Bd. 7, p. 535.

Oppel, Zone des *Amm. transversarius.* — Ueber die Zone des *Amm. transversarius,* beendet
von Dr. W. Waagen. Geognostisch-paläontologische Beiträge von Dr. E. W. Benecke,
Bd. 1, 1866, p. 205.

d'Orbigny, Brach. — Paléontologie française. Terrains crétacés, vol. 4, 1847.

d'Orbigny, Céph. crét. — Paléontologie française. Terrains crétacés, vol. 1, 1840—42 et
Supplément 1847.

d'Orbigny, Céph. jurass. — Paléontologie française. Terrains jurassiques, vol. 1, 1842.

d'Orbigny, Lamellibr. — Paléontologie française. Terrains crétacés, vol. 3, 1843.

Ooster, Brach. — Pétrifications remarquables des Alpes suisses. Synopsis des Brachiopodes
fossiles. 1863.

Ooster, Céph. — Catalogue des Céphalopodes fossiles des Alpes suisses. 1857—60. Nouveaux
mémoires de la soc. helvét. des sciences naturelles. Parties 1, 2 et 3 dans vol. 17;
parties 4 et 5 dans vol. 18.

Ooster, Echinod. — Pétrifications remarquables des Alpes suisses. Synopsis des Echinod.
fossiles. 1865.

Ooster, Prot. helv. — Protozoe helvetica. Mittheilungen aus dem Berner Museum über merk-
würdige Thier- und Pflanzenreste. 1869—70.

Phillips, Mon. Bel. — A Monograph of british Belemnitidæ, part. 1—5. Palæontographical
Society. 1863—69.

Pictet, Berrias. — Etudes paléontologiques sur la faune à Terebratula diphyoïdes de Berrias
(Ardèche); 2me livraison des Mélanges paléontologiques, p. 41. 1867.

Pictet, Groupe de la Ter. diphya. — Etude monographique des Térébratules du groupe de la
Ter. diphya; 3me livraison des Mélanges paléontologiques, p. 135. 1867.

Pictet, Porte-de-France. — Etude provisoire des fossiles de la Porte-de-France, d'Aisy et de
Lemenc, 4me livraison des Mélanges paléontologiques, p. 207. 1868.

Pictet et Campiche, Acéph. pleuroc. — Description des fossiles du terrain crétacé de Ste-Croix,
4me partie. 1868—71. Matériaux pour la Paléontologie suisse, 5me série.

Pictet et Camp., Céph. — Description des fossiles du terrain crétacé des environs de Ste-Croix.
1re partie. 1858—60. Matériaux pour la Paléontologie suisse, 2me série.

Pictet et de Loriol, Voirons. — Description des fossiles contenus dans le terrain néocomien
des Voirons. 1858. Matériaux pour la Paléontologie suisse, 2me série.

Quenst., Brach. — Petrefaktenkunde Deutschlands; Bd. 2, die Brachiopoden. 1868—71.
Quenst., Ceph. — Petrefaktenkunde Deutschlands; Bd. 1, die Cephalopoden. 1846—49.
Quenst., Handb. — Handbuch der Petrefaktenkunde. 1852.
Quenst., Jura. — Der Jura. 1858.
F. Rœmer, Oberschlesien. — Geologie von Oberschlesien. 1870.
U. Schlœnbach, Jurass. Ammon. — Beiträge zur Paläontologie der Jura- und Kreide-Forma-
tion im nordwestlichen Deutschland. I. Ueber neue und weniger bekannte jurassische
Ammoniten. Paläontographica, Bd. 13, p. 148. 1865.
Studer, Westl. Schweizer-Alpen. — Geologie der westlichen Schweizer-Alpen. 1834.
Verhandl. Reichsanst. — Verhandlungen der k. k. geologischen Reichsanstalt.
Waagen, Zone des *Amm. Sowerbyi*. — Ueber die Zone des *Amm. Sowerbyi*. *Benecke*,
geognostisch-paläontologische Beiträge, Bd. 1, p. 507—668. 1868.
Winkler, Neocomf. des Urschlauerachenthales. — Versteinerungen aus dem bayerischen Alpen-
gebiet. I. Die Neocomformation des Urschlauerachenthales bei Traunstein. 1868.
Zieten, Würt. — Les Pétrifications du Würtemberg. 1830.
Zittel, Aelt. Tithonb. — Die Fauna der ältern Cephalopoden führenden Tithonbildungen.
Supplement der Paläontographica. 1870.
Zittel, Paläont. Notizen. — Paläontologische Notizen über Lias-, Jura- und Kreide-Schichten
in den bayerischen und österreichischen Alpen. Jahrbuch der k. k. geologischen Reichs-
anstalt, Bd. 18, p. 599.
Zittel, Stramberg. — Die Cephalopoden der Stramberger Schichten. Paläontologische Mitthei-
lungen aus dem Museum des k. bayerischen Staates, Bd. 2. 1868.

TABLE ALPHABÉTIQUE DES MATIÈRES.

(Les fossiles sont en italiques ; les chiffres entre parenthèses indiquent une note ou une description paléontologique.)

Pl. I.

Carte géologique du massif du Monsalvens.

La topographie de cette carte est un transport lithographique d'une partie de la feuille sud-est de la carte gravée du canton de Fribourg, levée par M. Stryenski, transport pour lequel le gouvernement fribourgeois a bien voulu donner son autorisation. La ville de Bulle a été ajoutée d'après une autre feuille pour servir de point de repère sur une carte générale.

La région du coin sud-est appartient à la chaîne du Ganterist; on y trouve la cargneule, la dolomie, le rhétien, le lias, etc.; elle n'a pas été coloriée parce qu'il aurait fallu pour cela augmenter beaucoup la série des teintes.

La ruine à laquelle appartient proprement le nom de Monsalvens se trouve à l'est-nord-est de Broc. Cette dénomination a été appliquée au massif de terrains secondaires qui s'étend au nord-nord-est de ce point. La région de flysch qui est plus au nord est décrite sous le nom de *massif des Paquiers*. La partie occidentale est la *région de la plaine*. (Pour d'autres détails topographiques voir p. 60.)

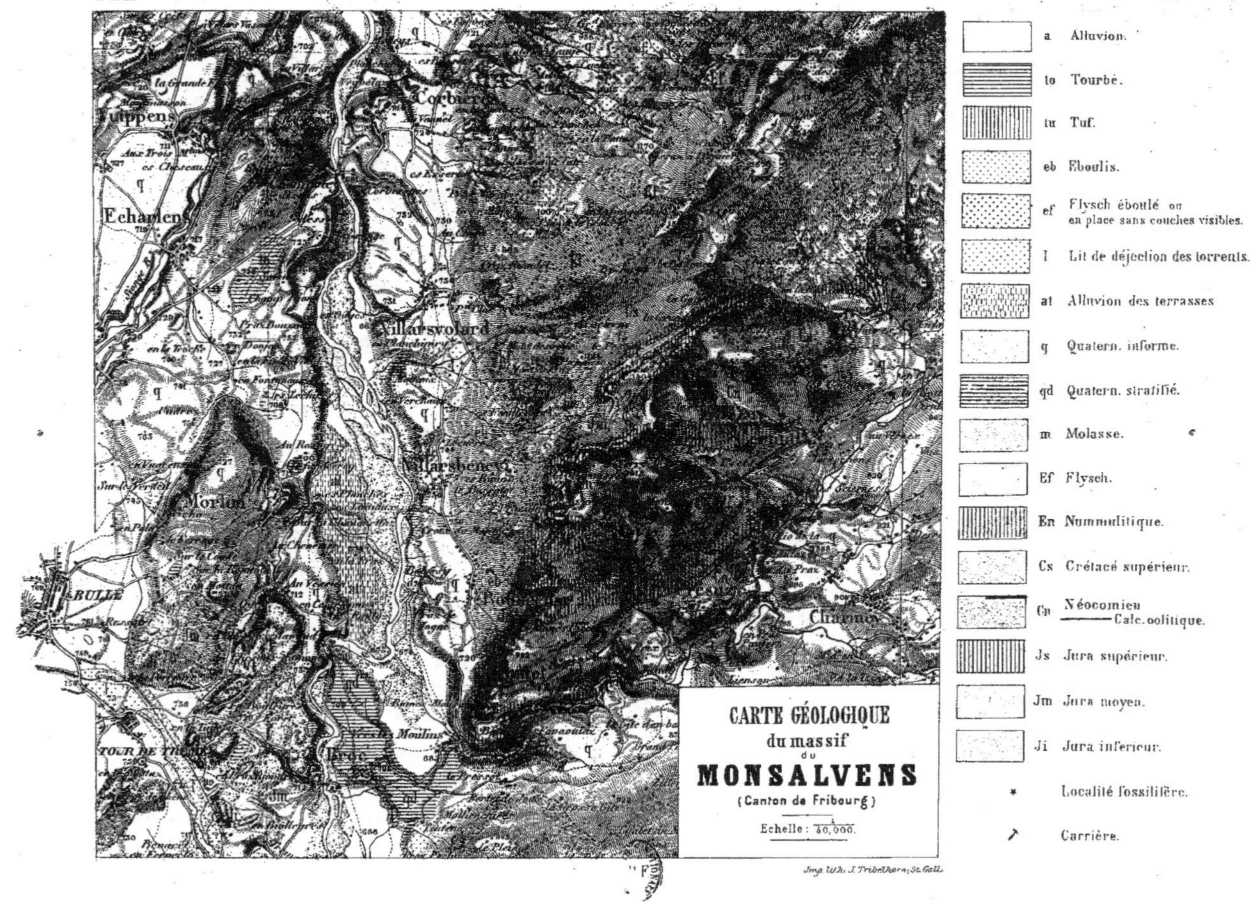

a Alluvion.
to Tourbe.
tu Tuf.
eb Eboulis.
ef Flysch éboulé ou en place sans couches visibles.
l Lit de déjection des torrents.
at Alluvion des terrasses
q Quatern. informe.
qd Quatern. stratifié.
m Molasse.
Ef Flysch.
En Nummulitique.
Cs Crétacé supérieur.
Cn Néocomien
Calc. oolitique.
Js Jura supérieur.
Jm Jura moyen.
Ji Jura inférieur.
* Localité fossilifère.
Carrière.
CARTE GÉOLOGIQUE
du massif
du
MONSALVENS
(Canton de Fribourg)
Echelle: 1/40,000.
Imp. Wh. J. Tribelhorn, St. Gall.
Puppens
Echarlens
Villarsvolard
Villarsbeney
Morlon
BULLE
TOUR DE TRÊME
Charmey

Pl. II.

Ces deux tableaux sont destinés à montrer les rapports et les différences des
formations dans les deux chaînes du Ganterist et du Simmenthal (p. 22 et 44).
Le dessin reproduit un peu l'aspect qui résulte de la division plus ou moins grande
des couches. La chaîne du Stockhorn (p. 37), qui est entre deux, se rapproche plus
de celle du Ganterist que de l'autre.   La fig. 1, pl. 3 montre qu'au Monsalvens
(chaîne de la Berra) les formations se divisent encore plus que dans la chaîne du
Ganterist.

Tableau des formations
de la
CHAINE DU GANTERIST.

Indication
de la
correspondance
des formations.

Tableau des formations
de la
CHAINE DU SIMMENTHAL

Flysch
Crétacé supérieur
Néocomien
Jura supérieur, de la zone à Amm. transversarius au tithonique inclus.
Callovien
Couches de Klaus
Bajocien
Toarcien
Lias
Rhétien { supérieur / inférieur
Dolomie avec gypse
Cargneule
Gypse

Flysch
Crétacé supérieur
Tithonique, facies corallien
Kimméridien
Schistes à charbons. Dolomie, cargneule et gypse
Lias et Jura inférieur et moyen
Rhétien
Dolomie
Cargneule

Echelle: ...

Grav. p. A. Tschiesche

Pl. III.

Fig. 1. Le dessin représente approximativement la nature schisteuse ou massive
des couches décrites à partir de la page 66.

Fig. 2 et 3. Profils résumant la structure des chaînes du Ganterist, du Stockhorn
et du Simmenthal (p. 53). La chaîne qui est représentée avec son maximum de largeur dans l'un des profils, l'est dans l'autre avec son minimum.
Les failles sont figurées comme étant verticales, mais il est tout aussi
probable qu'elles ne le sont pas. Pour le reste ce qui ne peut pas être
observé directement est en ligne pointée.

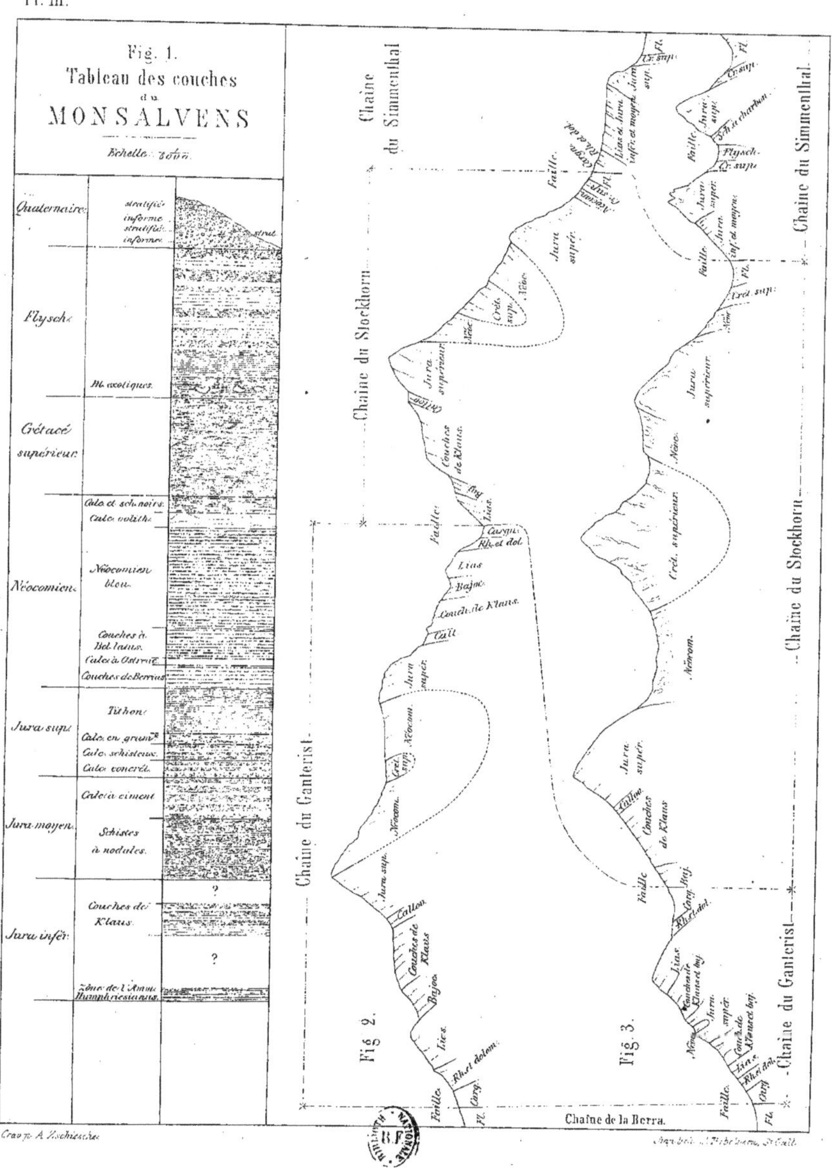
Fig. 1.
Tableau des couches
du
MONSALVENS
Echelle 1/500

Quaternaire
stratifié
informe
stratifié
informe
strat.

Flysch

M. exotiques.

Crétacé
supérieur.

Calc. et sch. noirs.
Calc. oolith.

Néocomien.

Néocomien
bleu.

Couches à
Bel. latus.
Calc. à Ostrac.
Couches de Berrias.

Jura supr.

Tithon.
Calc. en grum.
Calc. schisteux.
Calc. concrét.

Jura moyen.

Calc. à ciment
Schistes
à nodules.

?

Jura infér.

Couches de
Klaus.

?

Zône de l'Ammon.
Humphriesianus.

Fig. 2.

Chaîne du Simmenthal.

Chaîne du Stockhorn

Chaîne du Ganterist

Cr. supr.
FL.

Lias et. moyen. Jura.
supr. super.

Jura. supér.

Néocom.

Faille.

Jura
supér.

Crét.
supr. Néoc.

Jura
supérieur

Crét.
supr. Néoc.

Couches
de Klaus.

Ang.
Lias.

Faille.

Cargn.
Rh. et dol.

Lias.

Bajoc.

Couch. de Klaus.

Call.

Jura
supr.

Crét. supr. Néocom.

Néocom. Néocom.

Jura. supr.

Call.
Couches de
Klaus.

Bajoc.

Lias.

Rh. et dolom.

Faille.

Lias.

Cargn.

FL.

Fig. 3.

Sch. et charbon.
Cr. supr.

Faille. Jura. supér.

Jura. infér. et moyen.

Faille.
FL.
Jura. supér.
Crét. supr.
Néoc.

Flysch.
Cr. supr.

Chaîne du Simmenthal.

Chaîne du Stockhorn

Jura
supérieur

Néoc.

Crét. supérieur

Néocom.

Jura
supér.

Call.
Couches
de Klaus.

Faille.
Lias. Rh. et dol.

Lias.
Carbonif.
Rauract. brj.

Jura.
super.

Rh. et dol.

Néoc.
Lias.
Couch. de
Klaus. brj.

Faille.
Rh. dol.
FL.

Chaîne du Ganterist.

Chaîne de la Berra.

Pl. IV.

Fig. 1. Profil par l'arête culminante du Monsalvens, du nord de la Chervasse au coude de la Jogne qui est au midi du pont des Moulins. Ce profil n'est pas rigoureusement en ligne droite, et sa direction n'est perpendiculaire à celle des couches qu'aux voûtes qui sont sous l'abrupte de Villarsbeney et au rocher de Botterens. Le jura supérieur qui est immédiatement sous la ruine du Monsalvens n'est pas dans la nature sur la même ligne verticale que celui qui est en-dessous du néocomien; il est un peu plus à l'est. La plupart des plissements qui sont marqués peuvent être vus en suivant la route des Moulins de Broc à Villarsbeney.

Fig. 2. Profil en ligne droite des Maroz (sud-est de Corbières) au pont sur le Javroz et à la Jogne (à l'ouest de Charmey), en passant par le Bifé.

Fig. 3. Profil en ligne droite du nord-est de Villarsbeney à la gorge de Châtel, en passant par le rocher au-dessus de Botterens. A partir de ce rocher, la partie nord-nord-ouest coupe obliquement la pente de la montagne et les couches; de là vient l'augmentation apparente de la puissance de ces dernières, et le peu de pente de la région des débris. Le détail de la gorge de Châtel se trouve pl. 5, fig. 8.

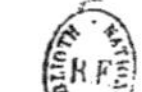

Pl. IV.

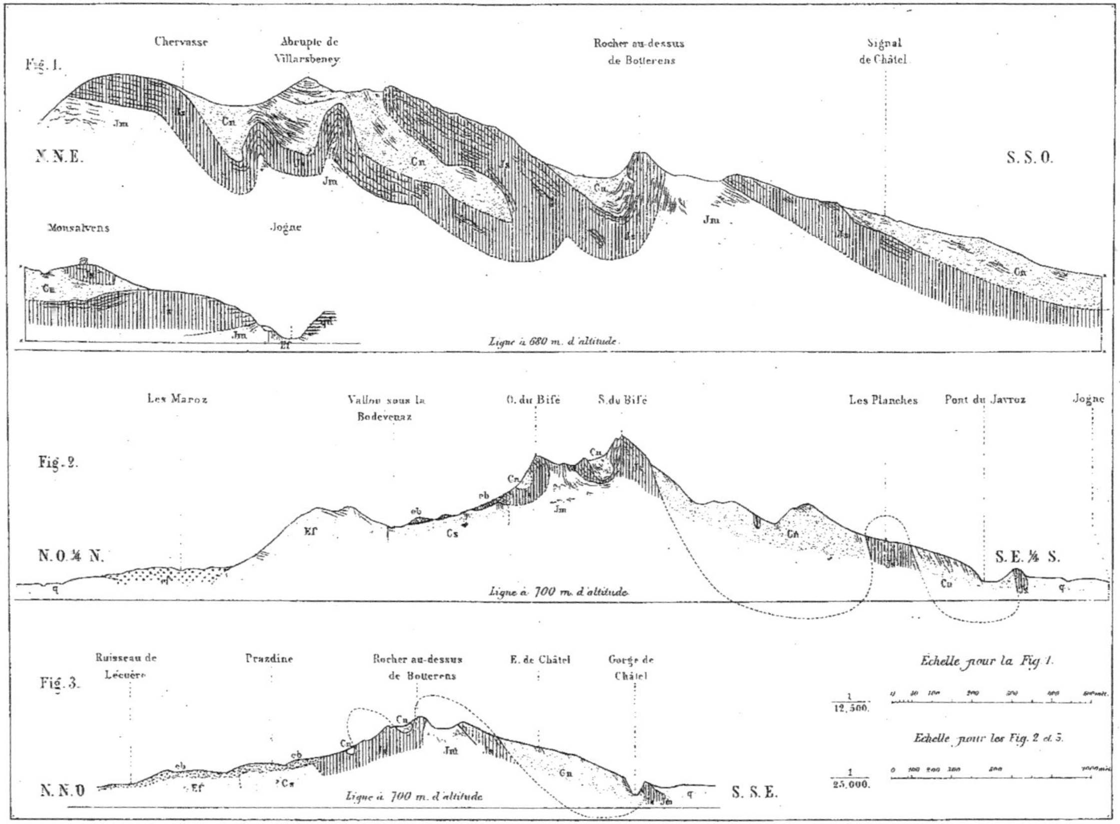

Fig. 1.
Chervasse
Abrupte de Villarsbeney
Rocher au-dessus de Botterens
Signal de Châtel
N. N. E.
S. S. O.
Monsalvens
Jogne
Cn
Jm
Ef
Ligne à 680 m. d'altitude.
Fig. 2.
Les Maroz
Vallon sous la Bodevenaz
O. du Bifé
S. du Bifé
Les Planches
Pont du Javroz
Jogne
N. O. ¼ N.
S. E. ¼ S.
Ef
cb
Cs
Cn
Jm
q
Ligne à 700 m. d'altitude
Fig. 3.
Ruisseau de Lécuère
Prazdine
Rocher au-dessus de Botterens
E. de Châtel
Gorge de Châtel
N. N. O
S. S. E.
Ef
cb
Cs
Cn
Jm
q
Ligne à 700 m. d'altitude
Echelle pour la Fig. 1.
1/12,500.
Echelle pour les Fig. 2 et 3.
1/25,000.

Pl. V.

Explication des lettres.

Jm = jura moyen; Js = jura supérieur ; Fl = flysch ; q = quaternaire ; eb = éboulis.

Fig. 1. Profil du Monsalvens à l'ouest du Pressot.

Fig. 2. Profil par le Monsalvens et la colline est du chalet de Bataille.

Fig. 3. Profil de la plaine nord-ouest du Monsalvens au ruisseau qui descend au sud de Favaoulaz. La ligne du profil coupant obliquement la gorge de la Jogne, cette figure la fait paraître plus large qu'elle ne l'est.

Fig. 4. Contact du flysch et du calcaire tithonique sur le ruisseau de Favaoulaz, au passage du profil de la fig. 3.

Fig. 5. Vue du renversement des couches jurassiques sur le néocomien, au flanc gauche du défilé entre les gorges de Chesallet et des Moulins. Pour voir cet accident il suffit d'aller jusqu'au bord du défilé, en marchant horizontalement vers l'est à partir du coude que fait la route au midi du chalet de Bataille.

Fig. 6. Profil de la gorge de Chesallet passant au coude de la Jogne nord de *lc* (Bataille); *a* et *b* représentent ce que l'on voit plus à l'ouest. Les lignes pointées indiquent la partie inférieure du jura supérieur qui est éboulée.

Fig. 7. Profil de la gorge de Chesallet un peu à l'ouest de la maison sud de *he* (Chesallet).

Fig. 8. Profil de la partie occidentale de la gorge de Châtel, est de Chesallet.

Fig. 9. Gravière au sud de Broc, avec stratification inclinée.

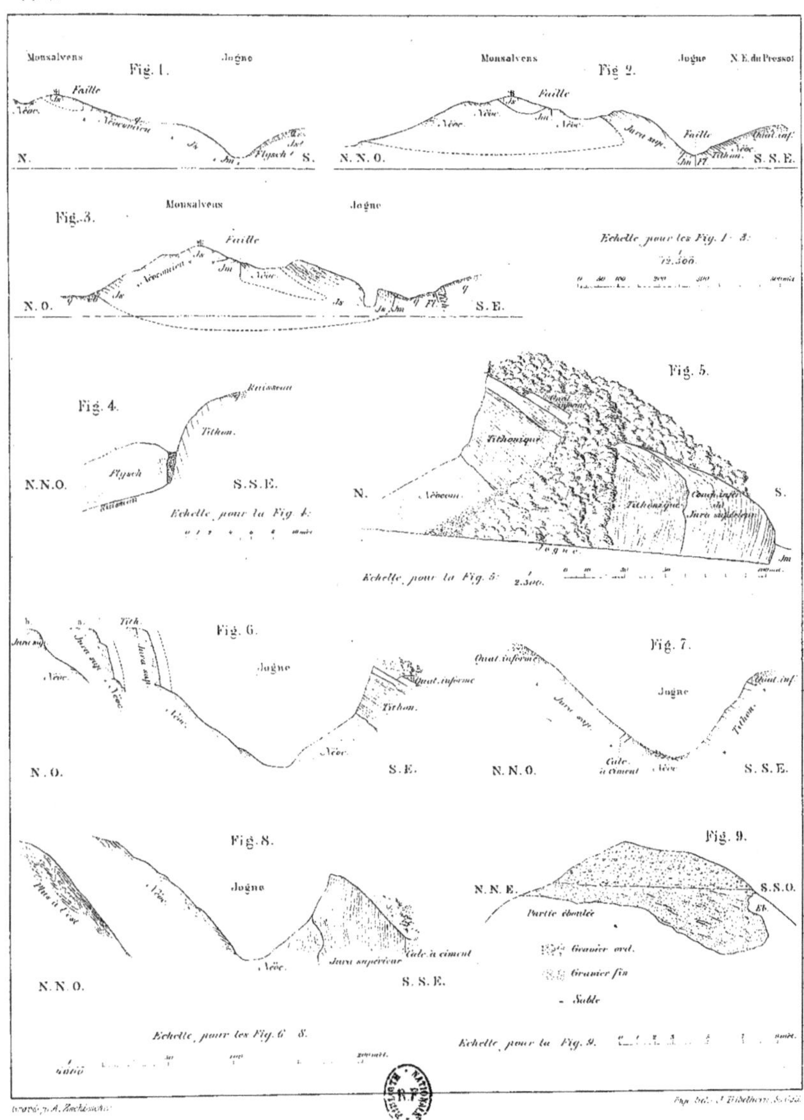

Monsalvens
Jogne
Fig. 1.
Faille
Néoc.
Néocomien
Js
Jm
Flysch
N.
S.

Monsalvens
Jogne
N.E. du Pressot
Fig 2.
Faille
Js
Néoc.
Néoc.
Jm
Néoc.
Jura sup.
Faille
Chat. inf.
Néoc.
N.N.O.
Jm
Tithon.
S.S.E.

Fig. 3.
Monsalvens
Jogne
Faille
Néocomien
Js
Jm
Néoc.
N.O.
Js
Js
Jm
Fl.
q
S.E.

Echelle pour les Fig. 1-3:
1/72.500.

Fig. 4.
Ruisseau
Tithon.
Flysch
N.N.O.
Gault(?)
S.S.E.

Echelle pour la Fig. 4:

Fig. 5.
Chat.
Tithonique
N.
Néocom.
Tithonique
Complexe
du
Jura supérieur
S.
Jogne
Jm

Echelle pour la Fig. 5: 1/2.500.

Fig. 6.
b.
Tith.
Jura sup.
Jura sup.
Néoc.
Néoc.
Néoc.
Jogne
Tithon.
Néoc.
N.O.
S.E.

Fig. 7.
Quat. inférieur
Quat. inférieur
Tithon.
Jura sup.
Jogne
Chat. inf.
N.N.O.
Calc.
à ciment
Néoc.
Tithon.
S.S.E.

Fig. 8.
Tith.
Jogne
Jura supérieur
Calc. à ciment
Néoc.
N.N.O.
S.S.E.

Fig. 9.
N.N.E.
Partie éboulée
Gravier ord.
Gravier fin
Sable
S.S.O.
Eb.

Echelle pour les Fig. 6-8.

Echelle pour la Fig. 9.

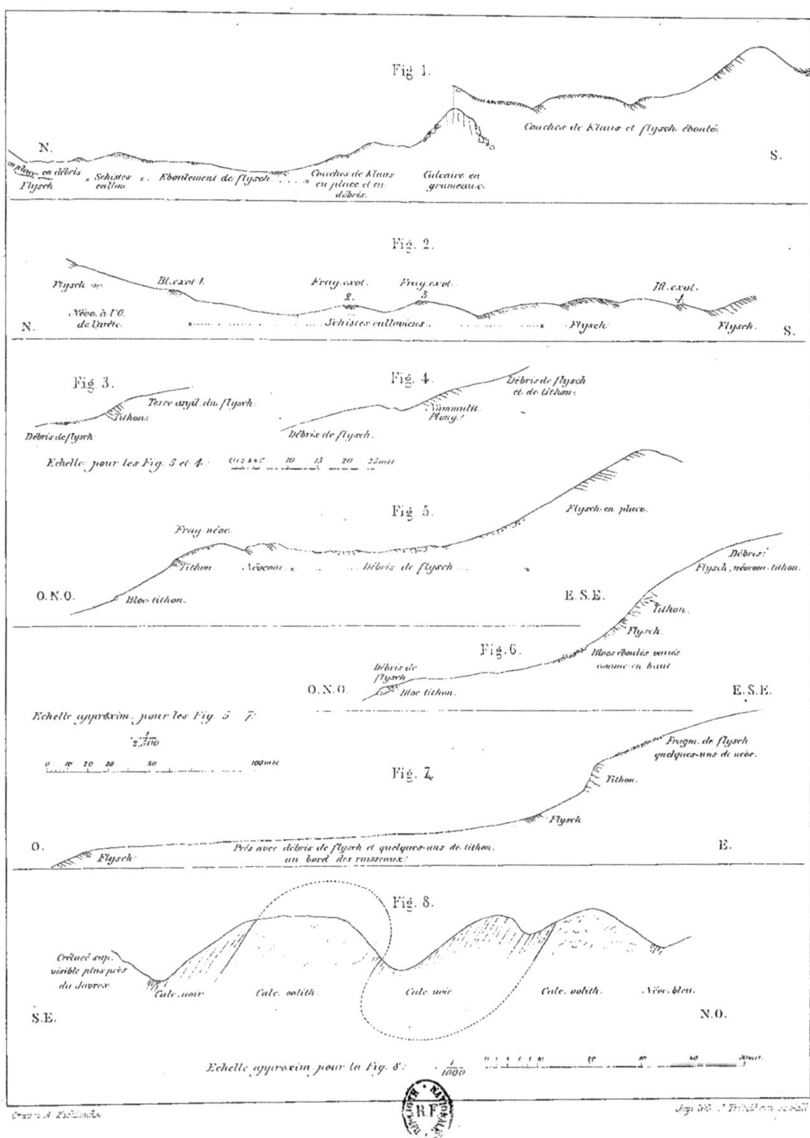
Fig. 1.
Couches de Klaus et flysch éboulé.
N.
S.
Flysch en débris
Schistes callov.
Éboulement de flysch.
Couches de Klaus en place et en débris.
Calcaire en grumeaux.
Fig. 2.
Flysch en.
Bl. exot. 1.
Fray. exot. 2.
Fray. exot. 3.
Bl. exot. 4.
N.
Néoc. à l'O. de l'arête.
Schistes calloviens.
Flysch.
Flysch.
S.
Fig. 3.
Terre argil. du flysch.
Tithon.
Débris de flysch.
Fig. 4.
Débris de flysch et de tithon.
Nummulit. Plany.
Débris de flysch.
Échelle pour les Fig. 3 et 4.
0 1 2 3 4 5   10   15   20   25 met.
Fig. 5.
Fray. néoc.
Flysch en place.
Tithon.
Néocom.
Débris de flysch.
Bloc tithon.
O.N.O.
E.S.E.
Débris: Flysch, néocom. tithon.
Tithon.
Flysch.
Blocs éboulés variés comme en haut.
Fig. 6.
Débris de Flysch
Bloc tithon.
O.N.O.
E.S.E.
Échelle approxim. pour les Fig. 5 7.
1/2500
0   10   20   30   50   100 met.
Fragm. de flysch quelques-uns de néoc.
Tithon.
Fig. 7.
Flysch.
O.
Pris avec débris de flysch et quelques-uns de tithon au bord des ruisseaux.
Flysch.
E.
Fig. 8.
Creusé sup. visible plus près du Javrex.
Calc. noir.
Calc. oolith.
Calc. noir.
Calc. oolith.
Néoc. bleu.
S.E.
N.O.
Échelle approxim. pour la Fig. 8.
1/1000
10   20   30   40 met.

Pl. VII.

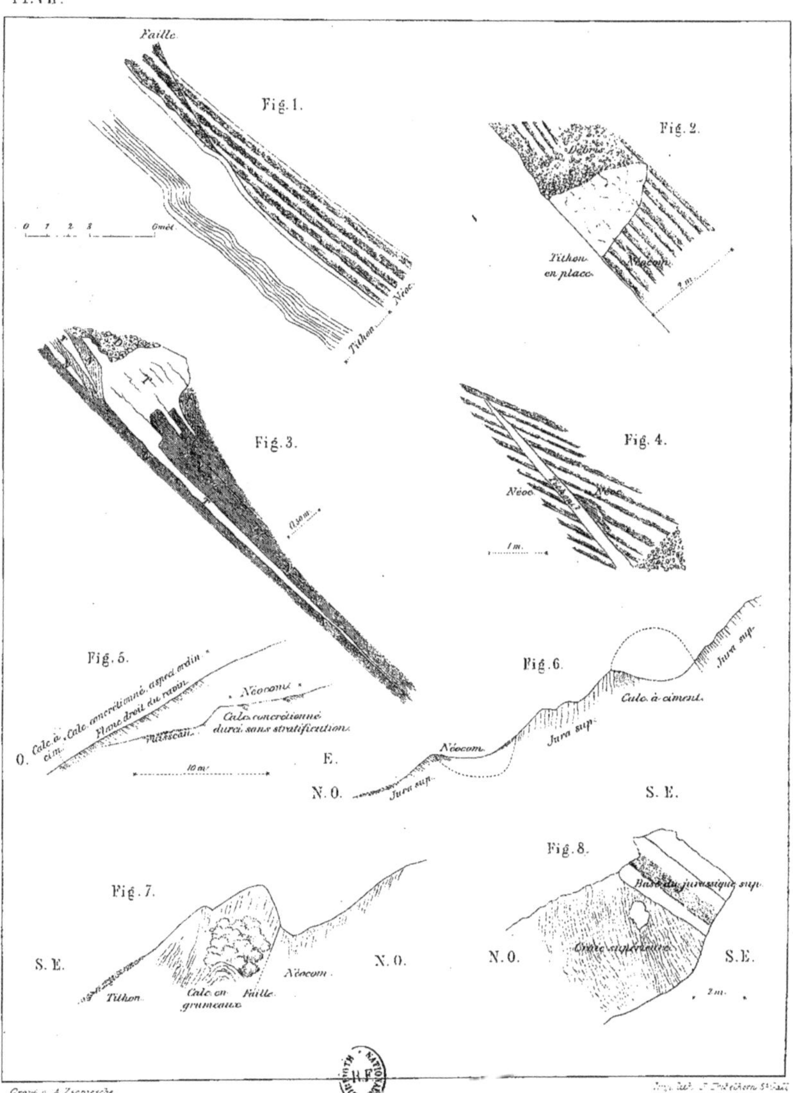

Faille.
Fig. 1.
0 1 2 3 6mèt.
Tithon.
Néoc.
Fig. 2.
Débris.
Tithon en place.
Néocom.
2 m.
Fig. 3.
0,50 m.
Fig. 4.
Néoc.
Néoc.
1 m.
Fig. 5.
O. Calc. à cim. Calc. concrétionné, aspect ordin.
Flanc droit du ravin.
Tithonian.
Néocom.
Calc. concrétionné durci, sans stratification.
10 m.
E.
N. O.
Fig. 6.
Jura sup.
Calc. à ciment.
Néocom.
Jura sup.
Jura sup.
S. E.
Fig. 7.
S. E.
Tithon.
Calc. en grumeaux.
Faille.
Néocom.
N. O.
Fig. 8.
Base du jurassique sup.
Craie supérieure.
N. O.
S. E.
2 m.

Pl. VIII.

Remarques sur les planches de fossiles.   Les figures de fossiles sont de grandeur naturelle quand un grossissement n'est pas indiqué.   Dans toutes les vues latérales de Bélemnites, le côté dorsal est à gauche et le côté ventral à droite; dans les coupes, le côté dorsal est en-dessus et le côté ventral en dessous.

Pl. VIII.

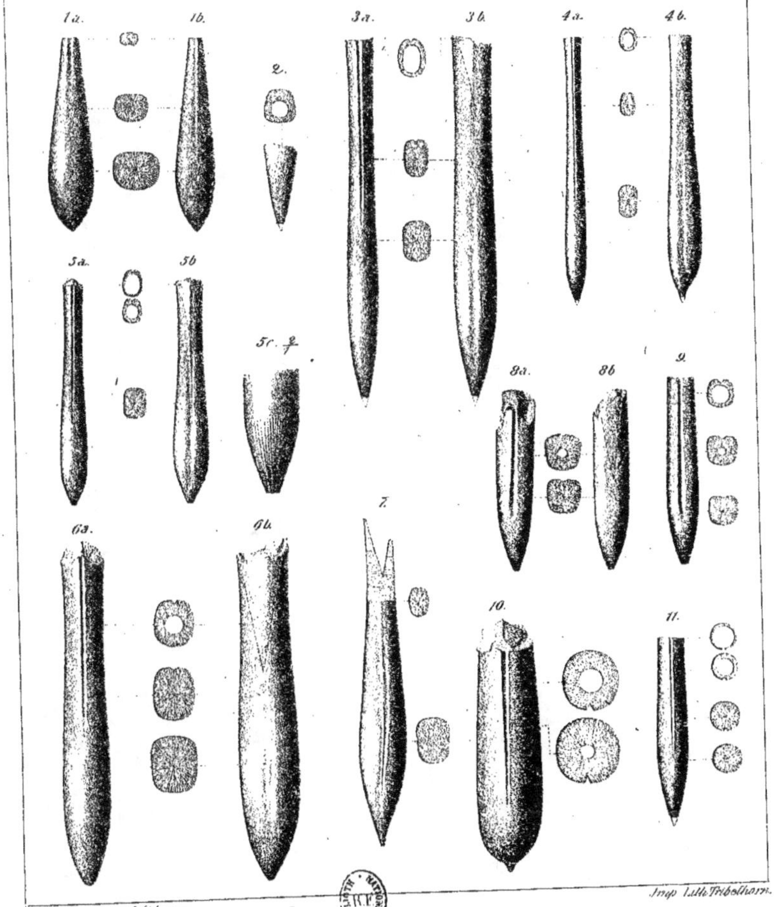

E. Gilliéron ad nat. lith.

Imp. Lith. Tribelhorn.

Pl. IX.

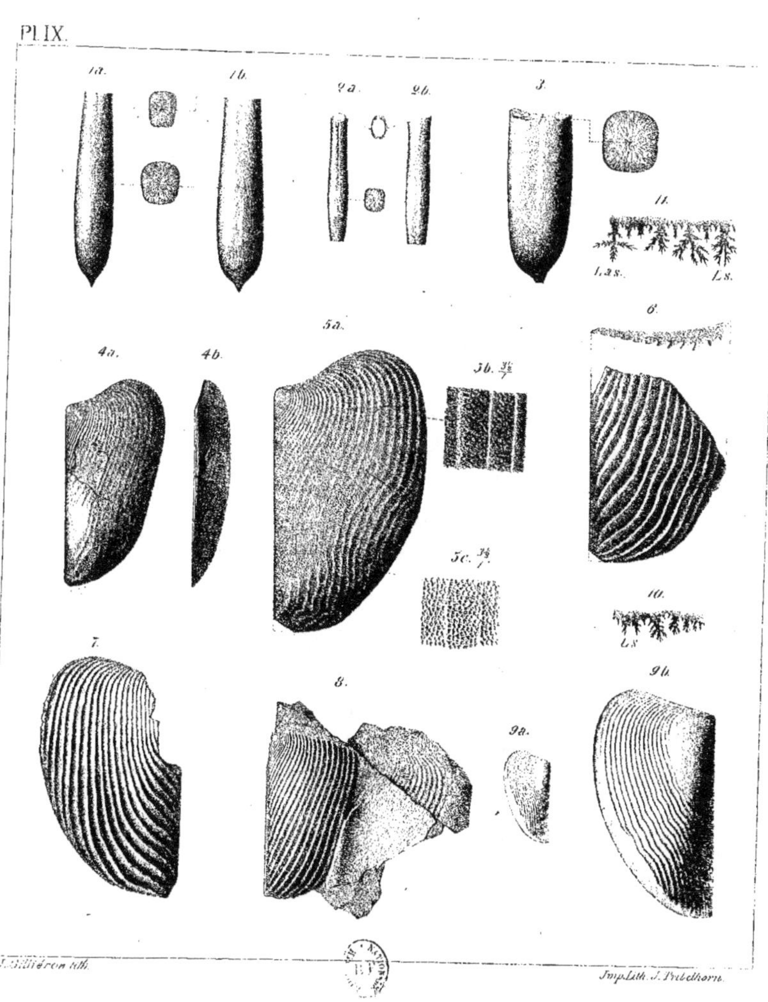

Pl. IX.
1a. 1b. 2a. 2b. 3.
11.
1.3s. L.S.
6.
5a.
4a. 4b. 5b.
5c.
10.
L.S.
7. 8. 9a. 9b.

Pl. X.

Pl. X.

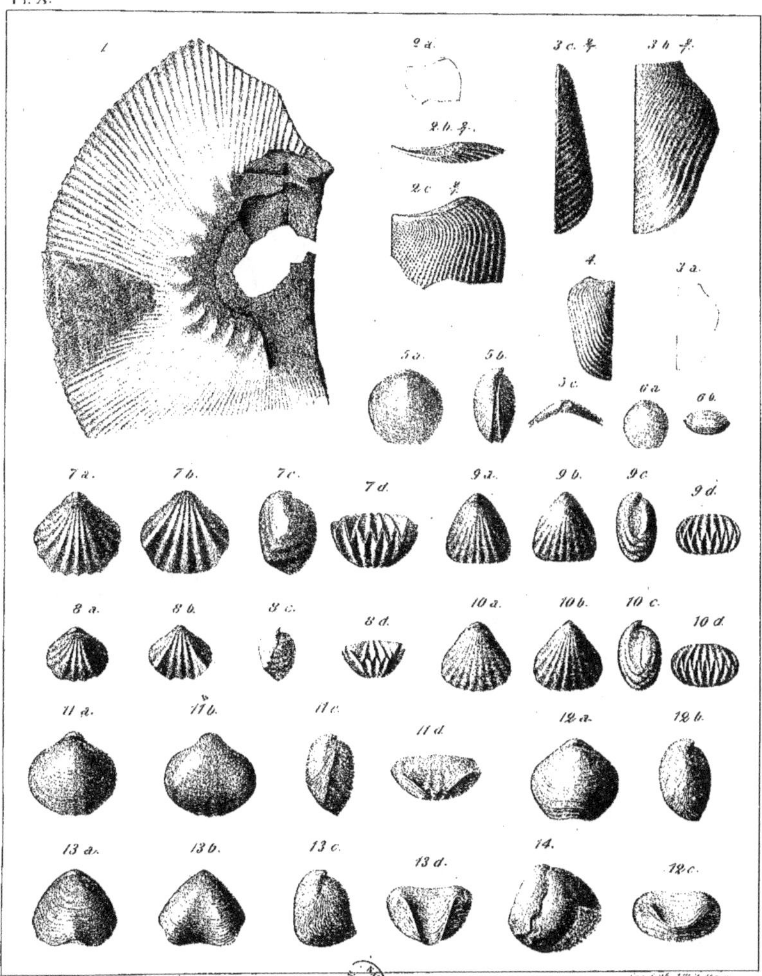